21世纪应用型高等院校示范性实验教材

物理化学实验 第三版

WULI HUAXUE SHIYAN

主　编　夏海涛

副主编　许　越　郝治湘　李咏梅　周丽华

编　者　韩成利　吴也平　李　喆　邬洪源
　　　　陈　伟　梁　敏

特配电子资源

微信扫码

◎ 实验演示
◎ 拓展阅读
◎ 互动交流

南京大学出版社

图书在版编目(CIP)数据

物理化学实验 / 夏海涛主编. -- 3 版. -- 南京：
南京大学出版社，2019.6(2021.12重印)
ISBN 978 - 7 - 305 - 22270 - 2

Ⅰ. ①物… Ⅱ. ①夏… Ⅲ. ①物理化学－化学实验
Ⅳ. ①O64－33

中国版本图书馆 CIP 数据核字(2019)第 104056 号

出 版 者　南京大学出版社
社　　 址　南京市汉口路 22 号　　　　邮　编　210093
出 版 人　金鑫荣

书　　 名　物理化学实验(第三版)
主　　 编　夏海涛
责任编辑　刘 飞　蔡文彬　　编辑热线　025-83592146

照　　 排　南京南琳图文制作有限公司
印　　 刷　南京京新印刷有限公司
开　　 本　787×1092　1/16　印张 17.5　字数 428 千
版　　 次　2019 年 6 月第 3 版　2021 年 12 月第 2 次印刷
ISBN 978 - 7 - 305 - 22270 - 2
定　　 价　44.00 元

网址：http://www.njupco.com
官方微博：http://weibo.com/njupco
微信服务号：njuyuexue
销售咨询热线：(025) 83594756

序

　　进入新世纪,随着社会经济的发展,各行各业对人才的需求呈现出多元化的特点,对应用型人才的需求也显得十分迫切,因此我国高等教育的建设面临着重大的改革。就目前形势看,大多数的理、工科大学,高等职业技术学院,部分本科院校办的二级学院以及近年来部分由专科升格为本科层次的院校,都把办学层次定位在培养应用型人才这个平台上,甚至部分定位在研究型的知名大学,也转为培养应用型人才。

　　应用型人才是能将理论和实践结合得很好的人才,为此培养应用型人才需理论教学与实践教学并行,尤其要重视实践教学。

　　针对这一现状及需求,教育部启动了国家级实验教学示范中心的评审,江苏省教育厅高教处下达了《关于启动江苏省高等学校基础课实验教学示范中心建设工作的通知》,形成国家级、省级实验教学示范体系,意在促进优质实验教学资源的整合、优化、共享,着力提高大学生的学习能力、实践能力和创新能力。基础课教学实验室是高等学校重要的实践教学场所,开展高等学校实验教学示范中心建设,是进一步加强教学资源建设,深化实验教学改革,提高教学质量的重要举措。

　　我们很高兴地看到很多相关高等院校已经行动起来,除了对实验中心的硬件设施进行了调整、添置外,对近几年使用的实验教材也进行了修改和补充,并不断改革创新,使其有利于学生创新能力培养和自主训练。其内容涵盖基本实验、综合设计实验、研究创新实验,同时注重传统实验与现代实验的结合,与科研、工程和社会应用实践密切联系。实验教材的出版是创建实验教学示范中心的重要成果之一。为此南京大学出版社在为"示范中心"出版实验教材方面予以全面配合,并启动"21世纪应用型高等院校示范性实验教材"项目。该系列教材旨在整合、优化实验教学资源,帮助示范中心实现其示范作用,并希望能够为更多的实验中心参考、使用。

　　教学改革是一个长期的探索过程,该系列实验教材作为一个阶段性成果,提供给同行们评议和作为进一步改革的新起点。希望国内广大的教师和同学能够给予批评指正。

孙尔康

第三版前言

此次修订增加了一些新仪器的使用说明，未对第二版的实验具体内容进行改动。由于现代新仪器的程序化和智能化水平的提高，使得实验操作坏节大幅度地减少，为了进一步提高同学们对物理化学实验的认识和分析及处理数据的能力，在实验的数据处理部分增加了结合计算公式进行误差分析的要求，更好地理解和掌握实验设备的构建、仪器的精度选择的基本方法。

本书由江苏海洋大学、北京航空航天大学和齐齐哈尔大学三所院校共同编写。江苏海洋大学夏海涛任主编，北京航空航天大学许越、齐齐哈尔大学郝治湘、江苏海洋大学李咏梅和周丽华任副主编。其中江苏海洋大学夏海涛编写实验 18、20、21、22、23、31、32、33、34、46，北京航空航天大学许越编写实验 2、24、25、30，齐齐哈尔大学郝治湘编写实验 6、19、27、28、29、36、40、41、42，江苏海洋大学李咏梅编写实验 1、3、7、8、13、14、15、26、37、39、43、44 和基础知识及技能，江苏海洋大学周丽华编写实验 4、5、9、10、11、12、16、17、35、38、45 和绪论。另外齐齐哈尔大学的韩成利、吴也平、李喆、邬洪源、陈伟、梁敏也参加了部分编写工作，在此深表感谢。全书由江苏海洋大学夏海涛统编定稿。

由于我们的水平有限，书中还存在许多缺点和错误在所难免，恳请广大师生和各位读者批评指正。

编　者
2019 年 5 月

目　　录

第1章 绪 论

§1.1 物理化学实验课的教学目的和基本要求

一、物理化学实验的教学目的

物理化学是以物理的理论和实验方法,用数学计算作为工具来研究化学问题的一门学科,因而物理化学实验主要是应用物理学原理与技术,使用一种仪器或若干种仪器结合在一起构成一个测量系统,对系统的某一物理化学性质进行测量,进而研究化学问题,它综合了化学领域中各分支所需的基本实验工具和研究方法。开设物理化学实验课的主要目的是:

1. 使学生了解物理化学的实验方法,掌握物理化学的基本实验技术和技能,学会测定物质特性的基本方法,熟悉物理化学实验现象的观察与记录、实验条件的判断与选择、实验数据的测量与处理、实验结果的分析与归纳等一套严谨的实验方法,从而加深对物理化学基本理论和概念的理解。

2. 通过实验培养学生的实验能力、创新思维能力与进行初步科研的能力。首先,学生在实验中通过思考、分析、对比、综合归纳才能得出实验结果,这个过程培养了学生的逻辑思维能力和创造力。其次,物理化学实验不同于其他的基础化学实验,它是由学生自己预习教材、参考书、仪器使用说明书和工具书等,自己完成实验任务。教师只是指导实验,而不是给学生讲实验。因此,学生完成物理化学实验就能极大地锻炼学生的自学能力。此外,在完成物理化学实验后,学生应能够根据某一具体的目的要求,查阅资料,根据实验原理,拟定实验方案,选用合适的配套仪器,设计实验步骤,测定和处理测量数据。具有进行一般的实验研究工作能力(如毕业论文实验设计等)。

3. 培养学生观察实验现象,正确记录和处理数据,进行实验结果的分析和归纳,以及书写规范、完整的实验报告等能力,并养成严肃认真、实事求是的科学态度和作风。

二、物理化学实验的基本要求

1. 实验预习

学生在做实验之前,要充分预习。预习是由学生预习相关实验教材、参考书、说明书等,明确实验目的和原理,了解所用仪器的结构及使用方法。掌握实验要测定的数据及操作步骤。在此基础上,写出预习报告。预习报告的内容应包括实验目的、实验基本原理、实验所使用的仪器和试剂、实验操作计划和步骤、实验的注意事项、列出实验数据表格、提出预习中的问题等。

实验前的预习是否充分,直接关系到实验效果和实验能否正常进行。无预习报告的学生,不允许进行实验。

2. 实验操作

学生要严格遵守实验室的各项规章制度,严格执行操作规程。实验操作前首先要核对仪器、试剂等是否齐全。遇有仪器损坏,应立即报告教师,查明原因,并登记。不了解仪器使用方法时,不得乱试,不得擅自拆卸仪器。仪器装置安装好后,必须先经指导教师检查无误后,方可按计划进行实验操作。公用仪器及试剂瓶不得随意更动原有位置,用毕要立即放回原处。在实验操作中要严格控制实验条件,并客观、正确地记录原始数据。实验原始数据要记录在记录本上,且注意整洁清楚,尽量采用表格形式,养成良好的记录习惯。记录时不能用铅笔或红笔,如果需要改正,可在不正确的记录上画一条线,使其清晰地留下,然后在原有记录旁边或下面写上改正的数据。学生在实验中要充分利用实验时间,观察现象,记录数据,分析和思考问题。不得大声喧哗。实验完毕离开实验室前,要整理和清洁实验所用的仪器、试剂和其他用品,作好仪器使用记录,在实验教师审查实验数据并签字,验收实验仪器和用品合格后,方能离开实验室。

3. 实验报告

实验报告是实验工作的总结。它使学生在实验数据处理、作图、误差分析、解决问题等方面得到训练和提高。实验报告应包括实验目的和基本原理,使用的仪器和试剂,实验装置,操作步骤,原始实验数据及数据处理(列出原始数据、计算公式、作出必要的图形等),讨论和完成教材提出的问题。

实验报告的讨论部分可以包括对实验现象的分析和解释、对实验结果的误差分析、对实验的改进意见、心得体会和查阅文献情况等。实验结果的误差应在误差的允许范围内,否则应重做实验。

教师根据学生的实验操作和实验报告及期末考核三个方面,综合评定学生的实验成绩。

§1.2 物理化学中设计性实验的实验设计方法

物理化学实验中的多数题目是在前人科学研究的基础上,经过归纳、总结、简化而逐渐成形的。所以物理化学实验与科学研究工作之间没有不可逾越的鸿沟,在设计思路、测量原理和方法上基本类同,只是在测量仪器、测量系统、测量步骤等具体内容上作了某些改变,以适应教学实验的条件和满足教学的需要。因此学会物理化学实验的设计思路和方法,对于学生今后做毕业论文或从事科学研究工作是十分必要的。为了培养这方面的能力,本书安排了一定数量的设计性实验,使学生有机会在实践中学到一些实验设计的常识和方法。下面简述一下学生拿到设计实验题目后,如何进行工作。

1. 设计程序

(1)认真研究题目的内容和要求,包括题目所属的范畴,数据结果要求的精密度和准确度,哪些是直接测量的量,哪些是间接测量的量,难点是什么,影响因素有哪些等。

(2)进行调研工作,查阅有关的文献资料,包括前人采用过的实验原理、实验方法、仪器装置、反应容器等,进行分析、对比、综合、归纳。

(3)对实验的整体方案和某些难点的局部方案进行初步的设想和规划,并写出预习报告(除常规的要求外,必须有整体测量示意图及所需的仪器、试剂清单)。实验前一周将预习报告交任课教师,以便审查方案和准备仪器、试剂,否则不予做实验。

2. 设计方法

(1) 首先根据题目内容和要求,选择合适的实验研究原理和测量方法。可以从前人已做过的工作中选择,也可以在前人研究的基础上提出新的实验研究原理和测量方法,也可以将前人的实验研究方案作些改进。当然如能取各家之长,重新设计更完善的实验模型则更好。

(2) 选配合适的测量仪器。在测量原理和测量方法确立之后,应着眼于选配合适的测量仪器。所选仪器的灵敏度、最小分配值和准确度应满足测量的误差要求,但勿盲目追求高、精、尖。测量装置要尽可能简便,容易操作与筹建。特别应注意实验仪器的精度配套,否则会造成不必要的浪费。例如:若实验结果用记录仪记录,通常只有3位有效数字,所以如果实验中需要测定电压数值,则不必选用有5位以上数字的数字电压表。

(3) 反复实践,不断改进。实践是检验真理的标准。实验设计方案是否可行,最后要通过实验来验证。由于人们的认识与客观事物的规律不一定完全符合,因此在实践中出现这样那样的问题是必然的。要善于发现问题,总结失败的经验教训,不怕困难。在反复实践中不断改进,不断完善,直至取得满意的结果。

总之设计的原则应体现科学观念、实践观念与经济观念。

§1.3　物理化学实验的安全防护

化学实验室中有各种实验所必需的试剂与仪器,所以常常潜藏着诸如着火、爆炸、中毒、灼伤、触电等安全隐患,这就要求实验者具备必要的安全防护知识,懂得应采取的预防措施,以及一旦发生事故应及时采取的处理方法。这里主要结合物理化学实验的特点从安全用电、使用化学试剂及使用仪器的安全、防止环境污染三个方面作如下介绍。

1. 用电安全

违章用电常常可能造成人身伤亡、火灾、仪器损坏等严重事故。在物理化学实验中,实验者要接触和使用各类电器设备,因此要了解使用电器设备的安全防护知识。主要需要注意以下几点:

(1) 使用仪器要正确选用电源,接线要正确、牢固。物理化学实验室总电闸一般允许最大电流为30~50 A。超过时会使空气开关跳闸。一般实验台上分闸的最大允许电流为15 A。使用功率很大的仪器,应事先计算电流量。实验应按规定配制空气开关,避免由于过载而引起火灾或其它严重事故。

(2) 尽可能不使电线、电器受到水淋或浸在导电的液体中。比如,实验室中常用的加热器如电热刀或电灯泡的接口不能浸在水中。操作仪器时手要保持干燥,切记不要用手摸电源。

(3) 仪器仪表要严格按照说明书进行操作,没有特殊的情况在使用过程中不准断电。

(4) 在安装和拆除接线等工作时一定要在断电的状态下进行操作,以防止触电和电器短路。

(5) 实验结束后,关闭仪器开关,拔掉仪器接线插头。

(6) 如果有人不慎发生触电事故,应立即切断电源开关,并请医生救助。要使触电者保持安静和舒适,不要给予任何刺激。

2. 使用化学试剂及使用仪器的安全

(1) 防毒

大多化学药品都具有毒性。其毒性可通过呼吸道、消化道、皮肤等进入人体。防毒的关键是尽量减少或杜绝毒物进入人体。因此实验前应了解所用药品的毒性、性能和防毒的保护措施。涉及到有毒气体的实验应在通风橱中操作。此外还要注意不得在实验室内喝酒、抽烟、吃食物,饮具不能带入实验室,离开实验室要洗手。

(2) 防爆

可燃性气体与空气混合比例达到爆炸极限时,只要有适当的热源诱发,就会引起爆炸。所以防止爆炸就要从两个方面进行防护。一方面应尽量防止可燃性气体散失到室内空气中,并保持室内通风良好,不使其形成可能发生爆炸的混合气。另一方面,在操作大量可燃性气体时,要尽量避免明火,严禁用可能产生电火花的电器以及防止铁器撞击产生火花等。

有些固体试剂如高氧化物、过氧化物等受热或受到震动时易引起爆炸,使用时应按要求进行操作。特别应防止强氧化剂与强还原剂存放在一起。在操作可能发生爆炸的实验时,应有防爆措施。

(3) 防火

实验室防火主要注意二个方面:第一是防止电火。用电一定要按规定操作(前述)。第二是化学试剂着火。许多有机试剂都是易燃品,使用这些试剂时应远离火源。实验室一旦起火,要立即灭火,同时防止火势蔓延(如采取切断电源,移走易燃药品等措施)。灭火要针对起因选用合适的办法。一般的小火可用湿布、石棉布或沙子覆盖燃烧物,即可被扑灭。火势大时可用泡沫灭火器。但电器设备所引起的火灾,只能使用二氧化碳或四氯化碳灭火器,不能使用泡沫灭火器,也不能用水浇,以免触电。

(4) 防灼伤

强酸、强碱、强氧化剂等都会腐蚀皮肤。尤其要防止进入眼内,使用时除了要有防护措施外,实验者一定要按规定操作。实验室还有高温灼伤如电炉、高温炉和低温冻伤如干冰、液氮等。在进行这些操作时都应按规定操作。一旦受伤要及时治疗。

3. 环境安全

环境受到化学公害是目前人们日益关心和认识到的问题。无论在化学实验室或其他地方,实际上都不可能不受到化学公害或是没有受到化学公害的危险。化学工作者的职责之一是认识了解化学公害并推断需要采取哪些预防措施来消除或限制这些化学公害。化学药品大都具有一定毒性,随意排放会造成环境污染。在实验操作结束后,废弃的药品能回收的最好回收,不能回收的一定要按要求进行处理后才能排放。实验废弃的药品排放时一定要符合环保的要求。

§1.4　数据记录及有效数字的运算

为了得到准确的实验结果,不仅要准确的测量物理量,而且还要正确地记录测得的数据和进行相关运算。一个物理量的数值,不仅能反映出其数值的大小,而且要能正确地反映数据的可靠程度,反映实验方法和所用仪器的精确程度。因此,在实验数据的记录和结果的计算中,保留几位数字不是任意的,要根据测量仪器和数据处理方法来决定。例如用分析天平称量某物质为 0.110 1 g(分析天平感量为 0.1 mg),不能记录为 0.110 g 或 0.110 10 g 。(25.0±0.2)℃是用普通温度计测量的,而(25.00±0.02)℃则是用 1/10 精确度的温度计测量的。所以,科学地记录实验数据和正确表达保留计算结果位数是很重要的,不能随便增加或减少位数。由于有效数字与测量仪器精度有关,实验数据中任何一位数都是有意义的,数据的位数不能增加或减少,它包括测量中的几位可靠数字和最后估计的一位可疑数字。在了解了有效数字的意义后,我们再来明确一下有效数字的位数及有效数字的运算规则。

1. 有效数字的位数

(1) 有效数字的位数是指从左边第一位不为零的数字至最后一位数字,与十进位制的变换无关,与小数点的位数无关。下列四个数字中,前三个都是三位有效数字:

$$158, \quad 0.158, \quad 0.000158, \quad 158\ 000$$

对中间二个数据,因表示小数位置的"0"不是有效数字,不难判断为三位有效数字,但最后一个数据其后面三个"0"究竟是表示有效数字,还是标志小数点位置则无法判定。为了明确的表示有效数字,一般采用指数表示法若把上面四个数字用指数表示为:

$$1.58×10^2, \quad 1.58×10^{-1}, \quad 1.58×10^{-4}, \quad 1.58×10^5$$

则很清楚。写成 $1.58×10^4$ 表示三位有效数字,若写成 $1.234\ 0×10^5$,则表示五位有效数字。若某个物理量的第一位的数值等于或大于8,则有效数字的总位数可以多算一位,例如 9.15 虽然实际上只有三位有效数字,但在运算时可以看作四位有效数字,计算平均值时,若有 4 个数或超过 4 个数相平均,则平均值的有效数字位数可增加一位。

(2) 任何一次直接测量值都要记到仪器刻度的最小估计读数,即记到第一位可疑数字。如测量某电解质溶液电导率为 $0.1423\ S·m^{-1}$,最后一位数字 3 是可疑的,可能有正负一个单位的误差,即该溶液的实际电导率是在 $(0.142\ 3±0.000\ 1)S·m^{-1}$ 范围内的某一值。

(3) 任何一物理量的数据,其有效数字的最后一位数在位数上与误差的最后一位一致。另外误差一般只有一位有效数字,至多不超过二位。如某物理量的测量值是 1.58,误差是 0.01,则

1.58±0.01:正确;

1.58±0.1:错误,缩小了结果的精确度;

1.58±0.001:错误,扩大了结果的精确度。

(4) 有效数字的位数越多,数值精确程度也越大,即相对误差就越小,如:

1.35±0.01:表示三位有效数字,相对误差 0.7%;

1.350 0±0.000 1:表示五位有效数字,相对误差 0.007%。

(5) 在舍弃不必要的数字时,应用"4 舍 6 入,5 成双"原则。即欲保留的末位有效数字的后面第一位数字为 4 或小于 4 时,则弃去;若为 6 或大于 6 时则在前一位(即有效数字的末位)加上 1;若等于 5 时,如前一位数字为奇数则加上 1(即成双),如前一位数字为偶数则舍弃不计。

2. 有效数字的运算规则

(1) 加减运算

当几个数据相加或相减时,计算结果的有效数字末位的位置应以各项中小数点后位数

最少的数据为依据,即与绝对误差最大的那项相同。例如 0.012 1,25.64,1.057 82,三个数据相加,若各数末位都有±1 个单位的误差,则 25.64 的绝对误差±0.01 为最大的,也就是小数点后的位数最少的是 25.64 这个数,所以计算结果的第二位已属可疑,其余两个数据按有效数字位数的最后一条的方法整理后只保留两位小数。因此 0.012 1 应写成 0.01;1.057 82应写成 1.06。三者之和为 0.01+25.64+1.06=26.71。

在大量数据的运算中,为使误差不迅速积累,对参加运算的所有数据,可以多保留一位可疑数据(多保留的这位数字叫"安全数字")。

(2) 乘除运算

当几个数据相乘除时,计算结果的有效数字位数应以各值中相对误差最大的那个数(有效数字位数最少的数)为依据。

例如:$2.3 \times 0.524 = 1.2$ 中,取 2.3 的两位有效数字;$\dfrac{1.751 \times 0.019\,1}{91} = 3.68 \times 10^{-4}$ 中,91 的有效数字位数最少,但由于其第一位大于 8,所以应看为三位有效数字。

在复杂运算中,中间各步的有效数字位数可多保留一位,以免由于取舍引起误差的积累,影响结果的准确性。

(3) 对数和指数运算

所取对数位数应与真数的有效数字的位数相同或多一位。

(4) 在所有的计算中,常数 π,e 数值及乘除因子如 $\sqrt{2}$ 和 1/2 等的有效数字位数,可认为无限制,即在计算过程中,需要几位就可以写几位。取自手册的常数可按需要取有效数字的位数也是如此。

§1.5　测量误差及测定结果的数据处理

物理化学实验通常是在一定条件下测定系统的一种或几种物理量的大小,然后用计算或作图的方法求得所需的实验结果。在测定过程中,即使采用最可靠的测量方法,使用最精密的仪器,由技术很熟练的人员进行操作,也不可能得到绝对准确的结果。因为在任何测量过程中,误差是客观存在的。因此我们应该了解实验过程中误差产生的原因及出现的规律,以便采取相应措施减少误差。另一方面,需要对测试数据进行正确的处理,以获得最可靠的数据信息。在本实验课中除了学习误差的基本概念外,还要求学生能计算间接测量的误差,掌握作图方法,以及正确表达测量结果等。这些内容是物理化学实验技能的必备素质,一定要给予足够的重视。

一、基本概念

1. 误差与准确度

误差是指测定值 x_i 与真值 a 之差。误差的大小可用绝对误差 E 和相对误差 E_r 表示,即

$$E = x_i - a, \tag{1.5-1}$$

$$E_r = \frac{x_i - a}{a} \times 100\%, \tag{1.5-2}$$

相对误差表示误差占真值的百分率。

例如分析天平称量物体的质量分别为 $1.6380\,\mathrm{g}$ 和 $0.1637\,\mathrm{g}$，假定两者的真实质量分别为 $1.6381\,\mathrm{g}$ 和 $0.1638\,\mathrm{g}$，则两者称量的绝对误差分别为

$$E=1.6380-1.6381=-0.0001\,(\mathrm{g}),$$
$$E=0.1637-0.1638=-0.0001\,(\mathrm{g}).$$

两者称量的相对误差分别为

$$E_r=\frac{-0.0001}{1.6381}\times100\%=-0.006\%,$$

$$E_r=\frac{-0.0001}{0.1638}\times100\%=-0.06\%.$$

从上例可知，绝对误差相等，相对误差并不一定相同。第一个称量结果的相对误差为第二个称量结果相对误差的十分之一。由此我们得出这样的结论：同样的绝对误差，当被测定的量较大时，相对误差就比较小，测定的准确度也就比较高。因此，用相对误差来表示各种情况下测定结果的准确度更为确切些。

绝对误差和相对误差都有正值和负值。正值表示测量结果偏高，负值表示测量结果偏低。实际测量中，真值实际上是无法获得的，人们常常用纯物质理论值、国家标准局提供的标准参考物质的证书上给出的数值或多次测定结果的平均值当作真值。

准确度（正确度）：它反映了由系统误差引起的测量值与真值的偏离程度。系统误差愈小，测量结果的准确度愈高。准确度的定义为：

$$b=\frac{1}{n}\sum_{i=1}^{n}\mid x_i-a\mid,\qquad(1.5-3)$$

式中：n 为测量次数；x_i 为第 i 次的测量值；a 为真值。

由于在大多数物理化学实验中，真值 a 是我们要求的测定的结果，因此 b 值就很难得到。但一般可近似地用标准值 $x_{标}$ 来代替 a（$x_{标}$ 是用其他更可靠方法测出的值，也可用文献手册查的公认值代替）。此时测量的准确度可近似表示为：

$$b=\frac{1}{n}\sum_{i=1}^{n}\mid x_i-x_{标}\mid.\qquad(1.5-4)$$

如果实验结果没有 $x_{标}$，则可用不同的实验方法经过多次测量结果的平均值代替 $x_{标}$。但最终结果还需实践的检验。

2. 偏差与精密度

偏差是指个别测定结果与几次测定结果的平均值 $\overline{x_i}$ 之间的差别。与误差相似，偏差也有绝对偏差 d_i 和相对偏差 d_r 之分。测定结果与平均值之差为绝对偏差，绝对偏差在平均值中所占的百分率或千分率为相对偏差，即

$$d_i=x_i-\overline{x},\qquad(1.5-5)$$

$$d_r=\frac{\mid x_i-\overline{x}\mid}{\overline{x}}\times100\%.\qquad(1.5-6)$$

各偏差值的绝对值的平均值，称为单次测定的平均偏差 $\overline{d}$，又成为算术平均偏差，即

$$\overline{d}=\frac{1}{n}\sum_{i=1}^{n}\mid d_i\mid=\frac{1}{n}\sum_{i=1}^{n}\mid x_i-\overline{x}\mid.\qquad(1.5-7)$$

单次测定的相对平均偏差 $\overline{d_r}$ 表示为

$$\overline{d}_r = \frac{\overline{d}}{x} \times 100\%。 \tag{1.5-8}$$

　　精密度反映了同一物理量多次测量结果的彼此符合程度。反映了偶然误差对测量结果的影响。偶然误差愈小,测量值彼此愈符合,则精密度愈高。精密度的大小还反映了测量结果的有效数字位数多少(与所用测量仪器的分辨能力有关)。如果测量结果的重复性高且有效数字位数多,则可以认为精密度高。精密度的大小常用偏差来表示。

　　3. 精确度及准确度与精密度的关系

　　精确度反映的是由系统误差和偶然误差共同引起的测量值对真值的偏离程度,即测量结果与其真值符合程度的量度。它与误差的大小相对应。误差大,精确度低;误差小,精确度高。由于任何实验测量值都无法消除全部误差,故一般的情况下实验测量得到真值是不可能的,故常用多次测量结果的算术平均值或用文献手册所查的公认值代替真值。精确度包括准确度和精密度两部分含义。精确度高表示准确度和精密度都高。

　　用一个例子来说明精确度、准确度和精密度的关系。甲、乙、丙三人测量某一物理量,其结果如图1.5-1所示,图中所示的测量结果就表示了精密度与准确度和精确度的关系。

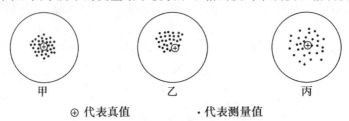

⊕ 代表真值　　　　　·代表测量值

图 1.5-1　测量精密度与准确度和精确度
甲:系统误差和偶然误差都小,精密度、准确度都高即精确度高;
乙:系统误差大,而偶然误差小,即精密度高,准确度低即精确度低;
丙:系统误差小,而偶然误差大,即准确度高,精密度低即精确度低

　　4. 误差产生的原因及分类

　　一般测量误差可分为系统误差、偶然误差和过失误差。

　　(1) 系统误差

　　系统误差是由于某种特殊原因引起的误差。它对测量结果的影响是固定的或是有规律变化的。它使测量结果总是偏向一方,即总是偏大或偏小。测量次数的增加并不能使之消除。

　　系统误差按产生原因的不同可分类如下:

　　① 仪器误差　　仪器误差是指在进行测量时所使用的测量设备或仪器本身固有的各种因素的影响产生的误差。测量装置的技术指标,如准确度、灵敏度、最小分度值、变差值及稳定度等的好坏取决于测量装置的结构、设计、所用元器件的性能、零部件材料的性能,加工制造和装配的技术水平等因素。在设计和制造各种测量仪器时,只能根据现有的条件与可能提出的实际要求,尽量减少误差,而与理想的要求总会有一定的差距,所以在测量过程中使用装置、设备和仪器仪表时,无论怎样满足规定的使用条件,无论怎样细心操作,总会使测量值产生误差。

　　② 试剂误差　　这是在化学实验中,所用试剂纯度不够而引起的误差。在某些情况下,试剂所含杂质可能给实验结果带来严重的影响。

③方法误差 它是由于所采用的测量原理或测量方法本身所产生的测量误差。构成此类误差的来源,常遇到的有:

对被测对象的有关知识研究得不够充分,不能全面地考虑一些因素对测量所造成的影响;

受客观条件及技术水平的限制;

应用的测量原理本身就是近似性的或忽略了一些在测量过程中实际在起作用的因素;

用接触测量破坏被测对象的原始状况;

用静态的测量方法解决动态对象测量。

只有用多种方法测得的同一数据相一致时,才可认为方法误差已基本消除、结果是可取的。如元素原子量总是用多种方法测定而确定的。

④ 个人误差 个人误差是由进行测量的操作人员的习惯和特点引起的误差。主要是因为测量人员感觉器官的分辨能力、反应滞后、习惯感觉等因素而引起的观测误差。如记录某一信号的时间总是提前或滞后,读取仪表时眼睛位置总是偏向一边,判定滴定终点的颜色各人不同等。

⑤ 环境误差 因为周围环境因素对测量的影响,而使测量产生的误差。这些影响因素存在于测量系统之外,但对测量系统会直接或间接发生作用,例如温度、湿度、大气压、电场、磁场、机械振动、加速度、地心引力、声响、光照、灰尘、各种射线或电磁波等。这些因素在不同的测量过程中,对测量产生的影响程度可能不同。它们不但能影响测量系统产生测量误差,有时也能引起被测量系统的变化,严重时甚至会造成测量设备的毁坏或使测量难于进行。为了区分环境误差和仪器误差,人为地确定所谓标准环境(基准条件),或在产品铭牌及使用说明书上规定测量仪器的使用条件。在基准条件下进行测量所产生的测量误差基本上认为是测量仪器的固有误差(仪器误差)。若使测量仪器在超出基准条件规定的环境下工作,因为环境因素的影响,造成测量误差的增大,这种测量误差的增加量,称为仪器的附加误差,也就是环境误差。因此仪器在满足规定的条件下进行测量,所获测量值的误差不应超过铭牌或说明书中给出的误差值。有些仪表还给出随环境条件变化而改变的环境误差值。

上述五种测量误差的来源是从参加测量的四个环节,即人员、设备、方法和条件,概括出来的。在具体测量过程中,各因素对测量的影响程度有所不同,甚至达到某一因素造成的测量误差可以忽略的程度,但测量得到的测得值总会带有测量误差是不容怀疑的。

系统误差影响了测量结果的准确程度。系统误差的数值可能比较大。必须消除系统误差的影响,才能有效地提高测量的精确度。实验工作者的重要任务之一就是发现系统误差的存在,找出系统误差的主要来源,选择有效的消除或减少系统误差的办法。通常可采用几种不同的实验技术或采用不同的实验方法,或改变实验条件,调换仪器,提高化学试剂的纯度等以确定有无系统误差的存在,并设法消除或使之减少。因此,单凭一种方法所得结果往往不是十分可靠的,只有由不同实验者、用不同的方法、不同的仪器得到相符的数据,才能认为系统误差基本消除。

(2) 偶然误差

在实验时即使采用了最先进的仪器、选择了最恰当的方法,经过了十分精细的观测消除了系统误差,在同一条件下对一个物理量进行重复测量时,所测得的数据也不可能每次相同,在数据的末一位或末二位数字上仍会有差异,即存在着一定的误差,这种误差称为偶然误差。偶然误差是由测量过程中一系列偶然因素(实验者不能严格控制的因素,如外界条件、实验者心理状态、仪器结构不稳定等)引起的。偶然误差在测量时不可能消除或估计出来，但是它服从统计规律。实践经验和概率论都证明了，在相同条件下，多次测量同一个物理量，当测量次数足够多时，出现偶然误差数值相等、符号相反的数值的几率近乎相等。通过增加测量次数可使偶然误差减小到某种需要的程度。偶然误差决定测量结果的精密度。偶然误差的出现在表面上看没有确定的规律，即前一误差出现后，不能料想下一个测量误差的大小和方向，但就其总体而言，具有统计规律性。

(3) 过失误差

过失误差是由于实验者的过失或错误引起的误差，如读移液管刻度出现错误、计算错误、记录写错等。含有过失误差的测量值是坏值，应该从结果中将它剔除。过失误差无规律可循，只要工作仔细，加强责任心就可以避免。防止过失误差还可以使用校核法，即用别的方法或仪器对测量值进行近似测量，以判断正式测量的数据是否合理。过失误差在测量中应尽力避免。

系统误差与偶然误差之间虽有着本质的不同，但在一定条件下它们可以互相转化。实际上，我们常把某些具有复杂规律的系统误差看为偶然误差，采用统计的方法来处理。不少系统误差的出现均带有随机性。例如，在用天平称量时，每个砝码都存在着大小不等、符号不同的系统误差。这种系统误差的综合效果，对每次称量是不相同的，它具有很大的偶然性。因此，在这种情况下，我们也可把这种系统误差作为偶然误差来处理。

对按准确度划分等级的仪器来说，同一级别的仪器中每个仪器具有的系统误差是随机的，或大或小、或正或负，彼此都不一样。如一批容量瓶中，每个容量瓶的系统误差不一定相同，它们之间的差别是随机的，这种误差属于偶然误差。当使用其中某一个容量瓶时，这种随机的偶然误差又转化为系统误差。我们可通过校核，确定其系统误差的大小。如不校核或未被发现，仍然当作偶然误差来处理也是常有之事。有时，系统误差与偶然误差的区分也取决于时间因素。在短期间内是基本不变的系统误差，但时间一长，则可能出现随机变化的偶然误差。

二、误差的表示方法

1. 算术平均值 $\bar{x}$

$$\bar{x}=\frac{x_1+x_2+x_3+\cdots+x_n}{n},\qquad(1.5-9)$$

式中：$x_1,x_2,x_3,\cdots,x_n$ 为测量值，n 为测量次数。

2. 绝对误差 E 和绝对偏差 d

$$E_i=x_i-a,\qquad(1.5-10)$$
$$d_i=x_i-\bar{x}。\qquad(1.5-11)$$

3. 平均误差 δ

$$\delta=\frac{\sum|d_i|}{n},\qquad(1.5-12)$$

式中：$i=1,2,3,\cdots,n$；$d_1=x_1-\bar{x},d_2=x_2-\bar{x},d_3=x_3-\bar{x},\cdots,d_n=x_n-\bar{x}$。

4. 标准误差 σ 和标准偏差 s

标准误差 σ 又称均方根误差，其定义为：

$$\sigma = \sqrt{\frac{\sum\limits_{i=1}^{n} E_i^2}{n-1}} \quad (n > 30), \tag{1.5-13}$$

$$s = \sqrt{\frac{\sum\limits_{i=1}^{n} d_i^2}{n-1}} \quad (n < 30)。 \tag{1.5-14}$$

计算标准误差 σ 和标准偏差 s 是评定精密度的最好方法,在现代科学中广为采用。测量结果表示为 $x \pm \sigma$ 或 $x \pm s$。

5. 或然误差 P

或然误差 P 的意义是:在一组测量中若不计正负号,误差大于 P 的测量值与误差小于 P 的测量值,将各占测量次数的 50%,即误差落在 $+P$ 与 $-P$ 之间的测量次数,占总测量数的一半。

以上三种误差之间的关系为 :

$$P : \delta : \sigma = 0.675 : 0.794 : 1.00。$$

6. 相对误差

$$相对误差 = \frac{\Delta x}{a} \times 100\% \quad (\Delta x \text{ 可为 } P, \delta, \sigma), \tag{1.5-15}$$

$$相对偏差 = \frac{\Delta x}{\bar{x}} \times 100\% \quad (\Delta x \text{ 可为 } P, \delta, \sigma)。 \tag{1.5-16}$$

7. 极差 R

极差 R 是指一组测定数据中,最大值和最小值之差。可用它表示误差范围。极差又称为范围误差,即

$$R = \max(x_1, x_2, \cdots, x_n) - \min(x_1, x_2, \cdots, x_n), \tag{1.5-17}$$

$\max(x_1, x_2, \cdots, x_n)$ 和 $\min(x_1, x_2, \cdots, x_n)$ 分别表示 $x_1, x_2, \cdots, x_n$ 中最大和最小的数值。

绝对误差的单位与测量值的单位相同,相对误差是无因次量。对于同一量的测量,绝对误差可以确定其测量精度的高低。而对于不同量的测量,只能采用相对误差来评定才较为确切。平均误差的优点是计算简便,但不能肯定 x_i 相对 $\bar{x}$ 是偏高还是偏低,用这种误差表示时,可能会把质量不高的测量值掩盖住。相对误差可用于比较各种测量的精度,评价测量结果的质量。标准误差对一组测量中的较大误差或较小误差感觉比较灵敏,其测量结果的精度常用 $(\bar{x} \pm \sigma)$ 或 $(\bar{x} \pm \delta)$ 来表示,σ 值或 δ 值越小,表示测量的精密度越好。因此近代科学中多采用标准误差来表示测量的精度。极差虽然能反映出测定实际数据的波动范围,但没有充分利用数据提供的情报,不能全面、科学地反映测定数据的质量。但由于它计算简便,在快速检验中得到广泛应用。

三、偶然误差的统计规律及其应用

在消除了系统误差和杜绝了过失误差后,测量的误差只有偶然误差。误差理论主要研究偶然误差的特性及其应用。

1. 偶然误差的基本特性

① 同样大小的正误差和负误差的出现次数相等,当测量次数足够多时,$\bar{x} \rightarrow a$。

② 测量结果中误差小的值出现次数多(概率大)，而误差大的值出现次数少(概率小)。

③ 绝对值很大的误差不会出现，即偶然误差有一定的界限。

2. 偶然误差的规律

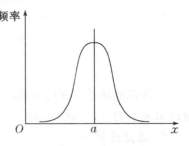

根据偶然误差的基本特性，如横轴表示测量值 x，纵轴表示各个偶然误差出现的频率，则得图 1.5 - 2 的偶然误差分布曲线，即正态分布曲线。偶然误差的分布曲线反映了误差的大小与其出现的频率的关系。

横轴表示偶然误差时，曲线最高点对应的横坐标表示误差为零，横轴表示测量值时，曲线最高点对应的横坐标表示真值 a。

图 1.5 - 2　正态分布曲线

3. 高斯误差方程

偶然误差的分布曲线反映了误差的大小与其出现概率的关系，1795 年高斯确定该函数的形式为

$$\varphi(x) = \frac{1}{\sigma\sqrt{2\pi}}\exp\left(-\frac{(x-a)^2}{2\sigma^2}\right), \tag{1.5 - 18}$$

$$\varphi(x) = \frac{h}{\sqrt{\pi}}\exp(-h^2 \cdot (x-a)), \tag{1.5 - 19}$$

式中：$\varphi(x)$ 为正态概率密度函数；x 为测量值；a 为真值；σ 为总体标准偏差；h 为精密度指数。

当 $x-a=0$ 时，$\varphi(x)$ 值最大，可表示为

$$\varphi(a) = \frac{1}{\sigma\sqrt{2\pi}} = \frac{h}{\sqrt{\pi}}。 \tag{1.5 - 20}$$

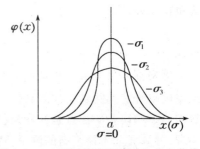

从上式可知，$\varphi(x)$ 与 σ 成反比，与 h 成正比。σ 值越小(h 值越大)，误差分布曲线越尖，较小的误差出现的几率越大，测量的精密度也越高。反之，σ 值越大(h 值越小)，误差分布曲线越平坦，较大的误差出现的几率越大。若以横坐标表示偶然误差 σ 或测量值 x，纵轴表示 $\varphi(x)$，作图，则得图 1.5 - 3 的不同精密度的误差分布曲线。

图 1.5 - 3　不同精密度的误差分布曲线

横轴表示偶然误差时，曲线最高点对应的横坐标表示误差为零；横轴表示测量值时，曲线最高点对应的横坐标表示真值 a。图 1.5 - 3 中三条误差分布曲线的精密度不同，标准误差也不同，$\sigma_1 < \sigma_2 < \sigma_3$。

4. 偶然误差的概率

高斯误差方程中有两个变量：误差$(x-a)$和 σ，为了用一个变量误差的函数形式，令

$$u = \frac{x-a}{\sigma}, \tag{1.5 - 21}$$

则有

$$\varphi(u) = \frac{1}{\sqrt{2\pi}}e^{-\frac{u^2}{2}}。 \tag{1.5 - 22}$$

如以偶然误差出现的次数为纵轴，u 为横轴，作图，可得标准正态分布曲线。它可将不同精

密度测量的正态分布曲线统一为一条曲线,但各自的 u 值大小不同,如图 1.5-4 所示。

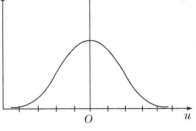

根据 $\varphi(u)$ 可计算某个误差在某一误差范围出现的概率。在方程式中,u 在 $-\infty$ 和 $+\infty$ 之间的积分为 1,即

$$\frac{1}{\sqrt{2\pi}}\int_{-\infty}^{+\infty}e^{-\frac{u^2}{2}}du=1。\qquad(1.5-23)$$

图 1.5-4　正态分布曲线

在实际应用时用下式求误差的概率 P :

$$P=\frac{1}{\sqrt{2\pi}}\int_{-u}^{+u}e^{-\frac{u^2}{2}}du，\qquad(1.5-24)$$

对于标准正态分布,样本值大于边界值 K_α 时的概率 $P_{u\geqslant K_\alpha}$:

$$P_{u\geqslant K_\alpha}=\frac{1}{\sqrt{2\pi}}\int_{K_\alpha}^{\infty}e^{-\frac{1}{2}u^2}du=\alpha。\qquad(1.5-25)$$

为了应用方便,将上式制成表来计算不同 u 值误差的概率。下面选列几个常用数据的正态分布误差的概率。从表 1.5-1 中可知:

误差在 $\pm0.675\sigma$ 的范围的概率是 50%;

误差在 $\pm\sigma$ 的范围的概率是 68.3%;

误差在 $\pm2\sigma$ 的范围的概率是 95.5%;

误差在 $\pm3\sigma$ 的范围的概率是 99.7%。

在相同条件下,测量次数增加则平均误差减少。测量四次比测量一次的准确度高出三倍,测量九次比测量一次的准确度也高出三倍。一般四次测量的平均值就能基本满足要求。

对有限次测量平均值的取舍,可采用 $\pm3\sigma$ 或 $\pm3s$ 规则,即测量的平均值在 $x\pm3\sigma$ 或 $x\pm3s$ 范围内的值可认为有 99% 的可靠性。

表 1.5-1　几个常用正态分布误差的概率

误差以 σ 为单位	概率 $<\lvert u\rvert$ 的正负误差	概率 $>\lvert u\rvert$ 的正负误差
0.000	0.000	1.000
0.675	0.500	0.500
1.000	0.683	0.317
1.645	0.900	0.100
1.960	0.950	0.050
2.000	0.955	0.045
2.576	0.990	0.010
3.000	0.997	0.003
3.219	0.999	0.001

5. 小量样本统计学 t 分布及其应用

(1) t 分布

前面讨论的误差正态分布理论是从大量数据中推论出来的,在实际测量中,测量次数不可能无限多。在等精密度的多次测量中,测量次数大于 30 个,称为大样本测量。可用 $\bar{x}$ 代

表最佳值,用标准偏差 s 代替标准误差 σ。但在物理化学实验中,一般对物理量往往只进行少数几次测量,称之为小样本测量。由于测量次数少,偶然误差正态分布理论不能直接用于小样本测量的检验。对于小样本测量,样本值服从 t 分布。用下式表示:

$$t = \frac{\overline{x} - a}{s\,\overline{x}} = \frac{\overline{x} - a}{s/\sqrt{n}} = (\overline{x} - a)\frac{\sqrt{n}}{s}。 \tag{1.5-26}$$

t 分布的几率密度由 t 分布密度函数 $\varphi(t)$ 给出:

$$\varphi(t) = \frac{1}{\sqrt{\pi f}} \cdot \frac{\Gamma(\frac{f+1}{2})}{\Gamma(f/2)}(1 + \frac{t^2}{f})^{-\frac{f+1}{2}}。 \tag{1.5-27}$$

t 值用来量度小样本测量误差,误差分布类似正态分布,称之为"t 分布"。如图 1.5-5 所示,图中 f 为自由度,$f = n-1$。由图可见:测量次数越少(f 越小),曲线越扁平;当 f 无限大时,t 分布与正态分布曲线相同,此时 $t = u$;当 $f > 20$ 时,t 分布曲线和正态分布曲线相似;当 $f < 10$ 时,t 分布和正态分布曲线相差较大。

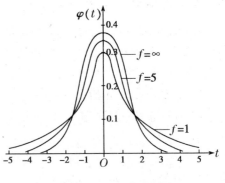

图 1.5-5 t 分布图

应用 t 分布时,把 t 分布列成表。从表中查出不同置信水平下和不同自由度的临界 t 值(t 分布表见本书附录)。

(2)t 分布的应用

判断一个实验方法是否准确可靠,可采用以下的方法:

① 计算用该实验方法求得结果的平均值 $\overline{x}$;

② 用(1.5-14)式求 s 值;

③ 用(1.5-26)式求 t 值;

④ 查 t 分布表:当 $t_{表} < t_{算}$ 时,该方法不够准确,有系统误差;当 $t_{表} > t_{算}$ 时,该方法是可靠的,结果也可靠。

6. 可疑值的取舍

在一组测量值中,如发现其中某个测量值明显地比其他的测量值大或小。对于这个测量值,既不能轻易保留,也不能随意舍弃。可用如下方法处理:

(1)3σ 准则

即测量的平均值在 $x \pm 3\sigma$ 或 $x \pm 3s$ 范围内的值可认为有 99% 的可靠性。

(2)Q 检验法

① 将测量值从小到大按顺序排列出来,如 $x_1 < x_2 < x_3 < \cdots < x_n$,其中有两个值怀疑其准确性;

② 计算 Q 值,以测量值的最大值与最小值之差为分母,可疑值与其相邻值之差为分子计算;

③ 将计算的 Q 值与 $Q_{表}$ 值比较,若 $Q \geqslant Q_{表}$,则其值应舍弃;若 $Q < Q_{表}$,则其值应保留。表 1.5-2 为 Q 值表。

表 1.5 - 2 90%, 95% 的 Q 值表

Q 值 \ n	3	4	5	6	7	8	9	10
90% $Q_{0.90}$	0.94	0.76	0.64	0.56	0.51	0.47	0.44	0.41
95% $Q_{0.95}$	1.53	1.05	0.86	0.76	0.69	0.64	0.60	0.58

（3）t 检验法

t 检验法是应用 t 分布测定的平均值和标准值相比较,或不同实验者,不同实验方法测定的平均值之间的比较。

四、间接测量结果的误差计算

在大多数情况下,要对几个物理量进行测量,通过函数关系进行计算,才能得到所需的结果。这就是间接测量。在间接测量中,每个直接测量值的精确度都会影响最后结果的精确度。因而间接测量结果的误差要通过直接测量值的误差进行计算得到。

1. 间接测量结果的平均误差

设直接测量的数据为 x 及 y,其平均误差为 Δx 及 Δy,而最后结果为 z,其函数关系可表成为

$$z = F(x, y), \qquad (1.5 - 28)$$

微分求 Δz,得

$$\Delta z = \left(\frac{\partial F}{\partial x}\right)_y \Delta x + \left(\frac{\partial F}{\partial y}\right)_x \Delta y 。 \qquad (1.5 - 29)$$

(1.5 - 29)式是计算间接测量结果的平均误差的基本公式。有关其他误差的计算可参考表 1.5 - 3 进行。

表 1.5 - 3 部分函数的其他误差的计算公式

函数关系	绝对误差	相对误差
$z = x + y$	$\pm(\lvert \Delta x \rvert + \lvert \Delta y \rvert)$	$\pm\left(\dfrac{\lvert \Delta x \rvert + \lvert \Delta y \rvert}{x + y}\right)$
$z = x - y$	$\pm(\lvert \Delta x \rvert + \lvert \Delta y \rvert)$	$\pm\left(\dfrac{\lvert \Delta x \rvert + \lvert \Delta y \rvert}{x - y}\right)$
$z = x \cdot y$	$\pm(x\lvert \Delta x \rvert + y\lvert \Delta y \rvert)$	$\pm\left(\dfrac{\lvert \Delta x \rvert}{x}\right) + \left(\dfrac{\lvert \Delta y \rvert}{y}\right)$
$z = \dfrac{x}{y}$	$\pm\left(\dfrac{x\lvert \Delta x \rvert + y\lvert \Delta y \rvert}{y^2}\right)$	$\pm\left(\dfrac{\lvert \Delta x \rvert}{x}\right) + \left(\dfrac{\lvert \Delta y \rvert}{y}\right)$
$z = x^n$	$\pm(nx^{n-1}\Delta x)$	$\pm\left(n\dfrac{\Delta x}{x}\right)$
$z = \ln x$	$\pm\dfrac{\Delta x}{x}$	$\pm\left(\dfrac{\Delta x}{x\ln x}\right)$

例如:$z = x + y$,其相对误差为

$$\frac{\Delta z}{z} = \frac{\Delta x}{x} + \frac{\Delta y}{y}, \qquad (1.5 - 30)$$

百分误差为

$$\frac{\Delta z}{z} \times 100\% = \frac{\Delta x}{x} \times 100\% + \frac{\Delta y}{y} \times 100\% 。 \qquad (1.5 - 31)$$

下面将举例加以说明。

例 1 在进行凝固点降低法测分子量实验时,用公式

$$M=\frac{1\,000K_fW_B}{W_A\Delta T_f}=\frac{1\,000K_fW_B}{W_A(T_f^*-T_f)}$$

计算 M。这里直接测量的数值为 W_B,W_A,T_f^*,T_f。

溶质质量 $W_B=0.300$ g,在分析天平上称量的绝对误差 $\Delta W_B=0.000\,2$ g,溶剂质量 $W_A=20.00$ g,在粗天平上称量的绝对误差 $\Delta W_A=0.05$ g。

测量凝固点用贝克曼温度计,其读数误差为 $0.002℃$,测出溶剂的凝固点 T_f^* 三次,分别为 $5.801℃,5.790℃,5.802℃$,则

$$\overline{T_f^*}=\frac{5.801+5.790+5.802}{3}=5.798(℃)。$$

每次测量误差为:

$$\Delta T_{f1}^*=|5.798-5.801|=0.003(℃),$$
$$\Delta T_{f2}^*=|5.798-5.790|=0.008(℃),$$
$$\Delta T_{f3}^*=|5.798-5.802|=0.004(℃)。$$

平均误差为:

$$\overline{T_f^*}=\pm\frac{0.003+0.008+0.004}{3}=\pm0.005(℃)。$$

同样测出溶液的凝固点三次,分别为 $5.500℃,5.492\,5℃,5.504℃$。用同样的方法计算得出 $\overline{T_f}=5.500℃,\Delta\overline{T_f}=0.003℃$。这样凝固点降低数值为

$$\Delta T_f=T_f^*-T_f=(5.798\pm0.005)-(5.500\pm0.003)=0.298\pm0.008(℃)。$$

其相对误差为:

$$\frac{\Delta(T_f)}{\Delta T_f}=\frac{0.008}{0.297}=0.027,$$

$$\frac{\Delta W_B}{W_B}=\frac{0.000\,2}{0.3}=606\times10^{-4},$$

$$\frac{\Delta W_A}{W_A}=\frac{0.05}{20}=25\times10^{-4}。$$

而测定摩尔质量 M 的相对误差将为

$$\frac{\Delta M}{M}=\frac{\Delta W_A}{W_A}+\frac{\Delta W_B}{W_B}+\frac{\Delta(\Delta T_f)}{\Delta T_f}$$
$$=\pm(606\times10^{-4}+25\times10^{-4}+207\times10^{-2})$$
$$=\pm0.030。$$

因此,在凝固点降低法测分子量时的最大相对误差为 3.0%。这一计算表明在用凝固点降低法测分子量时,相对误差决定于测量温度的精确度。根据公式可知,若增加溶质质量,ΔT_f 可以增大,相对误差可以减小,但凝固点降低法测分子量的公式只是在稀溶液下才是正确的。在增加溶质质量减小相对误差的同时却增大了系统误差。计算结果表明,提高称量的精确度并不能增加测量摩尔质量的精确度。过分地强调称量的精确度(用分析天平称量溶剂的质量)是不适宜的。而影响测量摩尔质量的精确度的关键在于温度的测量。可见,事先了解间接测量时各个测量值的大致误差范围及其影响,就能指导我们选择正确的实验方

法,选用精密度合适的仪器。抓住影响误差的关键因素,使测量结果的误差在允许的范围内。

2. 间接测量结果的标准误差

设直接测量的数据为 x 及 y,其标准误差为 dx 及 dy,而最后结果为 z,其函数关系可表成为

$$z = F(x, y), \tag{1.5-32}$$

则函数 z 的标准误差为

$$\sigma = \sqrt{\left(\frac{\partial z}{\partial x}\right)^2 \sigma_x^2 + \left(\frac{\partial z}{\partial y}\right)^2 \sigma_y^2}。 \tag{1.5-33}$$

部分常用函数的标准误差公式列于表 1.5-4。

表 1.5-4 部分常用函数的标准误差公式

函数关系	绝对误差	相对误差
$z = x \pm y$	$\pm \sqrt{\sigma_x^2 + \sigma_y^2}$	$\pm \dfrac{1}{\|x \pm y\|} \sqrt{\sigma_x^2 + \sigma_y^2}$
$z = x \cdot y$	$\pm \sqrt{y^2 \sigma_x^2 + x^2 \sigma_y^2}$	$\pm \sqrt{\dfrac{\sigma_x^2}{x^2} + \dfrac{\sigma_y^2}{y^2}}$
$z = \dfrac{x}{y}$	$\pm \dfrac{1}{y} \sqrt{\sigma_x^2 + \dfrac{x^2}{y^2} \sigma_y^2}$	$\pm \sqrt{\dfrac{\sigma_x^2}{x^2} + \dfrac{\sigma_y^2}{y^2}}$
$z = x^n$	$\pm n x^{n-1} \sigma_x$	$\pm \dfrac{n}{x} \sigma_x$
$z = \ln x$	$\pm \dfrac{\sigma_x}{x}$	$\pm \dfrac{\sigma_x}{x \ln x}$

例 2 溶质的摩尔质量 M 可由溶液的沸点升高值 ΔT_b 测定。设以苯为溶剂,以萘为溶质,用贝克曼温度计测得纯苯的沸点为 (2.975 ± 0.003)℃,而溶液中含苯 $W_A = (87.0 \pm 0.1)$g,含萘 $W_B = (1.054 \pm 0.001)$g,溶液沸点为 (3.210 ± 0.003)℃。试用下列公式计算萘的摩尔质量及标准误差:

$$M = 2.53 \times \frac{1\,000 W_B}{W_A \Delta T_b}。$$

由函数的标准误差公式得出

$$\sigma_M = \sqrt{\left(\frac{\partial M}{\partial W_B}\right)^2 \sigma_B^2 + \left(\frac{\partial M}{\partial W_A}\right)^2 \sigma_A^2 + \left(\frac{\partial M}{\partial \Delta T_b}\right)^2 \sigma_{\Delta T_b}^2},$$

其中:

$$\frac{\partial M}{\partial W_B} = \frac{2.53 \times 1\,000}{W_A \Delta T_b} = \frac{2.53 \times 1\,000}{87.0 \times 0.235} = 124,$$

$$\frac{\partial M}{\partial W_A} = \frac{2.53 \times 1\,000 W_B}{\Delta T_b} \cdot \frac{1}{W_A^2} = \frac{2.53 \times 1\,000 \times 1.054}{0.235 \times (87.0)^2} = 1.50,$$

$$\frac{\partial M}{\partial \Delta T_b} = \frac{2.53 \times 1\,000 W_B}{W_A} \cdot \frac{1}{\Delta T_b^2} = \frac{2.53 \times 1\,000 \times 1.054}{87.0 \times (0.235)^2} = 555,$$

$$\sigma_M = \sqrt{124^2 \times 0.001^2 + 150^2 \times 0.1^2 + 555^2 \times (0.003 + 0.003)^2} = 3.3,$$

$$M = 253 \times \frac{1\,000 \times 1.054}{87.0 \times 0.235} = 130 (\text{g} \cdot \text{mol}^{-1})。$$

萘的摩尔质量最后表示为：(130 ± 3) g·mol^{-1}。

五、实验数据的表达

1. 列表法

列表法的优点是：简单易作，变量间的关系明了。由于表中的数据已经整理过，有利于分析和阐明某些实验结果的规律性，可对实验结果方便地进行比较。

列表时应注意以下几点：

(1) 每一个表都应有简明而又完备的名称。

(2) 在表的每一行或每一列的第一栏，要详细地写出变量的名称、单位。因表中所列是纯数，而一个物理量＝数值×单位，故数值（纯数）＝物理量/单位。如表中某行表示时间的数值，则记为 t/s；若某行表示温度的数值，则写为 T/K 等。

(3) 记录的数据应注意有效数字，并将小数点对齐。如用指数表示，将指数公共的乘方因子，放在第一列的量的名称中（或符号）并注明。

(4) 主变量通常选较简单的变量，如温度、时间、距离等。主变量应均匀地、等间隔地增加或递减。

(5) 原始数据可与处理结果并列在一张表上，把处理方法和计算公式在表下注明。

2. 图解法

图解法的优点是能直观、简明地表现实验所测各数据间的相互关系，便于比较，且易显示出数据中的最高点、最低点、转折点、周期性以及其他特性。此外，如图形作得足够准确，则不必知道变量间的数学关系式，便可对变数求微分或积分（作切线、求面积）等，可对数据进一步进行处理。用途极为广泛。

(1) 图解法用途

① 求内插值 根据实验所得的数据，作出函数间相互的关系曲线，然后找出与某函数相应的物理量的数值。

② 求外推值 在某些情况下，测量数据间的线性关系可外推至测量范围以外，求某一函数的极限值。但只有在充分确信所得的结果可靠时，外推法才有实际价值。

③ 求函数的微商值（图解微分法） 在所得曲线上选定某点，作出切线，计算斜率。即得该点微商值。

④ 求某函数的积分值（图解积分法） 求曲线下的面积即为函数积分值。

⑤ 求函数的转折点和极值 这是图解法最大的优点之一，许多情况下都要用到它。

⑥ 求经验方程式 根据测量数据和变量间的关系求函数的解析式，作出函数关系图形，从图形形式，变换变量，使图形直线化，得新函数 y 和新变量 x 间的线性关系式 $y=mx+b$。算出此直线的斜率 m 和截距 b 后，再换回原来的函数和主变量，即得原函数的解析式。

(2) 作图的一般步骤及规则

① 工具 在处理物理化学实验数据时作图所需的工具主要有铅笔、直尺、曲线板、曲线尺、圆规等。铅笔应该削尖，才能使画出的线条清晰，画线时应该用直尺或曲线尺辅助，不能只用手描绘。直尺、曲线板、曲线尺应该透明，这样才能全面地观察实验点的分布情况，画出合理的图。

　　② 坐标纸和比例尺的选择　常用直角坐标纸,另外还有对数、双对数坐标纸和三角坐标纸。选用什么形式的坐标纸,要根据具体需要来确定。

　　在用直角坐标纸作图时,以自变量为横轴,因变量为纵轴,横轴与纵轴的读数不一定从零开始,视具体情况而定。坐标轴上比例尺的选择极为重要。由于比例尺的改变,曲线形状也将跟着改变,若选择不当,可使曲线的某些相当于极大、极小或转折点的特殊部分看不清楚,比例尺的选择应遵守下述规则:

　　a. 要能表示出全部有效数字,使图上读出的物理量的精度与测量的精度一致;

　　b. 图纸每小格所对应的数值应便于迅速简便地读取和计算,如 1,2,5 等,而 3,4,6,7,8,9 等一般情况下则不选用;

　　c. 在上述条件下,要充分利用图纸的全部面积,使全图布局匀称合理;

　　d. 如作出的图线是直线或接近直线的曲线,则比例尺的选择应使图的位置在对角线附近(其斜率近似等于 1)。

　　③ 画坐标轴　选定比例尺后,画上坐标轴并在坐标轴旁注明该轴所代表变量的名称及单位。如纵坐标变量名称是压强,符号是 p,其单位为 Pa。横坐标变量是温度的倒数,符号为 $1/T$,其单位为 $1/K$。坐标的零点不一定在原点,在纵轴之左面,横轴的下面每隔一定距离写下该变量对应数值,以便读数和作图。但不应将实验值写于坐标轴旁或代表点旁,横轴读数自左至右,纵轴自下而上。

　　④ 作代表点　代表点是将相当于测得量的各点绘于图上,在点的周围画上圆圈、方块或其他符号,其面积的大小应代表测量的精确度。在一张图纸上如有数组不同的测量值时,各组测量值的代表点应用不同的符号表示,以示区别,并在图上注明。

　　⑤ 作曲线　在图上画好代表点后,按代表点分布情况,用曲线板或曲线尺作一光滑、均匀、细而清晰的曲线,表示代表点平均变动情况。因此,不要求曲线全部通过各点,只要使点均匀地分布在曲线两侧附近即可,或者更准确地说,只要求所有代表点离开曲线距离的平方和为最小,这就是"最小二乘法原理"。若其中有一点偏离较远,最好将此点重测,如原测量确属无误,则应严格遵守上述原则正确作出曲线。作图也存在作图误差,所以作图技术的好坏将影响实验结果的准确性。

　　⑥ 写图名　曲线画好后,在图上写上清楚、完整的图名,说明主要的测量条件(如温度、压强等)及实验日期。如需对实验数据进一步处理可在图上进行。例如,作曲线上某点的切线等。作切线求斜率,进而求经验方程式的常数是物理化学实验常用的方法。

　　作切线通常用下述两种方法:

　　a. 若在曲线的指定点 Q 上作切线,可应用镜像法,先作该点的法线,再作切线。方法是取一面平而薄的镜子,使其边缘 AB 放在曲线的横断面上,绕 Q 转动,直到镜外曲线与镜像中曲线成一光滑的曲线时,沿 AB 边画出直线就是法线,通过 Q 作 AB 的垂线即为切线。如图 1.5-6(a)所示。

　　b. 在所选择的曲线段上作两条平行线 AB 及 CD,作两线段中点的连线,交曲线于 Q,通过 Q 作与 AB 或 CD 的平行线即为 Q 点之切线。如图 1.5-6(b)所示。

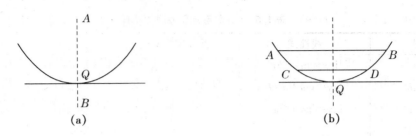

图 1.5-6　作切线的方法

3. 方程式法

当一组实验数据用列表法或图形法表示后,常需要进一步用一个方程式或经验公式将变量关系表示出来。因为用方程式表示变量关系不仅在形式上较前两种方法更为紧凑,而且进行微分、积分、内插、外延等运算时也方便得多。经验方程式是变量间客观规律的一种近似描述,它为变量间关系的理论探讨提供了线索和根据。

用方程式表示实验数据有三项任务:一是方程式的选择,二是方程式中常数的确定,三是方程式与实验数据拟合程度的检验。

（1）方程形式的选择

方程一般分两种情况,一种是两个变量间存在已知的理论方程式。例如,对纯液体在不同温度下的饱和蒸气压,从热力学理论导出了克劳修斯-克拉佩龙方程式,因此可用下列二常数或四常数方程拟合不同温度下饱和蒸气压测定值:

$$\ln p = -\frac{\Delta H}{RT} + c, \tag{1.5-34}$$

$$\ln p = ART^{-1} + c\ln T + b. \tag{1.5-35}$$

另一种情况是两个变量间不存在满意的理论方程式,而必须选一个比较理想的经验方程来拟合实验数据。

一个理想的经验公式,一方面应要求形式简单,所含常数较少,另一方面要求能够准确地代表实验数据。这两方面的要求常是矛盾的,在实际工作中有时可两者兼顾,有时则为了照顾必要的准确度,而采用较为复杂的经验方程式。对于一组实验数据,一般没有可直接获得一个理想经验方程式的简单方法,经验方程式是经过探索而来的。寻找经验方程式的一般步骤为:

① 将实验数据作图。根据曲线形状及经验或与已知方程的曲线比较,猜测经验方程应有的形式;

② 用猜得的经验方程拟合实验数据;

③ 用作图或计算的方法检验方程与实验数据的相符程度;

④ 若相符程度不能满意,则修正经验方程形式,重复②,③步骤直至拟合效果满意为止。

因为最易直接检验的为直线方程式,故凡在情况许可的情况下,尽量采用直线方程式。通常根据曲线的形状,就可提出适当的函数关系式来作尝试,再把函数关系式变成直线方程式,以便求得方程式中的常数。一些常用和比较重要的函数式列于表 1.5-5 中。

表 1.5 - 5 常用方程的线性式

方程	线性式	线性式坐标轴	斜率	截距
$y = ae^{bx}$	$\ln y = \ln a + bx$	$\ln y$ 对 x	b	$\ln a$
$y = ab^x$	$\lg y = \lg a + x\lg b$	$\lg y$ 对 x	$\lg b$	$\lg a$
$y = ax^b$	$\lg y = \lg a + b\lg x$	$\lg y$ 对 $\lg x$	b	$\lg a$
$y = a + bx^2$	—	y 对 x^2	b	a
$y = a\lg x + b$	—	y 对 $\lg x$	a	b
$y = \dfrac{a}{b+x}$	$\dfrac{1}{y} = \dfrac{b}{a} + \dfrac{x}{a}$	$\dfrac{1}{y}$ 对 x	$\dfrac{1}{a}$	$\dfrac{b}{a}$
	$\dfrac{1}{x} = \dfrac{a}{y} - b$	$\dfrac{1}{x}$ 对 $\dfrac{1}{y}$		
$y = \dfrac{ax}{1+bx}$	$\dfrac{1}{y} = \dfrac{1}{ax} + \dfrac{b}{a}$		a	$-b$
			$\dfrac{1}{a}$	$\dfrac{b}{a}$

对于没法确定线性关系的要采用其他专门的方法。

（2）方程式中常数的确定

拟合实验数据的方程式中常数的求法很多,用的较多的是直线图解法与最小二乘法。

① 直线图解法

对于自变量和因变量关系可符合直线方程,或它们的函数关系如表 1.5 - 5 所列那样,可变为直线方程的情况可以用此方法。具体步骤如下:

a. 图解法。在 X-Y 的直角坐标图纸上,在把函数线性化的基础上用实验数据作图。得出直线方程

$$y = mx + b, \tag{1.5-36}$$

可用两种方法求出 m, b。

截距斜率法:将直线延长交于 y 轴,截距为 b,而直线与 x 轴的夹角为 θ,则 $m = \tan\theta$。

端值法:在直线两端选两点 (x_1, y_1) 和 (x_2, y_2),即得:

$$\begin{cases} y_1 = mx_1 + b \\ y_2 = mx_2 + b \end{cases}, \tag{1.5-37}$$

解此方程组,即得 m 和 b 值。

b. 计算法。利用实验测得的数据直接计算。设实验测得的几组数值为 (x_1, y_1),(x_2, y_1),(x_3, y_3),$\cdots$,(x_n, y_n),代入（1.5 - 36）式,联立得:

$$\begin{cases} y_1 = mx_1 + b \\ y_2 = mx_2 + b \\ y_3 = mx_3 + b \\ \vdots \\ y_n = mx_n + b \end{cases} \tag{1.5-38}$$

由于测定值各有偏差,若定义

$$\delta_i = b + mx_i - y_i, \quad i = 1, 2, 3, \cdots, n, \tag{1.5-39}$$

δ_i 为第 i 组残差。对残差的处理有不同的方法：

方法一：平均法。这是最简单的方法。令经验公式中残差的代数和等于零,即

$$\sum_{i=1}^{n}\delta_i = 0 \, 。 \tag{1.5-40}$$

计算时把方程组(1.5-38)分成数目相等的两组,按下式迭加起来,得到下面两方程,解之即得 m,b：

$$\sum_{i=1}^{k}\delta_i = kb + m\sum_{i=1}^{k}x_i - \sum_{i=1}^{k}y_i \, , \qquad \sum_{i=k+1}^{n}\delta_i = 0 \, 。$$

方法二：最小二乘法。这是较为准确的处理方法,其根据是使残差的平方和为最小,即

$$\Delta = \sum_{i=1}^{n}\delta_i^2 = 最小。 \tag{1.5-41}$$

在最简单情况下

$$\Delta = \sum_{i=1}^{n}(b+mx_i-y_i)^2 = 最小。 \tag{1.5-42}$$

由函数有极值的条件可知,$\dfrac{\partial\Delta}{\partial b}$ 和 $\dfrac{\partial\Delta}{\partial m}$ 都等于零,由此得出两个方程式

$$\begin{cases} \dfrac{\partial\Delta}{\partial b} = 2\sum_{i=1}^{n}(b+mx_i-y_i) = 0 \\ \dfrac{\partial\Delta}{\partial m} = 2\sum_{i=1}^{n}x_i(b+mx_i-y_i) = 0 \end{cases}, \tag{1.5-43}$$

亦即

$$\begin{cases} nb + m\sum_{i=1}^{n}x_i = \sum_{i=1}^{n}y_i \\ b\sum_{i=1}^{n}x_i + m\sum_{i=1}^{n}x_i = \sum_{i=1}^{n}x_iy_i \end{cases}, \tag{1.5-44}$$

解之,可以得到 m 和 b 值：

$$\begin{cases} m = \dfrac{n\sum_{i=1}^{n}x_iy_i - \sum_{i=1}^{n}x_iy_i}{n\sum_{i=1}^{n}x_i^2 - (\sum_{i=1}^{n}x_i)^2} \\ b = \dfrac{\sum_{i=1}^{n}y_i}{n} - m\dfrac{\sum_{i=1}^{n}x_i}{n} \end{cases} 。 \tag{1.5-45}$$

求出方程式后,最好能选择一、二个数据代入公式,加以核对验证。若相距太远,还可改变方程的形式或调整常数,重新求更准确的经验方程式。

现在作图和计算都可用计算机进行,既方便、快捷,又准确。

习题

1. 下列数据包含几位有效数字?

(1) 0.025 1; (2) 0.021 80; (3) 1.8×10⁻⁵; (4) pH=2.50。

2. 按有效数字运算规则,计算下列各式:

(1) $2.187 \times 0.854 + 9.6 \times 10^{-5} - 0.032\,6 \times 0.008\,14$;

(2) $\dfrac{51.38}{8.709 \times 0.094\,60}$;

(3) $\dfrac{9.827 \times 50.62}{0.005\,164 \times 136.6}$;

(4) $\sqrt{\dfrac{1.5 \times 10^{-8} \times 6.1 \times 10^{-8}}{3.3 \times 10^{-6}}}$;

(5) 已知氮气体系 $p = 7.89 \times 10^5$ Pa, $V = 0.865$ m^3, $T = 273.15$ K,求体系的质量。

3. 指出下列情况是属于偶然误差还是系统误差?

(1) 视差;

(2) 游标卡尺零点不准;

(3) 天平两臂不等长;

(4) 天平称量时最后一位读数估计不准。

4. 已测得反应 $N_2O_5 \longrightarrow N_2O_4 + \dfrac{1}{2}O_2$ 在不同温度 t 时的速率常数数据如下:

$t/{}^\circ\!C$	0	25	35	45	55	65
$k \times 10^5 / s^{-1}$	0.078 7	3.46	13.5	49.8	150	487

(1) 试用直线法作图验证 k 与 T 的关系为:

$$k = A\exp\left(-\dfrac{E_a}{RT}\right);$$

(2) 求出 A, E_a 值,并写出完整的方程式。

5. 根据理想气体状态方程 $pV = (m/M)RT$ 测定甲烷的摩尔质量。实验测得 $p = (97.65 \pm 0.13)$ kPa, $m = (132 \pm 2)$ mg, $V = (210 \pm 2)$ mL, $T = (298 \pm 1)$ K,试求甲烷的摩尔质量及其最大绝对误差。

6. 设一直线方程 $y = ax + b$,已知 x 和 y 的数据如下。用最小二乘法确定 a, b 值,并求相关系数 γ。

x	1	3	8	10	13	15	17	20
y	3	4	6	7	8	9	10	11

7. 某次用光电比色法测得光透过 $Cu(NH_3)_4{}^{2+}$ 水溶液时的结果如下:

c (ppm, Cu^{2+})	0	5	10	15	20	25	30	35
R (Ma)	50	46.8	43.7	40.9	38.0	35.3	30.8	25.1

若 $\lg R$ 随 c 变化成线性关系,可用下式表示:

$$\lg R = a - bc,$$

试用最小二乘法求出上式中 a 和 b 的值。

参考文献

1. 东北师范大学等.物理化学实验.北京:高等教育出版社,1989

2. 蔡显鄂等. 物理化学实验. 北京:高等教育出版社,1993

3. 复旦大学等. 物理化学实验. 北京:高等教育出版社,1993

4. 北京大学化学系物理化学教研室. 物理化学实验(第三版). 北京:高等教育出版社,1995

5. 华东理工大学物理化学教研室. 物理化学实验(第二版). 上海:华东理工大学出版社,2005

第2章 基础实验

实验2.1 恒温槽性能测试

一、目的

1. 熟悉恒温槽的构造及恒温原理,初步掌握其装配和调试的基本技术。
2. 测定恒温槽灵敏度,分析恒温槽性能。
3. 掌握贝克曼温度计的调节和使用方法。

二、基本原理

物质的物理与化学性质,如黏度、密度、蒸气压、折光率、表面张力、化学平衡常数和化学反应速率常数等都与温度有关。因此,许多物理化学实验必须在恒温条件下进行。恒温槽是物理化学实验中常用的恒温设备。恒温槽主要通过温度控制器控制恒温槽的热平衡来达到恒温效果。当恒温槽的热量由于对外散失而使其温度降低时,温度控制器就使恒温槽中的加热器工作,待加热到所需要的温度时,它又会使其停止加热,使恒温槽温度保持恒定。它们的工作原理参见本实验附录(一)。

恒温槽的灵敏度是衡量恒温槽恒温性能好坏的主要标志。灵敏度与搅拌器的效率、加热器的功率、恒温槽的体积及其保温性能、接触温度计和恒温控制器的灵敏度等因素有关。此外,恒温槽各部件的布局对恒温槽的灵敏度也有一定的影响。

本实验在设定温度下,用贝克曼温度计来测定恒温槽温度的微小变化,作出恒温槽温度 T 随时间 t 变化的曲线(灵敏度曲线,亦称温度—时间曲线),如图 2.1−1所示,曲线(a)表示恒温槽灵敏度较高,温度的波动极微小;曲线(b)表示灵敏度较低,需要更换较灵敏的接触温度计;曲线(c)表示加热器的功率太大,需改用较小功率加热;曲线(d)表示加热器的功率太小或恒温槽散热太快。由于外界因素干扰的随机性,实际应用中灵敏度曲线会更复杂。

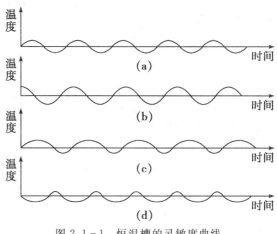

图 2.1−1 恒温槽的灵敏度曲线

若灵敏度曲线上的最高温度为 $T_{高}$,最低温度为 $T_{低}$,则恒温槽的灵敏度 T_E 可表示为

$$T_E=\pm\frac{T_{高}-T_{低}}{2}。$$

恒温槽温度是由恒温槽内 0.1℃分度精密温度计指示的,以 T 表示,则恒温槽的温度以 $T\pm T_E$ 表示。

三、仪器与试剂

CS501 型超级恒温槽 1 台(或玻璃恒温水浴 1 套),数显贝克曼温度计 1 台,秒表 1 块。蒸馏水。

四、实验步骤

1. 装配恒温槽

按图 2.1-2 装配恒温槽,接好线路。槽内注入适量的蒸馏水。

2. 调节恒温槽温度

(1) 将恒温温度设定在低于实验温度 1～2℃处。调节方法如下:旋松接触温度计上端磁性螺旋调节帽固定螺丝,旋转磁铁,使标铁上沿所指示温度低于实验温度 1～2℃,锁住固定螺丝。

(2) 接通电源,打开电源开关,开动搅拌器、加热器(加热器指示灯亮)。

(3) 将数显贝克曼温度计传感器置于水浴中,并靠近接触温度计。按下贝克曼温度计电源开关。根据实验温度选择适当的基温挡(冬季调至 0℃,夏季调至 20℃),使温差的绝对值尽可能小。数显贝克曼温度计使用方法见§5.1。

(4) 待恒温时,即指示灯时明时灭(或以恒温控制器衔铁离合交替出现来判断),观察贝克曼温度计的读数,按其与实验温度的差值进一步调节接触温度计,采用从低温到高温逐次逼近到实验温度(冬季可取 15℃,夏季可取 35℃)。最后将固定螺丝拧紧。注意:调节接触温度计必须细致,千万不要让温度超过应恒定的温度值,否则要使恒温槽散去多余的热量需要等待很久,如果这时采取加冷水的办法也很麻烦。

3. 测定恒温槽灵敏度

仔细观察恒温水浴温度的微小波动,用秒表每隔 1 min 记录一次数显贝克曼温度计温度及温差读数,测定 60 min,要求温度变化范围在 ±0.1℃之内。

在时间允许的情况下,可设定若个干温度值,按同样方法分别测定其恒温性能。

实验结束后,先关闭搅拌器,再关闭电源,并取出贝克曼温度计传感器。

注意事项:

若使用水银贝克曼温度计,应事先将贝克曼温度计的水银柱在实验温度时调到刻度 2.5 左右(调节方法见§5.1)。待恒温槽恒温后,将已调好的贝克曼温度计安放在恒温槽中。

五、数据处理

1. 将实验数据记录于表 2.1-1 中。

表 2.1 - 1　实验数据

室温：_____　　气压：_____　　实验温度：_____

时间/min	0	1	2	3	4	···
贝克曼温度计温度读数 T/℃						
贝克曼温度计温差读数 T_B/℃						

2. 以 T_B 对 t 作图,绘制恒温槽(在设定操作条件下)的灵敏度曲线,由曲线上的 $T_{高}$ 和 $T_{低}$ 求出灵敏度 T_E。

3. 恒温槽温度的误差表示。

六、思考题

1. 恒温槽的恒温原理是什么?

2. 恒温槽内各处温度是否相等? 为什么?

3. 影响恒温槽的灵敏度有哪些因素?

4. 欲提高恒温槽的灵敏度,主要通过哪些途径?

七、附录

(一) 恒温槽

恒温槽的形式很多,主要取决于控制温度的高低及控制温度的精度,可以根据需要选用不同规格的恒温槽。通常所用的恒温槽装置如图 2.1 - 2 所示,它适合在高于室温但低于水沸点的温度范围内工作。

1. 恒温槽的结构

恒温槽由浴槽、搅拌器、温度计、加热器、接触温度计和继电器等组成。

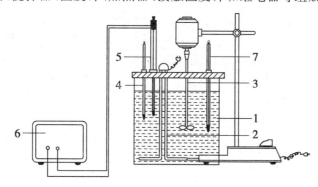

图 2.1 - 2　恒温槽装置图

1. 浴槽;2. 加热器;3. 搅拌器;4. 温度计;5. 接触温度计;6. 继电器;7. 贝克曼温度计

现将恒温槽各部分的构件介绍如下:

(1) 浴槽

如果设定温度与室温相差不太大,通常采用玻璃槽以利于观察恒温物质的变化情况。槽体的容量和形状视需要而定。物理化学实验一般采用 10 L 圆柱形敞口玻璃缸。如果设定的温度较高(或较低),则应对整个槽体保温,以减小热量传递速度,提高恒温精度。

恒温槽一般以蒸馏水为加热介质,也可根据控温的需要选取其他加热物质。

（2）加热器

如需控制温度高于室温,则需加热。加热器常用电热器,要求其体积小、导热性好、功率适当。加热器的功率选择,最好能使加热和停止加热的时间各占一半。

（3）接触温度计

接触温度计是恒温槽的感觉中枢,是决定控温精度的关键。接触温度计控温精度通常是±0.1℃。最高可达±0.05℃。接触温度计又称水银导电表,水银定温计,其结构如图2.1-3所示。接触温度计类似于一般水银温度计,但它是可以导电的特殊温度计。其上部有一可调电极,由上部伸入毛细管中与可上下移动的钨丝4相连,另一电极固定,与底部水银相连。两电极的另一端与继电器相连。当旋转调节帽1时,磁铁带动内部螺杆转动,使标铁3上下移动。当温度升高时,水银球中的水银膨胀,使毛细管中的水银柱上升,与钨丝4接触,温度控制器接通,使继电器线圈通以电流,继电器工作,加热回路断开,停止加热。当温度降低,水银球中水银收缩,水银与钨丝断开,继电器线圈电流断开,继电器上弹簧片弹回,加热回路开始工作。

（4）继电器

继电器种类很多,常采用电子继电器(由控制电路和继电器组成)。从接触温度计发来的信号,经控制电路放大后,推动继电器去开关加热器。典型的晶体管继电器的结构如图2.1-4所示。它是利用晶体管工作在截止区以及饱和区所呈现的开关特性制成的。晶体管继电器由于不能在较高的温度下工作,因此不能用于烘箱等高温场合。采用光电耦合原理制成的无触点继电器,可以长时间连续使用。

（5）搅拌器

一般采用功率40 W的电动搅拌器,并将该电动搅拌器串联在一个可调变压器上,以调节搅拌的速度,使恒温槽各处的温度尽可能相同,同时要求电动搅拌器震动小、噪音低、长久连续转动不过热。搅拌器安装的位置、桨叶的形状对搅拌效果都有很大的影响。为此搅拌桨叶应是螺旋桨式或涡轮式,且有适当的片数、直径和面积,以使液体在恒温槽中循环,保证恒温槽整体温度的均匀性。

（6）温度计

恒温槽中常以一支1/10℃的温度计测量恒温槽的温度。用贝克曼温度计测量恒温槽的灵敏度。所用的温度计在使用前都必须进行校正和标

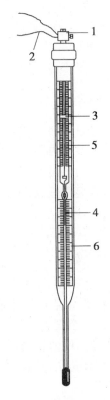

图2.1-3　接触温度计示意图
1. 调节帽;2. 电极引出线;3. 标铁;
4. 钨丝;5. 上标尺;6. 下标尺

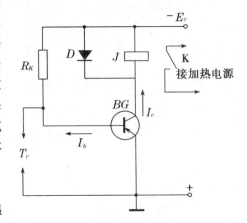

图2.1-4　晶体管继电器工作原理示意图

化(校正和标化方法见§5.1)。

2. 恒温槽的工作原理

恒温槽工作原理如图 2.1-5 所示。被测量的容器放在恒温槽中,当恒温槽的温度低于恒定温度时,温度控制器通过继电器的作用,使加热器加热;恒温槽温度高于所恒定的温度时,即停止加热。因此,恒温槽温度在一微小的区间内波动,而被测物质的温度也限制在相应的微小区间内。

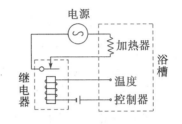

图 2.1-5　恒温槽工作原理示意图

(二) 76-1 型玻璃恒温水浴

1. 构造

76-1 型玻璃恒温水浴主要由玻璃水浴、电动搅拌机、自动温度控制器三大部件配套组成,原则上是整套装置。但为使用方便起见,这三项组成部分,除成套应用外,亦可分别单独使用。

2. 使用方法

(1) 先将冷水或接近使用温度之清水放入玻璃缸内,约占 3/4 容积,电动搅拌机及电热管和控制仪都分别安装好,接通电源。

(2) 电动搅拌机的转速,启动时先拨动变速器开关从"0"处转向"1"处,第一挡的转速约 200 转/分,然后逐挡加快至第六挡,转速约为 1 000 转/分;7~10 挡,由于转速过快,不宜在水浴中使用,一般在 4,5,6 挡最适宜。

(3) 将控温选择盘顺时针旋转到需要控制的温度。

(4) 开启控温仪上的电源开关,同时将测温满程转换开关拨到"满"处,调节测温满程调节旋钮,使电表指针与满程刻度线相重合。

(5) 将测量满程开关扳到"测"处,此时电表指针即指示所测温度。当未达到所需要控制的温度时,红灯亮表示恒温槽正在加热;当达到或超过所控温度时,绿灯亮表示加热停止。

3. 注意事项

(1) 玻璃缸内必须剩水,否则电热管会爆裂。

(2) 使用时要配合使用电动搅拌机,否则水温不易均匀。

(3) 搅拌棒用扎头夹紧扎牢,与电动机轴芯成一直线,以免歪斜振动。

(4) 半导体感温元件采用的是玻璃封结,在使用及保管中应防止与较硬物件接触,以免损坏元件。

(5) 控温、测温属两个系统,但元件能互换使用。

(三) CS501 型超级恒温槽

超级恒温槽是实验室常用的一种精密恒温装置。它不仅可对浴槽中待测体系恒温,而且还可对外接体系进行恒温。国产的超级恒温槽的品种很多,可视需要使用。下面介绍 CS501 型超级恒温槽的结构、工作原理和使用方法。

1. 构造

超级恒温槽的结构与上述恒温槽相似,但其所属的各种部件(如槽体、搅拌器、加热器、接触温度计、继电器等)都固定在一起,使用方便。其具有两组加热元件、循环水泵、保温层、恒温筒盖等部件,使其恒温灵敏度和稳定性比一般恒温槽高得多,控温范围也增大,特别适用于设定温度与室温相差较大的情形。此外,这种恒温水浴装有电动循环水泵,可对外接体系进行恒温(如循环水泵能将浴槽中恒温的水通过阿贝折光仪棱镜的夹层水套,使样品恒温,而不必将整个仪器浸入浴槽)。此装置还备有冷却装置,可将低温的自来水打入恒温槽的冷却管内带走多余的热量以达到更好的恒温效果。

超级恒温槽结构是金属圆筒形,表面有静电粉末喷漆,内筒以不锈钢板制成,在内外两筒夹层中用玻璃纤维保温,筒盖为三聚氰氨玻璃纤维层压板制成,其上装有电动水泵一套,接触温度计一支,进水口一个,冷凝管用进出水嘴两只,加热器两组(第一组 500 W,第二组 1 500 W),槽内装有可以上下活动的紫铜板制成的恒温筒一只。控制部分及供电部分均装在与恒温器相连的控制器箱内,箱上接线柱作控制部分连接用。

2. 工作原理

超级恒温槽利用温度控制仪表达到设定温度时发出控制信号以控制可控硅的通断,从而控制整个电路的通断以达到控制加热器的通断。

3. 使用方法

先将水加入超级恒温槽内,水位离盖板 30~43 mm。再插入电源插头,开启电源及电动泵开关,使槽内的水循环对流。设定所需要的温度及其他相关数据,开启加热开关。当恒温指示灯时明时灭,说明恒温槽内温度稳定,恒温筒内需 10~40 min 才能稳定。

若需恒温的温度低于室温时,可用恒温槽上的冷凝管制冷,即外加与超级恒温槽相同的电动泵一只,将冰水用橡皮管从冷凝管进水嘴引入至冷凝管内制冷,同时在橡皮管上加上管子夹一只,以控制冰水的流量。用冰水导入制冷,一般只能达到 15~30℃,并需将电加热开关关掉。

参考文献

1. 复旦大学等. 物理化学实验. 北京:高等教育出版社,1993
2. 北京大学化学系物理化学教研室. 物理化学实验(第三版). 北京:北京大学出版社,1995
3. 东北师范大学等. 物理化学实验(第二版). 北京:高等教育出版社,1989

实验 2.2　燃烧热的测定

一、目的

1. 通过物质的燃烧热的测定,掌握有关热化学实验的一般知识和测量技术,了解氧弹式量热计的原理、构造和使用方法。

2. 掌握燃烧热的定义,理解恒压热与恒容热的差别及相互关系。

3. 学会应用图解法校正温度改变值。

二、基本原理

燃烧热是指 1 摩尔物质完全燃烧时所放出的热量,在恒容条件下测得的燃烧热为恒容热(Q_V),恒容热等于这个过程的热力学能变化(ΔU)。在恒压条件下测得的燃烧热称为恒压热(Q_p),恒压热等于这个过程的焓变化(ΔH),若把参加反应的气体和反应生成的气体作

为理想气体处理,则存在下列关系式:

$$\Delta H = \Delta U + \Delta(pV),$$
$$Q_p = Q_V + \Delta n \cdot RT, \tag{2.2-1}$$

式中:Δn 为生成物和反应物气体的物质的量之差;R 为摩尔气体常数;T 为反应时的热力学温度。

若测得某物质恒容热或恒压热中的任何一个,就可根据(2.2-1)式计算另一个数据。须指出,化学反应的热效应(包括燃烧热)通常是用恒压热效应(ΔH)来表示的。

三、仪器与试剂

量热仪、氧气钢瓶、充氧仪、压片机、万用表、分析天平、电子台秤各 1 台(套)。
苯甲酸(A.R.)、蔗糖(A.R.)、棉线和金属丝若干。

四、实验步骤

1. 水当量的测定

(1) 压片前先检查压片用钢模,若发现钢模有铁锈油污或尘土等,必须擦净后,才能进行压片,用天平称取约 0.8 g 苯甲酸,从模具的上面倒入已称好的苯甲酸样品,徐徐旋紧压片机的螺杆,直到将样品压成片状为止。抽出模底的托板,再继续向下压,使模底和样品一起脱落,将此样品表面的碎屑除去;另取一段棉线和金属丝(10 cm),在分析天平上分别准确称量记录好数据,用棉线将金属丝系在苯甲酸样品上,金属丝在样品上不可短路,在分析天平上准确称量记录好数据,此样品供测定燃烧热用。

(2) 拧开氧弹盖,将氧弹内壁擦净,特别是电极下端的不锈钢接线柱更应擦干净,用万用表欧姆挡检查两电极是否通路,若通路,将样品的金属丝两端分别接在两个电极上,注意金属丝不能与坩埚相接触,旋紧弹盖再用万用表检查两电极之间是否通路,若通路则可充氧气。

使用高压钢瓶时必须严格遵守操作规则。将氧弹放在充氧仪台架上,拉动扳手充入氧气至 1.2~1.5 MPa。氧弹结构见图 2.2-1。充好氧气后,再用万用表检查两电极间是否通路,若通路可进行下步操作,否则将氧弹放气,检查断路原因,重新进行此步操作。

(3) 用容量瓶加 3 000 mL 水于盛水桶内,将氧弹放入水桶内,把点火导线插在氧弹的两个电极上,装上搅拌桨,盖上盖子,先将数字贝克曼温度计测量探头插入量热计的恒温水夹套内,测量环境的温度,然后将数字贝克曼温度计测量探头插入盛水桶内。

(4) 将仪器安装好后,首先检查控制箱的点火按钮不在点火的位置上,然后接通控制箱的电源,开始搅拌,温度稳定后开始读点火前最初阶段的温度,每隔一分钟读一次,读 10 个间隔,读数完毕,立即按下点火按钮约 3~5 s,点火指示灯熄灭表示点火成功(如不着火可适当增大电流,重新点火,如点火失败,关闭电源,取出氧弹,放气后检查失败原因,再重新进行以上操作步骤),将点火按钮搬回原位置,然后每半分钟读一次温度读数,至两次读数之差小于 0.005℃后,每隔一分钟再读取最后阶段的 10 次读数,便可停止实验。温度上升很快阶段的温度读数可较粗略,最初阶段和最后阶段则需精密到 0.002℃。

(5) 停止实验后关闭搅拌器,先取下数字贝克曼温度计测量探头,再打开量热计盖,取出氧弹将其拭干,打开放气阀门缓缓放气。放完气后,拧开弹盖,检查燃烧是否完全。若弹内有炭黑或未燃烧的试样时,则应认为实验失败。若燃烧完全,量取燃烧后剩下的引火丝并在天平上称量,并用少量蒸馏水洗涤氧弹内壁,最后倒去桶中的水,用毛巾擦干全部设备,留待进行下一次实验。量热计参见图 2.2-2。微机操作程序见表 2.2-1。

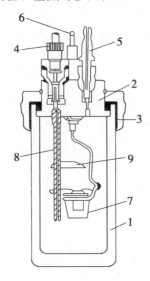

图 2.2-1　氧弹的构造

1. 厚壁圆筒;2. 弹盖;3. 螺帽;4. 进气孔;5. 排气孔;6. 电极;
7. 燃烧皿;8. 电极(同时也是进气管);9. 火焰遮板

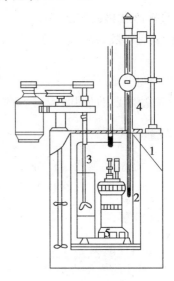

图 2.2-2　量热计示意图

1. 温度夹套;2. 挡板;3. 盛水桶;
4. 温度传感器;5. 氧弹

2. 蔗糖的燃烧热 Q_V 的测定

称取约 1.2 g 蔗糖代替苯甲酸重复上述实验。微机操作规程见表 2.2-1 和表 2.2-2。

表 2.2-1　热容量测定微机操作说明

	显　　示	操　　作
1	主菜单	选择"系统设置"回车
2	测量内容	选择"热容量"回车,其他内容不变,按 Ctrl+s 键存盘
3	主菜单	选择"工作测试"回车
4	试样及添加物重	分别输入苯甲酸重(g)及棉线重(g)回车
5	外筒温度	等候
6	将探头插入内筒然后按空格键	盖上机盖接好电极打开搅拌开关将探头由外筒取出插入内筒。按空格键
7	内筒温度	等候
8	三个阶段温度记录显示约 30 分钟	初期温度末自动点火,观看"即时温度"若无明显变化则点火失败,若变化则自动记录,等候。
9	测试数据显示	记下"仪器热容量""冷却常数 K""综合常数 A"值,按 ESC 键
10	主菜单	选择"系统设置"回车
11	系统设置菜单	用光标移动键,先将光标移至需要修改的项目上,输入有关数据:仪器热容量;冷却常数 K;综合常数 A;"测量内容"选择"发热量"回车,其他内容不变,并按 Ctrl+s 键存盘。
12	主菜单	选择"工作测试"回车,取出探头放入外筒关闭搅拌开关,打开机盖取出氧弹。

表 2.2－2　未知物热值测定微机操作说明

	显　　示	操作说明
1	试样重及添加物重	分别输入未知物重(g)及棉线重(g)回车
2	外筒温度	等候
3	将探头插入内筒然后按空格键	盖上机盖(接好电极)将插头由外筒取出插入内筒同时打开搅拌开关。按空格键
4	内筒温度	等候
5	主期温度记录显示(约 10 分钟)	注意观察"即时温度"若无明显变化则点火失败,若有变化则自动记录,等候
6	测试数据显示	记下有关数据,回去做实验报告,按 ESC 键结束。取出探头,插入外筒关闭搅拌开关打开机盖,取出氧弹,内外擦干,并倒尽内筒水。

3. WZR－1B 型微电脑量热计实验操作步骤

（1）试样准备

① 称取样品(苯甲酸为 0.8 g,冰糖为 1.2 g),压片,将精确称量好的棉线和金属丝中间部分相互缠绕 5 圈,将棉线系在压好的苯甲酸片上,再称重。注意金属丝在样品上不能短路,将金属丝两头分别放入氧弹头的点火电极的卡口内,推下卡环,样品上的金属丝不可与坩埚相接触,氧弹头放入弹筒内,旋紧氧弹盖。

② 使用高压钢瓶时必须严格遵守操作规则。在实验指导教师的指导下,打开钢瓶总阀,调节减压阀,使得减压表指示为 1.2 MPa～1.5 MPa 范围内即可。

③ 用充氧器充氧,轻压充氧悬臂,保持 5 秒钟,松开充氧悬臂,氧弹用放气针放气。再次用充氧器充氧,当充氧器上的表压与钢瓶的减压表表压基本相同后,松开充氧悬臂。将氧弹放入仪器的内筒。

（2）系统设置

① 打开仪器电源,进入初始界面。

② 按系统设置键,检查系统设置参数(参数具体数据请看黑板)。返回初始化界面。

注意:以上数据已经填好,不要改动。

（3）初始化仪器参数

试样编号:学号－1,学号－2,类推。

试样质量:输入试样质量,单位为 g。

点火丝质量:输入点火丝质量,单位为 g。

添加物质量:如没有助燃的物质添加不用输入,单位为 g。

全硫含量、含氢量、收到水分和分析水分根据样品情况添加。

（4）试验开始

记录取初始温度,按实验开始键,实验开始。开始注水,注水后进入曲线检测界面,注意观察曲线走势,点火成功或失败仪器会自动运行和停止,实验结束,显示实验结果,打印实验数据,取出氧弹,放气,观察燃烧是否完全,将剩余的金属丝称重。返回初始化界面,准备下个实验。

五、数据处理

1. 用雷诺图解法求出苯甲酸、蔗糖燃烧前后的温度差 ΔT。

2. 求出蔗糖的恒压燃烧热(计算热量时需减去引火丝和棉线燃烧放出的热量)。

3. 结合实验仪器和计算公式,讨论哪些因素容易造成误差?如果要提高实验的准确度应从哪几方面考虑?

六、思考题

1. 说明恒容热效应(Q_V)和恒压热效应(Q_p)的相互关系。

2. 在这个实验中,哪些是体系,哪些是环境?实验过程中有无热损耗?这些热损耗对实验结果有何影响?

3. 加入内筒中水的温度为什么要选择比外筒水温低?低多少为合适?为什么?

七、讨论

1. 在精确测量中,点火丝的燃烧热和氧气中含氮杂质的氧化所产生的热效应等都应从总热量中扣除。前者可将点火丝在实验前称重,燃烧后小心取下,用稀盐酸浸洗,再用水洗净、吹干后称重,求出燃烧过程中失重的量(燃烧丝的热值为 6 695 J·g^{-1})。后者可用 0.1 mol·L^{-1} NaOH 溶液滴定洗涤氧弹内壁的蒸馏水(在燃烧前先在氧弹中加入 0.5 mL 水),每毫升 0.1 mol·L^{-1} NaOH 溶液相当于 5.983 J(放热),从而可计算出氧气中含氮杂质氧化所产生的热效应。

2. 用雷诺图(温度-时间曲线),确定实验中的 ΔT,如图 2.2-3(a)所示。

图中 b 点相当于开始燃烧的点,c 为观察到的最高点的温度读数,作相当于环境温度的平行线 TO,与 T-t 线相交于 O 点,过 O 点作垂直线 AB,此线与 ab 线和 cd 线的延长线交于 E,F 两点,则 E 点和 F 点所表示的温度差即为欲求温度的升高值 ΔT。图中 EE' 为开始燃烧到温度升至环境温度这一段时间 Δt_1 内,因环境辐射和搅拌产生能量所造成量热计温度的升高,必须扣除。FF' 为温度由环境温度升到最高温度 c 这一段时间 Δt_2 内,量热计向环境辐射出能量而造成的温度降低,故需添上,由此可见 E,F 两点的温度差较客观地表示了样品燃烧后,使量热计温度升高的值。

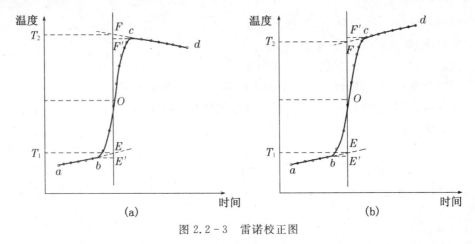

图 2.2-3　雷诺校正图

　　有时量热计绝热情况良好,热漏小,但由于搅拌不断产生少量能量,使燃烧后最高点不出现,如图 2.2-3(b)所示,这时 ΔT 仍可按相同原理校正。

　　3. 对其他热效应的测量(如溶解热、中和热、化学反应热等)可用普通杜瓦瓶作为量热计。也是用已知热效应的反应物先求出量热计的水当量,然后对未知热效应的反应进行测定。对于吸热反应可用电热补偿法直接求出反应热效应。

参考文献

1. 傅献彩,沈文霞,姚天杨. 物理化学(第四版).北京:高等教育出版社,1990
2. 孙尔康,徐维清,邱金恒. 物理化学实验. 南京:南京大学出版社,1997
3. 北京大学化学系物理化学教研室.物理化学实验(修订本).北京:北京大学出版社,1985
4. 罗澄源等.物理化学实验(第二版).北京:高等教育出版社,1984

实验 2.3　Victor Meyer 法测定摩尔质量

一、目的

　　1. 用 Victor Meyer 法测定易挥发液体样品的摩尔质量。
　　2. 学会使用大气压计。

二、基本原理

　　在温度不太低,压强不太高的条件下,可近似地把实际气体看作理想气体,其状态方程为

$$pV=nRT=\frac{m}{M}RT,$$

即
$$M=\frac{mRT}{pV}, \qquad\qquad (2.3-1)$$

式中:p 为气体的压强(Pa);V 为气体的体积(m^3);T 为气体的温度(K);m 为气体的质量(g);M 为气体的摩尔质量(g·mol^{-1});R 为摩尔气体常数。其中 p,V,T,m 可通过实验直接测量,故利用(2.3-1)式可计算理想气体摩尔质量。

　　因此,对于常温下为液态,在稍高于它的沸点下加热并不分解的易挥发物质,可按上述状态方程用 Victor Meyer 法测定该物质在气态时的摩尔质量。

　　将一定质量的易挥发物质装入小玻璃泡,放入图 2.3-1 所示的摩尔质量测定装置中。在保持温度(通常较该物质常压沸点高 20~30℃)及压强(通常为大气压)恒定的容器底部,折断小泡,使待测物汽化。此蒸气将使容器上部与其物质的量相同空气排出。被排出的空气进入量气管,由量气管测出被排出空气的温度及体积。记录实验时量气管的温度和压强,经过换算即可知道待测物质的摩尔质量 M。

三、仪器与试剂

　　摩尔质量测定装置 1 套,气压计 1 支(公用),0~100℃温度计 1 支,小玻璃泡数个,酒精灯 1 个,电热套 1 个,真空泵 1 台(公用),精密天平 1 台(公用),分析纯液体试样。

四、操作步骤

1. 搭装置。按图 2.3 - 1 搭好摩尔质量测定装置。在外管中装入适量的蒸馏水,蒸馏水需浸没汽化管下端,以保证液体试样能完全汽化,并放入数粒沸石(或素烧瓷片)防止暴沸,冷凝管通自来水。检查汽化管内是否干燥。若汽化管不干燥,则取出破泡装置,将抽气管伸入汽化管底部,由真空泵抽出蒸气,除去可能存有的可凝气,使汽化管干燥。

2. 加热。使三通旋塞处于通大气位置（如图 2.3 - 2(b)）,接通电热套电源,将外管中的水加热至沸腾。

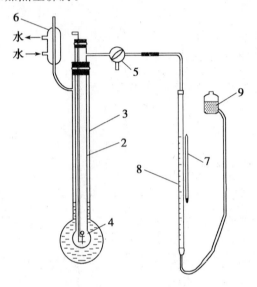

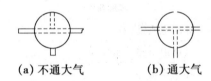

图 2.3 - 1　摩尔质量测定装置　　　　　　　图 2.3 - 2　旋塞 5 的位置
1. 橡皮管;2. 汽化管;3. 外管;4. 击破装置;5. 三通旋塞;
6. 冷凝管;7. 温度计;8. 量气管;9. 水位瓶

3. 称量及取样。取 1 个玻璃泡,留好一定长度的毛细管。用精密天平称取玻璃泡质量,准确到 0.002 g。将小玻璃泡用酒精灯微热后,迅速将毛细管插入液体试样中。玻璃泡冷却时,液体被吸入。吸入的液体量应排出空气 30 mL 左右为宜。如过少,可加热再装;如过多,可稍加热,以赶出部分液体,但毛细管口切忌对人。估计质量合适后于酒精灯上熔封玻璃泡的毛细管尖端,即可取出称量,两次称量结果之差为试样质量。

4. 检查气密性。拔出击破装置,使小泡的毛细管穿过铁丝尖端的小孔,然后将击破装置放入汽化管,塞好橡皮塞,将三通旋塞处于不通大气位置(如图 2.3 - 2(a)),提高或降低水位瓶,使高于或低于量气管中的水平面,当固定水位瓶后,如量气管液面不断上升或下降,则表明漏气。

5. 检查温度是否恒定。确认不漏气后,继续沸腾约 10 min,将水位瓶固定在较高位置,使旋塞处于通大气位置,量气管与水位瓶的液面齐平。再使旋塞处于不通大气位置,如果液面不断下降,则表明汽化管内温度尚未恒定。

6. 体积读数。汽化管内温度恒定后,使旋塞处于通大气位置,提高水位瓶使量气管与水位瓶液面齐平。再使旋塞处于不通大气位置,读取量气管体积的初读数 V_1,击碎玻璃泡,液体立即汽化,将水位瓶随量气管液面下降,至液面不再下降时,读取量气管体积的末读数 V_2。

7. 记录温度及大气压(大气压力计使用方法见§5.2)。

8. 卸下装置,干燥汽化管。重复以上步骤,再做一次平行实验。

五、实验注意事项

1. 样品在汽化时需防止常温下可能冷凝的蒸气扩散到汽化管上部及量气管内。因为它们被排出后冷凝会减小排出气体的体积而引入误差。为此,实验前要保证汽化管内无这类蒸气。

2. 注意防止样品燃烧。

3. 要求整个测量装置密封,不能有丝毫漏气。

4. 一定要使汽化管内的温度恒定后再折断小玻璃泡。

5. 实验完毕后汽化管应与大气相通,防止冷却后量气管中的水倒吸。

六、数据处理

1. 将实验数据记录于表 2.3-1 中。

表 2.3-1 实验数据

实验温度:_____ 大气压:_____

实验编号	I	II
玻璃泡质量(g)		
玻璃泡+样品质量(g)		
样品质量(g)		
量气管初读数(mL)		
量气管末读数(mL)		
排出空气的体积(mL)		
样品摩尔质量实验值(g·mol^{-1})		
相对误差(%)		

2. 结合实验仪器和计算公式,进行误差分析。

七、结果要求

将液体试样的摩尔质量实验值与文献值相比较,求出相对误差,此误差应不超过±3%。

八、思考题

1. 汽化管与量气管的温度不同,为什么可用在量气管中测得的被排出空气的 p,V,T 来计算汽化管内待测液的摩尔质量?

2. 如何检查漏气和汽化管温度是否恒定?为什么要保持温度恒定?

3. 汽化管内有易凝结的蒸气会有何影响?如何防止?

4. 样品管折断后,为什么水位瓶要随量气管中水面下降?读取量气管体积读数时为什么水位瓶与量气管内水面齐平?

　5. 称量太多或太少会引起什么后果？

九、讨论

　　1. 恒温浴温度应高于被测物质沸点 20℃以上，以减少蒸气偏离理想气体行为。因此如被测试样沸点低于 80℃，可选用沸水浴。如被测试样沸点高于 80℃，则应选用高沸点液体作恒温浴。

　　2. 使用 Victor Meyer 法测摩尔质量时还需确证汽化后的分子没有分解或缔合现象发生。如有这类现象，则可用本法测定蒸气的表观摩尔质量，研究其解离或缔合平衡。

参考文献

1. ［美］H. D. 克罗克福特等. 物理化学实验. 北京：人民教育出版社，1980
2. 罗澄源等. 物理化学实验（第三版）. 北京：高等教育出版社，1991
3. 北京大学化学系物理化学教研室. 物理化学实验（第三版）. 北京：北京大学出版社，1995

实验 2.4　　中和热的测定

一、目的

　　1. 掌握中和热的概念及测定方法，了解测定量热计热容的几种方法。
　　2. 掌握"量热法"测定中和热，理解"量热法"原理。
　　3. 学习用图解法进行数据处理以求得正确 ΔT 的方法。
　　4. 测定盐酸、醋酸与氢氧化钠反应的中和热，并计算醋酸的解离热。

二、基本原理

　　在一定的温度、压力和浓度下，1 mol 酸和 1 mol 碱中和所放出的热量叫做中和热。对于强酸和强碱在水溶液中几乎完全电离，中和反应的实质是溶液中的氢离子和氢氧根离子反应生成水，这类中和反应的中和热与酸的阴离子和碱的阳离子无关。热化学方程式可用离子方程式表示为：

$$H^+ + OH^- \rightleftharpoons H_2O(l) \quad \Delta H_{中和}。 \tag{2.4-1}$$

　　当在足够稀释的情况下中和热是不随酸和碱的种类而改变的，中和热几乎是相同的。(2.4-1)式可作为强酸和强碱中和反应的通式。在 20℃时：$\Delta H_{中和} = -57.11\ \text{kJ} \cdot \text{mol}^{-1}$，25℃时：$\Delta H_{中和} = -57.3\ \text{kJ} \cdot \text{mol}^{-1}$。若所用溶液相当浓，则所测得的中和热数值常较高。这是由于溶液相当浓时，离子间相互作用力及其他因素影响的结果。若所用的酸（或碱）只是部分电离的弱酸（或弱碱），当其与强碱（或强酸）发生中和反应时，其热效应是中和热和解离热的代数和，因为在中和反应之前，首先弱酸要进行解离。例如，醋酸和氢氧化钠的反应如下：

$$HAc \rightleftharpoons H^+ + Ac^- \qquad\qquad \Delta H_{解离}$$
$$H^+ + OH^- \rightleftharpoons H_2O \qquad\qquad \Delta H_{中和}$$

$$\overline{\text{总反应：}HAc + OH^- \rightleftharpoons H_2O + Ac^- \qquad\qquad \Delta H}$$

根据盖斯定律,有

$$\Delta H = \Delta H_{解离} + \Delta H_{中和},$$

所以　　　　　　　　　　　$$\Delta H_{解离} = \Delta H - \Delta H_{中和}。\qquad\qquad (2.4-2)$$

实验需标定量热计的热容,常用确定量热计热容的方法有三种:

① 电热标定法。对量热计及一定量的水在一定的电流、电压下通电一定时间,使量热计升高一定温度,根据供给的电能及量热计温度升高值,计算量热计的热容 C。

② 化学标定法。使已知热效应的反应过程在量热计中发生,根据量热计的温度升高值,来计算量热计的热容 C。

③ 混合平衡法。向一定量的水中加入一定量的冰水混合物达到温度平衡,由热量平衡关系计算量热计的热容 C。

本实验是采用电热法标定量热计的热容。

在杜瓦瓶中盛以一定量的水,搅拌,用贝克曼温度计相隔一定时间测温,在温度变化稳定后,在一定的电流、电压下通电一定时间,使量热计升高一定温度,根据供给的电能(IVt)及量热计温度升高值(ΔT),由下式计算量热计的热容 C:

$$C = Q/\Delta T = IVt/\Delta T。\qquad\qquad (2.4-3)$$

三、仪器与试剂

杜瓦瓶量热计(1 000 mL)1 套(含贝克曼温度计、电加热器、电动(或手动)搅拌器、盛液管),直流稳压电源(或蓄电池)1 套,可变电阻 2 个,电流表(0~3 A)1 台,电压表(0~3 V)1 台,单刀双掷开关 1 个,计时器(或秒表)1 块,放大镜 1 个,移液管(50 mL)2 支,容量瓶(500 mL,250 mL,100 mL,50 mL)各 1 个。

1.000 mol · L^{-1} NaOH 溶液(新配制并已准确标定),1.000 mol · L^{-1} HCl 标准溶液,1.000 mol · L^{-1} HAc 标准溶液。

四、实验步骤

1. 量热计的组装

按图 2.4-1 所示装好量热系统,调节贝克曼温度计(调节方法见 §5.1)使水银面位于 1~2 之间。

2. 电加热器的连接

按图 2.4-2 接好加热器线路,稳压电源 P 输出的电流经滑线电阻 R_1 加在电加热器 L 上,滑线电阻 R_1 用来调节电流强度。

可以从电流表 A 和电压表 V 读出电流和电压值。R_2 是与电加热器 L 的电阻相当的降压电阻(约 5 Ω)。开关 K 倒向接点 2 时,电流在滑线电阻 R_1 和电阻 R_2 上放电,使直流电源系统在电加热器上处于较稳定的工作状态。

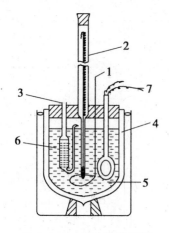
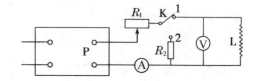

图 2.4-1　量热计装置图　　　　　　　　　图 2.4-2　电加热器线路图

1. 搅拌器；2. 贝克曼温度计；3. 内管；4. 杜瓦瓶；

5. 碱液；6. 酸液；7. 电加热器

3. 量热计热容的测定

在干净干燥的杜瓦瓶中准确加入 500 mL 蒸馏水，塞紧瓶塞。开动搅拌器，按动秒表每分钟记录一次水温，记录 10 分钟（注意：在每次读数前，都要用套有橡皮胶管的玻锤轻击贝克曼温度计水银面附近几下，以消除水银在毛细管中的粘滞现象）。读取第 10 个数的同时，将电加热器中的开关 K 倒向 2，使电流保持在 1.0 A 左右的某一定值，每 30 秒记录一次温度（注意电流、电压必须保持原来指定值，否则，需随时调节）。待水温升高 0.8～1.0℃时，停止加热，并记录电流、电压、通电时间，继续搅拌，每分钟记录一次水温，测量 10 分钟为止。由雷诺作图法确定温度的变化 ΔT_1。

按上述操作方法重复两次，取其平均值。

4. 强酸强碱中和热的测定

在干净干燥的杜瓦瓶中，用容量瓶加入 400 mL 蒸馏水，再用移液管准确量取 50 mL，1.000 mol·L^{-1} 的 NaOH 标准溶液，注入杜瓦瓶中，然后用另一支移液管吸取 50 mL，1.100 mol·L^{-1} 的 HCl 溶液，小心地注入内管中，搅拌，并开始记录时间，每分钟记录一次温度，记录 10 min，在内管上端用洗耳球迅速打入空气，使管内的 HCl 溶液迅速地压入杜瓦瓶内与 NaOH 溶液反应。记录开始反应的时间，此时温度升高很快，每隔 30 秒记录一次温度，待温度变化不大时，每分钟记录一次，记录 10 次为止。由雷诺作图法确定温度的变化 ΔT_2。

按上述操作方法重复两次，取其平均值。

5. 用 HAc 代替 HCl，重复上述操作，求得 ΔT_3。

五、数据处理

将数据记录于表 2.4-1 中。

表 2.4 - 1　实验数据

室温：_____　　　大气压：_____

$I=$ _____　　$V=$ _____　　$t=$ _____　　$c(\text{NaOH})$：_____　　$V(\text{NaOH})$：_____

量热计热容的测定(3 次)		NaOH 和 HCl 反应(3 次)		NaOH 和 HAc 反应(3 次)	
t/min	$T/℃$	t/min	$T/℃$	t/min	$T/℃$

1. 求温差 ΔT。由于温度计、量热计的热滞后性，电加热后需要一段时间才能升到最高温度。而量热计是非严格的绝热系统，在升温的时间里难免与环境间发生微小的热传递。为了消除热传递的影响，求得绝热条件下的准确温升，可采用图 2.4 - 3 所示的外推法，即雷诺图解法。根据实验记录的贝克曼温度计读数与时间的数据，作出温度-时间曲线。取图中迅速升温阶段时的中点(或电加热时间的中点)作垂线。此垂线与迅速升温前后温度缓慢变化阶段直线的延长线相交于 A，B 两点，A，B 两点相应纵坐标读数之差为绝热条件下准确的温升。

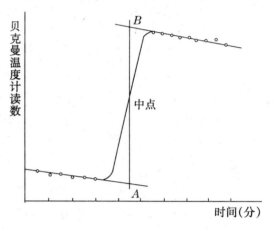

图 2.4 - 3　雷诺校正图

用上述方法分别求电加热测热容及中和反应的准确温升。

2. 量热计热容的计算。列表记录标定量热计热容时的时间-温度数据，用雷诺图解法求出 ΔT_1，并根据(2.4 - 3)式计算量热计热容 C。

3. 列表记录强酸强碱中和反应的时间-温度数据，用雷诺图解法求出 ΔT_2，并计算：

$$\Delta H_{中和} = -C \cdot \Delta T_2 / c \cdot V。$$

4. 列表记录弱酸强碱中和反应的时间-温度数据，计算 ΔH 和醋酸的解离热：

$$\Delta H_{解离} = \Delta H - \Delta H_{中和}。$$

5. 将中和热的实验值与文献值比较求实验值的相对误差(此误差一般小于 3～5%)。强酸强碱中和热文献值用下式表示：

$$\Delta H_{中和} = -57110 + 209.2 \ (t/℃ - 25)(\text{J} \cdot \text{mol}^{-1}),$$

式中 t 为中和反应的摄氏温度。本实验中应为中和反应前的温度，用此式求得本实验温度下的中和热文献值。

6. 结合计算公式，进行误差分析。

六、讨论

1. 用吹出管加样的方法，目的是使酸和碱液在反应前都处于同一个温度，消除温度不同而带来的误差。

2. 中和热和电离热都与浓度和温度有关，由基尔霍夫定律可知 $\left[\dfrac{\partial(\Delta H)}{\partial T}\right]_p = \Delta C_p$，强酸强碱中和热随温度升高而减少，因此在阐述中和过程和电离过程的热效应时，必须注意记录酸和碱的浓度以及测量的温度。

3. 实验中所用酸的浓度要略高于碱的浓度,或使酸的用量略多于碱的量,以使碱全部被中和。为此,应在实验后用酚酞指示剂检查溶液的酸碱性。

4. 实验所用 NaOH 溶液必须用丁二酸或草酸进行标定,并且尽量不含 CO_3^{2-},所以最好现用现配。

5. 实验中通常采用机械搅拌的方式使体系温度均匀并使反应充分,这就引进了非体积功。所以严格说来,此时反应热与焓变不相等,二者相差一非体积功,即 $\Delta H = Q - W'$。同时由于搅拌而产生的热量也对实验结果有一定的影响。

6. 实验中将酸碱的热容视为与水相同,并假设量热计完全绝热,这与实际情况都有出入,必然导致一定的误差。

7. 如果所用酸、碱的浓度偏高,则由于离子间的相互作用力的变化及其影响,而使中和热测定值偏高。通常取 $0.1 \sim 0.5 \ mol \cdot L^{-1}$ 的浓度较为适宜。

8. 实际上,所用的酸和碱均有一定的浓度,在中和反应发生的同时,还发生酸碱的稀释,也伴随有热量产生,故在测定中和焓时,应进行稀释焓的校正。

七、结果要求和文献值

1. 雷诺图实验点分布规律性良好。用雷诺图解法,求出温度变化值 ΔT。
2. NaOH 和 HAc 中和热的文献值见相关手册。

八、思考题

1. 弱酸的电离是吸热还是放热?
2. 中和热除与温度、压力有关外,还与浓度有关,如何测量在一定温度下,无限稀释时的中和热?
3. 一般中和热文献值为无限稀释中和反应的热效应,而实验中所用酸的浓度不是无限稀,实测热效应与文献值可能有什么差别,应再测什么数据才能弥补它们间的差别?

参考文献

1. 罗澄源等. 物理化学实验. 北京:人民教育出版社,1979
2. 广西师范大学. 物理化学实验. 桂林:广西师范大学出版社,1991
3. 东北师范大学等. 物理化学实验(第二版). 北京:高等教育出版社,1989
4. 石油大学物理化学教研室. 物理化学实验. 东营:石油大学出版社,1990

实验 2.5   凝固点降低法测定固体物质摩尔质量

一、目的

1. 通过本实验加深对稀溶液依数性的理解。
2. 掌握凝固点降低法测定物质的相对摩尔质量的测定技术。
3. 掌握贝克曼温度计的使用方法。

二、基本原理

溶液的凝固点不仅与溶液的组成有关,还与析出固相的组成有关。在溶质与溶剂不形成固态溶液的情况下,当溶剂中溶有少量溶质形成稀溶液,则从溶液中析出固态纯溶剂的温度,即溶液的凝固点就会低于纯溶剂在同样外压下的凝固点。并遵循下列关系:

$$\Delta T_f = T_f^* - T_f = K_f b_B,\qquad(2.5-1)$$

式中:T_f^* 为纯溶剂的凝固点;T_f 为溶液的凝固点;b_B 为溶液的质量摩尔浓度;K_f 为溶剂的凝固点下降系数,其值只与溶剂性质有关,与溶质性质无关,表 2.5-1 列出了几种常见溶剂的 K_f 值。

表 2.5-1　几种常见溶剂的 K_f 值

溶剂	凝固点/℃	$K_f/\mathrm{kg\cdot mol^{-1}\cdot K}$
水	0	1.86
苯	5.5	5.12
环己烷	6.5	20.00
醋酸	16.6	3.90
萘	80.2	6.94
樟脑	178.75	40.00
酚	40.90	7.40

b_B 可表示为

$$b_B = \frac{W_B}{M_B \cdot W_A} \times 1\,000,\qquad(2.5-2)$$

将(2.5-2)式代入(2.5-1)式,整理得

$$M_B = K_f \cdot \frac{W_B}{\Delta T_f \cdot W_A} \times 1\,000,\qquad(2.5-3)$$

式中:M_B 为溶质的摩尔质量(单位为 $\mathrm{g\cdot mol^{-1}}$);W_A,W_B 为分别代表溶剂和溶质的质量(单位为 g);b_B 为溶质的质量摩尔浓度(单位为 $\mathrm{mol\cdot kg^{-1}}$)。

通过实验求出 ΔT_f 值,就可以利用(2.5-3)式求得溶质的相对摩尔质量。

纯溶剂的凝固点是其液-固共存的平衡温度。理论上,在恒压下对单组分体系只要两相平衡共存就可达到这个温度,得到如图 2.5-1所示的步冷曲线 a。但实际上,只有固相充分分散到液相中,也就是固液两相的接触面相当大时,平衡才能达到。例如,将冷凝管放到冰浴后,温度不断降低,达到凝固点后,由于固相是逐渐析出的,当凝固热放出速度小于冷凝速度时,温度还可能不断下降,因而凝固点的确定较为困难。为此,可使液体过冷,然

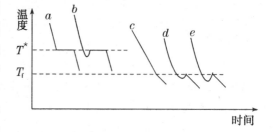

图 2.5-1　步冷曲线

后突然搅拌。这样,固相骤然析出就形成了大量微小结晶,保证两相的充分接触。同时,液体的温度也因凝固热的放出开始回升,一直达到凝固点,保持一恒定温度,然后又开始下降,

如图 2.5-1 中曲线 b。

溶液的凝固点是溶液与溶剂的固相共存的平衡温度,其冷却曲线与纯溶剂不同。当有溶剂凝固析出时,剩下溶液的浓度逐渐增加,因而溶液的凝固点也逐渐下降,如图 2.5-1 中曲线 c,在实际测量过程中也经常会出现过冷现象,如图 2.5-1 中曲线 d、e。如果溶液的过冷程度不大,可以将温度回升的最高值作为溶液的凝固点,如图 2.5-1 虚线所示。若过冷程度较大,凝固的溶剂过多,溶液的浓度变化过大,所得凝固点偏低,必将影响测定结果。因此本实验操作的关键是通过控制搅拌速度和寒剂的温度,从而控制体系的过冷程度。

三、仪器与试剂

凝固点测定仪 1 套,贝克曼温度计 1 支,普通温度计 1 支,放大镜 1 个,烧杯(100 mL,500 mL)各 1 个,移液管(25 mL,10 mL)各 1 支,称量瓶 1 个,分析天平 1 台(公用),压片机 1 台。

环己烷(A. R.),萘(A. R.)。

四、实验步骤

1. 安装仪器

仪器装置如图 2.5-2 所示,A 是盛装试样的内管;B 是空气套管,浸泡在冷冻剂中,以免试样冷却过快导致过冷程度太大;C 为盛装冰、水混合物的浴槽;D 为贝克曼温度计;E 为试样搅拌棒;F 为普通温度计;G 为冷冻剂搅拌棒;H 为加入溶质的支管。装好的仪器应使搅拌棒 E 能操作自如,不能碰贝克曼温度计的水银球,浴槽 C 中加入适量的冰块,并注意搅拌,使其温度保持在 2～3℃ 之间。

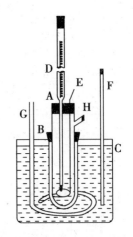

图 2.5-2　凝固点测定装置

2. 调节水银贝克曼温度计

使其在 6℃ 的水浴中水银刻度面在 3 左右(调节方法见 §5.1)。

3. 测定纯溶剂环己烷的凝固点

用移液管移取 40 mL 环己烷注入 A 管中,注意不要使环己烷溅到管壁上。用胶塞塞紧,将其插入寒剂中,并不断搅拌,使溶剂逐步冷却,当有固体析出时,将凝固点管从寒剂中取出,擦干管外的冰水,插入空气套管 B 中,塞上插有贝克曼温度计的塞子,调节贝克曼温度计的位置,使水银球全部浸没在溶液中并与管底有 1 cm 左右的距离。均匀地上下搅动搅拌棒 E(约每秒一次),使试液逐渐冷却,直到温度稳定,此乃环己烷的近似凝固点。

取出 A 管,用手握住盛试液的部位,使晶体全部熔化,注意温度不宜过高。再将凝固点管插入寒剂中,缓慢搅拌,使溶剂很快地冷却。当温度降至高于近似凝固点 0.5℃ 左右时迅速取出凝固点管,擦干后插入空气套管 B 中,缓慢搅拌,使环己烷的温度均匀地逐渐降低。同时开始记时,每隔 20 s 读取一次贝克曼温度计的值,读数精确到 0.002℃。待过冷被破坏,温度回升并稳定数分钟后,停止实验。重复上述操作二次。用作图法来确定环己烷的凝固点。

4. 测定溶液的凝固点

取出 A 管,使环己烷的晶体熔化。准确称取约 0.12 g 已压成片状的萘,自支管 H 加入,搅拌使其完全溶解,然后按步骤 3 的方法,测定含萘溶液的凝固点。重复测定三次,取其平均值。在此溶液的基础上,再加入准确称取约 0.12 g 已压成片状的萘,进行测定三次。用作图法来确定溶液的凝固点。

五、数据处理

将实验数据记录于表 2.5-2 中。

表 2.5-2　实验数据

环己烷/mL				第一片萘质量/g				第二片萘质量/g			
时间	温度/℃			时间	温度/℃			时间	温度/℃		
t/s	1	2	3	t/s	1	2	3	t/s	1	2	3

1. 在同一个直角坐标系分别做出纯溶剂和溶液的步冷曲线,用外推法确定凝固点 T_f^*,T_f(他们各自的三次测量结果的绝对平均误差小于 ±0.003℃),然后求出凝固点的降低值 ΔT_1,ΔT_2。

2. 用 $\rho_t/\text{g} \cdot \text{cm}^{-3} = 0.797\,1 - 0.887\,9 \times 10^{-3}\,t/℃$ 计算出室温下环己烷的密度,然后计算出所取环己烷的重量 W_A。

3. 利用(2.5-3)式计算萘在环己烷中的摩尔质量。

4. 根据仪器的精密度计算测量误差,正确表示实验结果。

5. 将实验值与理论值比较,结合计算公式进行误差分析。

六、讨论

1. 如果溶质在溶液中有解离、缔合、溶剂化和配合物形成等情况时,不能简单地运用(2.5-3)式计算溶质的摩尔质量。显然,溶液凝固点降低法可用于溶液热力学性质的研究,例如电解质的电离度、溶质的缔合度、溶剂的渗透系数和活度系数等。

2. 本实验的误差主要来自于过冷程度的控制,主要通过控制搅拌速度和寒剂的温度来控制。

3. 不同的溶剂,其凝固点降低常数值也不同,用凝固点降低法测定分子量,在选择溶剂时,使用 K_f 值大的溶剂是有利的,本实验选用的环己烷就比用苯好,其毒性也比苯低。

4. 由(2.5-3)式可见,增大溶质的量,凝固点降低值将增大,从而可减小温度测量的相对误差,但溶质过多此式将不适用。因为浓度稍高时,已不是稀溶液,致使测得的溶质的摩尔质量随浓度的不同而变化。为了获得比较准确的摩尔质量数据,常用外推法,即以(2.5-3)式中求得的摩尔质量为纵坐标,以溶液的浓度为横坐标,外推至浓度为零而求得较准确的摩尔质量数值。

5. 如有可能,安装一台电动搅拌机代替手动搅拌,用低温恒温浴槽代替冰、水浴,使操作条件稳定,可以提高测量的精确度。

七、结果要求及文献值

萘的摩尔质量为 128 g·mol⁻¹。实验测定结果应在(128±4)g·mol⁻¹。

八、思考题

1. 当溶质在溶液中有离解、缔合和生成配合物的情况发生时,对分子量的测定值有何影响?

2. 实验中为什么温度会回升? 在什么情况下看不到温度回升现象? 这现象对测定结果影响如何?

3. 本实验中使用空气套管的功用是什么?

4. 在冷却过程中,凝固点管内液体有哪些热交换存在?

参考文献

1. 北京大学物理化学教研室. 物理化学实验(第三版). 北京:北京大学出版社,1985
2. 南京大学物理化学教研室等. 物理化学(上册). 北京:高等教育出版社,1990
3. 复旦大学. 物理化学实验(第三版). 北京:高等教育出版社,1993
4. 东北师范大学. 物理化学实验(第二版). 北京:高等教育出版社,1989
5. 广西师范大学. 物理化学实验(第三版). 桂林:广西师范大学出版社,1991
6. 罗澄源等. 物理化学实验(第三版). 北京:高等教育出版社,1984

实验 2.6 静态法测定液体饱和蒸气压

一、目的

1. 掌握用静态法测定纯液体在不同温度下饱和蒸气压的方法。
2. 通过实验求出所测温度范围的乙醇的平均摩尔汽化热与正常沸点。
3. 熟悉和掌握真空泵和恒温槽的使用。

二、基本原理

在一定温度下,纯液体与其蒸气达成平衡时气相的压强,称为该温度下液体的饱和蒸气压。液体的饱和蒸气压与液体的本性及温度等因素有关。纯液体的饱和蒸气压是随温度而改变的,纯液体的饱和蒸气压与温度的关系可用克劳修斯-克拉佩龙(Clausius-Clapeyron)方程式表示:

$$\frac{\mathrm{d}\ln p}{\mathrm{d}T} = \frac{\Delta_{\mathrm{vap}} H_{\mathrm{m}}}{RT^2}, \qquad (2.6-1)$$

式中:p 为纯液体在温度 T 时饱和蒸气压;T 为绝对温度;$R = 8.314\ \mathrm{J \cdot mol^{-1} \cdot K^{-1}}$,为气体常数;$\Delta_{\mathrm{vap}} H_{\mathrm{m}}$ 为液体的摩尔汽化热($\mathrm{J \cdot mol^{-1}}$),与温度有关,温度若变化不大,在一定的温度变化范围内 $\Delta_{\mathrm{vap}} H_{\mathrm{m}}$ 可视为常数。积分(2.6-1)式可得

$$\lg p = -\frac{\Delta_{\mathrm{vap}} H_{\mathrm{m}}}{2.303RT} + C, \qquad (2.6-2)$$

$$\lg p = -\frac{A}{T} + C, \qquad (2.6-3)$$

式中:$A = \dfrac{\Delta_{\mathrm{vap}} H_{\mathrm{m}}}{2.303R}$,为常数;$C$ 为积分常数。

由(2.6-3)式可知 $\lg p$ 与 $\dfrac{1}{T}$ 呈线性关系,斜率 $m=-A=-\dfrac{\Delta_{vap}H_m}{2.303R}$。因此可求出 $\Delta_{vap}H_m=-2.303Rm$。

测定饱和蒸气压常用的方法有三类:

1. 动态法

其中常用的有饱和气流法,即通过一定体积的已被待测溶液所饱和的气流,用某物质完全吸收。然后称量吸收物质增加的质量,求出蒸气的分压。动态法的优点是对温度的控制要求不高,对沸点低于 100℃ 的液体亦可达到一定精确度。

2. 静态法

把待测物质放在一个封闭体系中,在不同的温度下,直接测量蒸气压或在不同外压下,测液体的沸点。此方法精确度较高,即使蒸气压在 1 333 Pa(10 mmHg①)左右也可以。适用于蒸气压比较大的液体。静态法以等压计的两臂液面等高来观察平衡较灵敏。对较高温度下的蒸气压的测定,由于温度难以控制而准确度较差。

3. 饱和气流法

使干燥的惰性气流通过被测物质,并使其为被测物质所饱和,然后测定所通过的气体中被测物质蒸气的含量,就可根据分压定律算出此被测物质的饱和蒸气压。这种方法不仅可测液体的饱和蒸气压,亦可测定固体易挥发物质的蒸气压。缺点是通常不易达到真正的饱和状态,因此实测值偏低。通常只用来求溶液蒸气压的相对降低。

本实验采用静态法。以等压计在不同温度下测定乙醇的饱和蒸气压,等压计的外形见图 2.6-3。小球中盛被测样品,U 形管中部分以样品本身作封闭液。

三、仪器与试剂

DP-AF 精密数字等压计 1 台,恒温槽(含恒温控制仪)1 套,缓冲储气罐 1 个,冷阱 1 套,真空泵 1 台,等压计 1 支。

乙醇(A.R.)。

四、实验步骤

本实验有两种方法,可任选其一。

(一)不同温度下测定乙醇的蒸气压

实验装置如图 2.6-1 所示。

1. 装样

从加样口注入乙醇,关闭进气活塞,打开平衡阀 2 使真空泵与缓冲储气罐相通,启动真空泵,抽至气泡成串上蹿,可关闭平衡阀 2,打开进气活塞漏入空气,使乙醇充满试样球体积的 2/3 和 U 形管双臂的大部分。

2. 检漏

接通冷凝水,关闭进气活塞,打开平衡阀 2 使真空泵与缓冲储气罐相通,启动真空泵,使压力表读数为 53~67 kPa,关闭抽气活塞,停止抽气,检查有无漏气,若无漏气即可进行测定

---

① 1 mmHg=133.3 Pa。

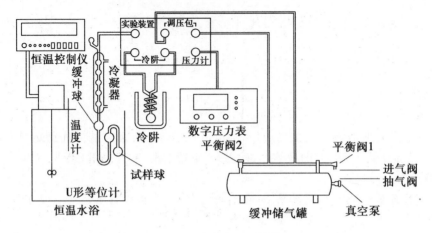

图 2.6-1 测定蒸气压系统装置图

(注意在停止抽气时,应先把真空泵与大气相通)。

3. 测定

调节恒温槽温度为 293.2 K,测试前数字等压计必须进行采零操作,尽管仪器作了精细的零点补偿,但因传感器本身固有的漂移(如时漂)是无法处理的,因此,每次测试前都必须进行采零操作,以保证所测压力的准确度。方法是使压力传感器与大气相通,按下"采零"键,此时显示器显示"0000"。然后关闭进气阀,开动真空泵缓缓抽气,使试样球与 U 形管之间的空间内空气呈气泡状通过 U 形管中的液体而逐出。如发现气泡成串上蹿,可关闭抽气活塞 ,缓缓打开进气活塞漏入空气使沸腾缓和。如此慢沸 3~4 分钟,试样球中的空气排除后,关闭抽气活塞,小心开启进气活塞缓缓漏入空气,直至 U 形管两臂的液面等高为止,在压力表上读出压力值。重复操作一次,压力表上的读数与前一次相比两者差值应不大于 ±67 Pa,此时即可认为试样球与 U 形管液面上的空间已全部为乙醇的蒸气所充满。

同法测定 298.2 K,303.2 K,308.2 K,313.2 K,318.2 K,323.2 K 时乙醇的蒸气压。

测定过程中如不慎使空气倒灌入试样球,则需重新抽真空方可继续测定。

如升温过程中,U 形管内的液体发生暴沸,可漏入少量空气,以防止管内液体大量挥发而影响实验进行。

实验结束后,慢慢打开进气活塞,使压力表恢复零位。用虹吸法放掉恒温槽内的热水,将抽气活塞旋至与大气相通。拔去所有电源插头。

4. 注意事项

(1) 先开启冷却水,然后才能排气。

(2) 实验系统必须密闭,一定要仔细检漏。

(3) 整个实验过程中,应保持图 2.6-3 中等压计 a 球液面上的空气排净。

(4) 升温时可预先漏入少许空气,以防止 U 形管中液体暴沸。

(5) 漏气必需缓慢,否则 U 形管中的液体将充入试样球中。

(6) 开、停真空泵时必须严格按操作规程进行,而且要缓慢,以防止因压力骤变而损坏压力表。

（二）不同外压下测定乙醇的沸点

1. 安装仪器

如图 2.6-2 装好仪器。

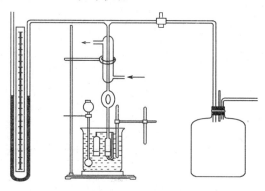

图 2.6-2　测定蒸气压装置图

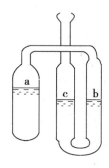

图 2.6-3　等压计

2. 检漏

将乙醇装入等压计检验系统是否漏气：先将乙醇装入减压管 b,c 中,见图 2.6-3 中等压计 U 形管,然后烘烤(可用吹风器或煤气灯)a 管,赶走管内空气,之后迅速冷却 a 管,液体即被吸入。反复几次,使乙醇灌至 a 管高度的 2/3 为宜,然后接在装置上。仪器装好后,打开真空泵,再开缓冲瓶上接真空泵的活塞,使系统的气压约为 400～500 mmHg 后,关闭通真空泵活塞,隔数分钟后系统气压不发生变化,则属正常。否则,检查各连接处是否漏气,可用少许真空酯涂在该处。

3. 测大气压下的沸点

使体系与大气相通,将水浴加热(注意等压计一定要全部没入水中),等压计中有气泡产生,是空气被排出。直到水浴温度达 84℃ 左右,在此温度加热数分钟,把等压计中的空气赶净。然后,停止加热,不断搅拌。温度下降至一定程度,c 管中气泡开始消失,b 管液面就开始上升,同时 c 管液面下降。此时要特别注意,当两管的液面一旦达到同一水平时,立即记下此时的温度(即沸点)和大气压。重复一次,若两次结果一致,就可进行下面的实验。

4. 测定不同温度下的乙醇饱和蒸气压

大气压下的沸点测出以后为防止空气倒灌 c 管,立即关上通往大气的活塞。先开真空泵再开通真空泵的活塞,使体系减压约 50 mmHg。此时,液体重又沸腾。继续搅拌冷却,至 b 和 c 管等高时立即读出水浴温度及等压计中水银柱高度差,这就完成了一次 T,p 数值的测定。注意与此同时应迅速开动真空泵再减压 30～50 mmHg。整个动作必须细心而快速。继续实验,每次再减压 50 mmHg。直到等压计中水银柱高度差 400 mmHg 时,停止实验,再读一次大气压值。

五、数据处理

1. 实验数据记录在表 2.6 - 1 中。

表 2.6 - 1 实验数据

室内气压 $p_0 = $ _____ kPa

$T/℃$	20	25	30	35	40	45	50
T/K							
$p_表/\mathrm{kPa}$							
$p/\mathrm{kPa} = (p_0 - p_表)/\mathrm{kPa}$							
$\lg(p/\mathrm{kPa})$							

2. 绘制 $\lg p$ - T^{-1} 图，由其作斜率求出实验温度区间内乙醇的平均摩尔蒸发热 $\Delta_{vap}H_m$。

3. 绘制 p - T 图，并求取 30℃ 和 40℃ 两处的斜率，即 $(\mathrm{d}p/\mathrm{d}T)_{30℃}$ 和 $(\mathrm{d}p/\mathrm{d}T)_{40℃}$。

4. 将乙醇在不同温度下蒸气压的公认值和实验值在同一坐标上绘制 p - T 曲线（实验值用实线，公认值用虚线）。

5. 结合计算公式，进行误差分析。

六、思考题

1. 静态法测蒸气压的原理是什么？本实验方法能否用于测定溶液的蒸气压，为什么？

2. 正常沸点与沸腾温度有什么不同？

3. 如何判断等压计中试样球与等压计间空气已全部排出？如未排尽空气，对实验有何影响？

4. 每次测定前是否需要重新抽气？

5. 升温时如液体急剧汽化，应作何处理？

6. 等压计的 U 形管内所贮液体起何作用？

七、附录

1. 在不同温度下乙醇的蒸气压

表 2.6 - 2　在不同温度下乙醇的蒸气压

温度 T/K	293.2	298.2	303.2	308.2	313.2	318.2	323.2
蒸气压 p/kPa	5.946	7.973	10.559	13.852	17.985	23.18	29.544

$1 \mathrm{mmHg} = 1 \mathrm{mmHg} \times (101.325 \mathrm{kPa}/760 \mathrm{mmHg}) = 0.133\,32 \mathrm{kPa}$。

按上述文献所列的蒸气压和温度值，用最小二乘法处理可得在 $293.2 \sim 323.2$ K 间的平均摩尔汽化热 $\Delta_{vap}H_m = 42.064$ kJ·mol^{-1}。也可利用计算机进行曲线拟合，得出曲线的斜率，进而得到液体的平均摩尔汽化热。

2. 精密数字等压计的气密性检查及使用方法

（1）预压及气密性检查。将抽气活塞关闭，进气活塞缓缓加压至满量程，观察数字压力表显示值变化情况，若 1 min 内显示值稳定，说明传感器及等压计本身无泄漏。确认无泄漏后，泄压至零，并在全量程反复预压 2～3 次，方可正式测试。

（2）预热。将开关置于标有 ON 位置，通电预热 30 min 后，方可进行实验，否则将影响实验精度。

（3）调节零点读数。零点读数为"0.00"，重复 2～3 次。注意：尽管仪表作了精细的零点补偿，但因传感器本身固有的漂移（如时漂）是无法处理的，因此，每次测试前都必须进行采零操作，以保证所测压力值的准确度。

（4）压力选择。将正负压力选择开关置于"负压"位置，测定时显示板显示即为所测压力值（压力表读数单位为 kPa）。

（5）关机。关机前应使测量系统与大气相通（开启进气活塞）后方可关机。

参考文献

1. 北京大学物理化学教研室. 物理化学实验（第三版）. 北京：北京大学出版社，1985
2. 东北师范大学等. 物理化学实验（第二版）. 长春：东北师范大学出版社，1989
3. 乐山师范学院化学教研室. 计算机辅助物理化学. 北京：化学工业出版社，2003
4. 复旦大学等. 物理化学实验（第三版）. 北京：人民教育出版社，2004

实验 2.7　液相反应平衡常数的测定

一、目的

1. 利用分光光度计测定低浓度下铁离子与硫氰酸根离子生成硫氰合铁配离子液相反应的平衡常数。学习一种液相反应平衡常数的测定方法。

2. 通过实验进一步理解热力学平衡常数的数值不因反应物起始浓度不同而发生变化。

3. 掌握分光光度计的使用。

二、基本原理

在水溶液中，铁离子（Fe^{3+}）与硫氰酸根离子（SCN^-）可生成一系列的配离子，并共存于同一平衡系统中，但当铁离子与硫氰酸根离子的浓度很低时，只有如下的反应

$$Fe^{3+} + SCN^- \rightleftharpoons FeSCN^{2+}, \tag{2.7-1}$$

即反应被控制在仅仅生成最简单的 $FeSCN^{2+}$ 配离子。其平衡常数表示为

$$K_c = \frac{[FeSCN^{2+}]}{[Fe^{3+}][SCN^-]}。 \tag{2.7-2}$$

通过实验和计算可以看出，在同一温度下，改变铁离子（或硫氰酸根离子）浓度时，溶液的颜色改变，平衡发生移动，但平衡常数 K_c 保持不变。

当溶液的浓度很低时，根据朗伯-比尔定律可知，吸光度（又称光密度、消光度）与溶液浓度成正比。因此，可借助于分光光度计测定其吸光度，从而计算出平衡时硫氰合铁配离子的浓度及铁离子和硫氰酸根离子的浓度，再根据（2.7-2）式计算出该反应的平衡常数 K_c。

三、仪器与试剂

721 型分光光度计 1 台，烧杯（50 mL）6 个，移液管（5 mL，10 mL，15 mL）各 3 支。

4×10^{-4} mol·L^{-1} NH_4SCN 溶液，1×10^{-1} mol·L^{-1}和 4×10^{-2} mol·L^{-1} $FeCl_3$ 溶液。

四、实验步骤

1. 不同浓度试样的配制

取四个 50 mL 的烧杯，编成 1,2,3,4 号。用移液管向各编号的烧杯中各加入 5 mL，4×10^{-4} mol·L^{-1}的 NH_4SCN 溶液。另取四种浓度各不相同的 Fe^{3+} 溶液各 5 mL，分别注入各编号的烧杯中。使体系中 SCN^- 的初始浓度与 Fe^{3+} 的初始浓度达到表 2.7-1 中所示的数值。为此，可按以下步骤配制不同浓度的 Fe^{3+} 溶液：

在 1 号烧杯中直接注入 5 mL，1×10^{-1} mol·L^{-1}的 Fe^{3+} 溶液；

在 2 号烧杯中直接注入 5 mL，4×10^{-2} mol·L^{-1}的 Fe^{3+} 溶液；

取 50 mL 烧杯一个，注入 10 mL，4×10^{-2} mol·L^{-1}的 Fe^{3+} 溶液，然后加纯水 15 mL 稀释，取此稀释液（Fe^{3+} 离子浓度为 1.6×10^{-2} mol·L^{-1}）5 mL 加到 3 号烧坏中；另取稀释液（即 Fe^{3+} 离子浓度为 1.6×10^{-2} mol·L^{-1}）10 mL 加到另一个 50 mL 的烧杯中，再加纯水 15 mL，配制成浓度为 6.4×10^{-3} mol·L^{-1}的 Fe^{3+} 溶液，取此溶液 5 mL 加 4 号烧杯中。

2. 分光光度计的调节与溶液吸光度测定

选择颜色较深的溶液放入光路中，测定不同波长下的吸光度，以吸光度作纵坐标，波长作横坐标绘制吸收光谱图，选其中最大收时的波长作为比色分析的入射光波长。

将 721 型分光光度计调整好，并把波长调到 $\lambda_{最大}$ 处，然后分别测定上述四个编号烧杯中各溶液的吸光度。

五、数据处理

1. 将测得的数据填于表 2.7-1 中，并计算出平衡常数 K_c 值。

表 2.7-1 实验数据及数据处理结果

室温：_____℃   大气压：_____kPa   浓度单位为 mol·L^{-1}

编号	$[Fe^{3+}]_始$ $\times10^2$	$[SCN^-]_始$ $\times10^4$	吸光度	吸光度比	$[FeSCN^{2+}]_平$ $\times10^4$	$[Fe^{3+}]_平$ $\times10^2$	$[SCN^-]_平$ $\times10^4$	K_c
1	5.000	2.000						
2	2.000	2.000						
3	0.800 0	2.000						
4	0.320 0	2.000						

表 2.7-1 中数据按下列方法计算：

对 1 号烧杯 $[Fe^{3+}]$ 与 $[SCN^-]$ 反应达平衡时，可认为 $[SCN^-]$ 全部消耗，此平衡时硫氰合铁离子的浓度为反应开始时硫氰酸根离子的浓度。即为：

$$[FeSCN^{2+}]_{平(1)}=[SCN^-]_始。$$

以 1 号溶液的吸光度为基准，计算 2,3,4 号溶液的吸光度与 1 号溶液的吸光度之比，而 2,3,4 号各溶液中 $[FeSCN^{2+}]_平$，$[Fe^{3+}]_平$，$[SCN^-]_平$ 可分别按下式求得：

$$[FeSCN^{2+}]_平=吸光度比\times[FeSCN^{2+}]_{平(1)}$$
$$=吸光度比\times[SCN^-]_始，$$

$$[Fe^{3+}]_{平} = [Fe^{3+}]_{始} - [FeSCN^{2+}]_{始},$$

$$[SCN^-]_{平} = [SCN^-]_{始} - [FeSCN^{2+}]_{平},$$

根据(2.7-2)式计算平衡常数。

2. 结合计算公式,进行误差分析。

六、思考题

1. 可能引起本实验误差的因素是什么?

2. 你认为如何提高本实验的精度?

3. 如 Fe^{3+},SCN^- 浓度较大时,则不能按公式来计算 K_c 值,为什么?

4. 为什么由公式 $[FeSCN^{2+}]_{平} =$ 吸光度比 $\times [SCN^-]$ 可计算出 $[FeSCN^{2+}]_{平}$?

七、附录:721,722 型分光光度计的工作原理、光学系统和维护使用

1. 分光光度计的工作原理

分光光度计的基本原理是溶液中的物质在光的照射激发下,产生了对光吸收的效应,物质对光的吸收是具有选择性的。各种不同的物质都具有其各自的吸收光谱,因此当某单色光通过溶液时,其能量就会被吸收而减弱,光能量减弱的程度和物质的浓度有一定的比例关系,也即符合于比色原理——比耳定律,即

$$\tau = I/I_0,$$

$$\lg I_0/I = KLc,$$

$$A = KLc,$$

式中:τ 为透射比;I_0 为入射光强度;I 为透射光强度;A 为吸光度;K 为吸收系数;L 为溶液的光径长度;c 为溶液的浓度。

从以上公式可以看出,当入射光、吸收系数和溶液的光径长度不变时,透过光是根据溶液的浓度而变化的。

2. 721 型分光光度计

721 型分光光度计的仪器外形见图 2.7-1。

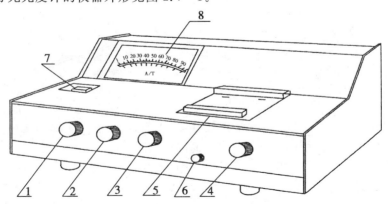

图 2.7-1　721 型分光光度计的外形
1. 波长导轮;2. 0%T 旋钮;3. 100%T 旋钮;4. 灵敏度旋钮;
5. 比色池盖;6. 试样架拉手;7. 光波长读数看窗;8. 微安表

721 型分光光度计采用自准式光路,单光束方法,其波长范围为 360~800 nm,用钨丝白炽灯泡作光源,其光学系统如图 2.7-2 所示。

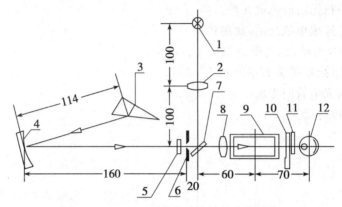

图 2.7-2　721 型分光光度计的光学系统
1. 光源灯 12 V,25 W;2. 聚光透镜;3. 色散棱镜;4. 准直镜;5. 保护透镜;6. 狭缝;
7. 反射镜;8. 聚光透镜;9. 比色皿;10. 光门;11. 保护玻璃;12. 光电管

　　由光源灯发出的连续辐射光线,射到聚光透镜上,会聚后再经过平面镜转角 90°,反射至入射狭缝。由此入射到单色光器内,狭缝正好位于球面准直镜的焦面上,当入射光线经过准直镜反射后就以一束平行光射向棱镜(该棱镜的背面镀铝),光线进入棱镜后,就在其中色散,入射角在最小偏向角,入射光在铝面上反射后是依原路稍偏转一个角度反射回来,这样从棱镜散射后出来的光线再经过物镜反射后,就会聚在出光狭缝上,出光狭缝和入光狭缝是一体的,为了减少谱线通过棱镜后呈弯曲形状对于单色性的影响,因此把狭缝的两片刀口作成弧形的,以便近似地吻合谱线的弯曲度,保证了仪器及一定幅度的单色性。

3. 722 型光栅分光光度计

　　722 型光栅分光光度计采用光栅自准式色散系统和单光束结构光路。仪器外形如图 2.7-3 所示。

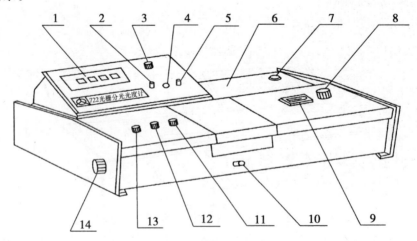

图 2.7-3　722 型光栅分光光度计的外形
1. 数字显示器;2. 吸光度调零旋钮;3. 选择开关;4. 吸光度调斜率电位器;5. 浓度旋钮;6. 光源室;7. 电源开关;
8. 波长手轮;9. 波长刻度窗;10. 试样架拉手;11. 100%T 旋钮;12. 0%T 旋钮;13. 灵敏度调节旋钮;14. 干燥器

钨灯发出的连续辐射光经滤色片聚光镜聚光后投向单色器进入狭缝,此狭缝正好处于聚光镜及单色器内准直镜的焦平面上,因此进入单色器的复合光通过平面反射镜反射及准直镜准直变成平行光射向色散元件光栅,光栅将入射的复合光通过衍射作用形成按照一定顺序均匀排列的连续单色光谱,此单色光谱重新回到准直镜上,由于仪器出射狭缝设置在准直镜的焦平面上,这样,从光栅色散出来的光谱经准直镜后利用聚光原理成像在出射狭缝上,出射狭缝选出指定带宽的单色光通过聚光镜落在试样室被测样品中心,样品吸收后透射的光经光门射向光电管阴极面。光学系统光路见图 2.7－4,图中保护玻璃为防止灰尘进入单色器而设,与原理无关。

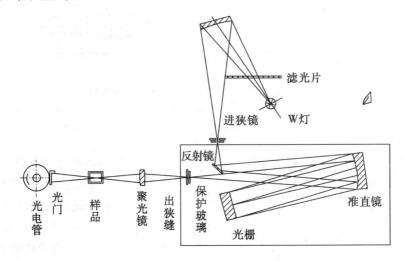

图 2.7－4　722 型光栅分光光度计的光学系统

4. 分光光度计的维护使用

(1) 为确保仪器稳定工作,在电源波动较大的地方,最好使用交流稳定电源。

(2) 当仪器停止工作时,应关闭仪器电源开关,再切断电源。

(3) 为了避免仪器积灰和玷污,在停止工作的时间里,用防灰罩罩住仪器,同时在罩子内放置数袋防潮剂,以免灯室受潮、反射镜镜面发霉或玷污,影响仪器日后的工作。仪器工作数月或搬动后,要检查波长准确度,以确保仪器的使用和测定精度。

参考文献

1. 南开大学化学系物理化学教研室. 物理化学实验. 天津:南开大学出版社,1991

2. 吴子生,严忠. 物理化学实验指导书(第一版). 长春:东北师范大学出版社,1995

3. 东北师范大学等. 物理化学实验(第二版). 北京:高等教育出版社,1989

实验 2.8　合成氨反应平衡常数的测定

一、目的

1. 掌握流动法测定气-固催化反应平衡常数的一般技术。

2. 测定合成氨反应在不同温度下的平衡常数。

3. 用化学反应的等压方程和等温方程计算合成氨的 $\Delta_r H_m^{\ominus}$, $\Delta_r G_m^{\ominus}$ 和 $\Delta_r S_m^{\ominus}$。

二、基本原理

将反应物连续地通过反应器, 生成的产物不断地从反应器中分离出去, 这类反应系统的实验方法称为流动法。流动法测定合成氨反应的平衡常数可以通过两种方法来实现:

① 以氮、氢为原料气, 经过精确控温的铁催化剂层, 然后分析反应达到平衡状态的尾气, 尾气的组成就是在催化剂温度下合成氨反应系统的平衡组成, 由平衡组成可求算平衡常数。

② 以氨分解法进行测定。以氨为原料气, 经过精确控温的催化反应器, 此反应器中装有足够量的铁催化剂, 氨气流经过催化剂后发生分解反应并达到平衡状态, 测定反应的尾气组成, 即可以求算合成氨反应的平衡常数。

本实验采用第一种方法, 合成氨反应的计量方程式为:

$$\frac{1}{2}N_2 + \frac{3}{2}H_2 \rightleftharpoons NH_3 \circ$$

反应在常压下进行, 假设反应混合物为理想气体, 反应的标准平衡常数 $K^{\ominus}$ 可用各组分的平衡分压表示

$$K^{\ominus} = \frac{p(NH_3)p^{\ominus}}{p^{\frac{1}{2}}(N_2)p^{\frac{3}{2}}(H_2)} \circ \qquad (2.8-1)$$

反应的时间为 $t(s)$, 标准状态下气体的流速为 v, 在 t 时间内进入反应器的 N_2, H_2 的物质的量分别为 $n^0(N_2)$, $n^0(H_2)$, t 时间内离开反应器的 N_2, H_2, NH_3 物质的量分别为 $n(N_2)$, $n(H_2)$, $n(NH_3)$, 则物料衡算有 $n(N_2) = n^0(N_2) - 1/2n(NH_3)$, $n(N_2) = n^0(H_2) - 3/2n(NH_3)$, 由于在一定的温度和压力下, 一定时间内流入与流出的气体的物质的量与流速成正比, 所以

$$p(N_2) = \frac{n(N_2)}{n(N_2) + n(H_2)}p = \frac{v(N_2)}{v(N_2) + v(H_2)}p,$$

$$p(H_2) = \frac{n(H_2)}{n(N_2) + n(H_2)}p = \frac{v(H_2)}{v(N_2) + v(H_2)}p,$$

$$p(NH_3) = \frac{n(NH_3)}{n(N_2) + n(H_2)}p = \frac{n(NH_3)p}{(v(N_2) + v(H_2))tp^{\ominus}/237.15R}$$

$$= \frac{237.15R}{p^{\ominus}} \cdot \frac{n(NH_3)p}{(v(N_2) + v(H_2))t} = 0.002\,24\frac{n(NH_3)p}{(v(N_2) + v(H_2))t},$$

代入(2.8-1)式得

$$K_p^{\ominus} = \frac{0.224n(NH_3)(v(N_2) + v(H_2))}{v^{\frac{1}{2}}(N_2)v^{\frac{3}{2}}(H_2)tp} \circ \qquad (2.8-2)$$

由实验测得在 T 及总压 p 下的 N_2, H_2 的流速, t 时间内产生的 NH_3 的物质的量, 代入(2.8-2)式即可求得反应温度为 TK 时得 $K^{\ominus}$ 值。

化学反应的等压方程为:

$$\frac{d\ln K^{\ominus}}{dT} = \frac{\Delta_r H_m^{\ominus}}{RT^2}, \qquad (2.8-3)$$

上式近似认为 $\Delta_r H_m^{\ominus}$ 与温度无关,积分,得

$$\ln K^{\ominus} = -\frac{\Delta_r H_m^{\ominus}}{RT} + A, \qquad (2.8-4)$$

式中 $\Delta_r H_m^{\ominus}$ 为反应的标准反应热,如测得不同温度下的 $K^{\ominus}$ 值,则可由 $\ln K^{\ominus}$ 对 $1/T$ 作图求得 $\Delta_r H_m^{\ominus}$。

又由化学反应的等温方程式

$$\Delta_r G_m^{\ominus} = -RT\ln K^{\ominus} \text{ 及 } \Delta_r S_m^{\ominus} = \frac{\Delta_r H_m^{\ominus} - \Delta_r G_m^{\ominus}}{T}, \qquad (2.8-5)$$

即可求得相应温度下的 $\Delta_r G_m^{\ominus}$ 和 $\Delta_r S_m^{\ominus}$。

三、仪器与试剂

实验装置 1 套(如图 2.8-1 所示),5A 型分子筛,AgX 型分子筛,纯氮钢瓶,纯氢钢瓶,温度控制器,磁力搅拌器,秒表,热电偶。

18~36 目的 A6 催化剂,1.0×10^{-3} mol·L^{-1} 的 H_2SO_4 溶液。

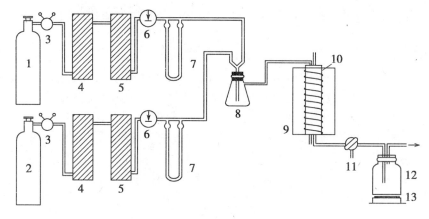

图 2.8-1　合成氨反应平衡常数测定装置

1. 氮气瓶;2. 氢气瓶;3. 减压阀;4.5A 型分子筛干燥塔;5. AgX 型分子筛干燥塔;6. 针形阀;7. 毛细管流量计;
8. 气体混合瓶;9. 管式电炉;10. 石英反应器;11. 三通阀;12. 吸收瓶;13. 磁力搅拌器;14. 热电偶导管

四、实验步骤

1. 按图 2.8-1 安装各种仪器,安装好热电偶,将催化剂置于管式电炉中,仔细检查整个线路是否严密不漏气。

2. 将三通阀旋至放空位置,打开氢气钢瓶,调节针形阀,使氢气的流速为 27 mL·min^{-1} 左右,接通电炉电源,慢慢升温到 450℃,恒温 1 h,然后升温到 550℃。

3. 打开氮钢瓶,调节针形阀,使氮气的流速为 9 mL·min^{-1} 左右。应控制氮气和氢气的流速之比为 1∶3。

4. 在 NH_3 吸收瓶中加入 1 mL,1.0×10^{-3} mol·L^{-1} H_2SO_4 标准溶液,再加入 20 mL 蒸馏水和三滴甲基红指示剂。

5. 待氮气和氢气流速和反应温度稳定后,记下氮气和氢气的流速和反应温度。打开磁

力搅拌器,将三通阀旋到与出气口玻璃管相通的位置,稍待一会后,再将出口玻璃管插入吸收瓶溶液内,当第一个气泡鼓出时按下秒表,记录吸收液变色所用的时间 t.

6. 重复步骤 4,5 操作,测得重现性较好的有关数据。

7. 升温到 600℃,650℃,700℃,750℃,同法分别测得各个温度下的有关数据。

五、数据处理

1. 列表记录实验测得各个温度下的有关数据,并计算出 $K^{\ominus}$。

2. 以 $\lg K^{\ominus}$ 对 $1/T$ 作图,求 $\Delta_r H_m^{\ominus}$。

3. 由等温方程式计算出 $\Delta_r G_m^{\ominus}$ 和 $\Delta_r S_m^{\ominus}$。

4. 结合计算公式,进行误差分析。

六、思考题

1. 为什么氮气和氢气的流速比要调节为 1∶3?

2. 实验应注意控制哪些条件?

3. 实验的误差主要来源于温度的控制、反应终点的控制和流速的控制,试简要说明之。

参考文献

1. 吴子生,严忠.物理化学实验指导书(第一版).长春:东北师范大学出版社,1995

2. 北京大学化学系物理化学教研室.物理化学实验(第一版).北京:北京大学出版社,1985

3. 广西师范大学等.基础物理化学实验(第一版).桂林:广西师范大学出版社,1991

4. 陈龙武,邓希贤,朱长缨.物理化学实验技术(第一版).上海:华东师范大学出版社,1986

实验 2.9　差热分析

一、目的

1. 掌握差热分析法的基本原理及方法,了解差热分析仪的工作原理,学会正确的操作技术。

2. 用差热分析仪测定 $CuSO_4 \cdot 5H_2O$ 和 KNO_3 在加热过程中发生变化的温度,并对热谱图进行定性和定量的解释处理。

3. 掌握绘制步冷曲线的实验方法。

二、基本原理

热分析是在程序控制温度下测量物质的物理性质与温度的关系的一类技术。差热分析方法是热分析方法的一种。它可以对物质进行定性和定量分析,在生产和科学研究中有着广泛的应用。目前在化学领域的许多方面,诸如在相图绘制、固体热分解反应、脱水反应、相变、配位化合物、反应速率及活化能的测定中被广泛地应用,已成为常规的分析手段之一。因而,理解并掌握差热分析方法的基本原理及其特点是做好本实验的先决条件。

物质在加热或冷却过程中,当达到某一温度时,往往会发生熔化、升华、汽化、凝固、晶型转变、化合、分解、氧化、脱水、吸附、脱附等物理的和化学的变化,并伴随有热量的变化,因而会产生热效应,其表现为该物质与外界环境之间有温度差。选择一种在所测定的温度范围内不会发生任何物理或化学变化的对热稳定的物质作为参比物(或称基准物质),如 Al_2O_3,MgO 等,将试样和参比物同置于以一定速率升温或冷却的相同温度状态的环境中,记录下试样和参比物之间的温度差,随着测定时间的延续可得一张温差随时间或温度的变化图,即所谓的热谱图或称差热曲线。这种测量温差,用于分析物质变化规律、鉴定物质种类的技术称为差热分析,简称 DTA(Differential Thermal Analysis)。从差热曲线中可获得有关热力学和动力学方面的信息。结合其他测试手段,如热天平、X 射线物相分析及气相色谱等,就可以对物质的组成、结构或产生热效应的变化过程的机理进行深入研究。

如图 2.9-1 所示,若试样没有发生变化,它与参比物的温度相同,两者的温差 $\Delta T=0$,在热谱图上显示水平段(ab,de,gh),这些直线段称为基线;当试样在某温度下有放热(或吸热)效应时,试样温度上升速度加快(或减慢),由于传热速度的限制,试样就会低于(吸热时)或高于(放热时)参比物的温度,就产生温度差 ΔT 了,热谱图上就会出现放热峰(efg 段)或吸热峰(bcd 段),直至过程完毕,温差逐渐消失,曲线又复现水平段。国际热分析协会规定,峰顶向上的峰为放热峰,它表示试样的焓变小于零,其温度高于参比物。而峰顶向下的峰为吸热峰,则表示式样的温度低于参比物。图 2.9-1 中,示温曲线 $b_1c_1d_1e_1f_1g_1$ 表示试样实际温度随时间变化的情况,在反应过程中均为等速升温。

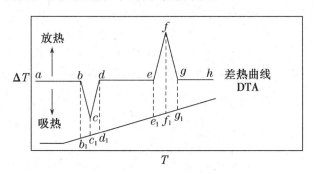

图 2.9-1 理想的差热曲线

从差热曲线上峰的位置、方向、峰的面积和数目等,可以得出测定温度范围内样品发生变化所对应的温度、热效应的符号和大小以及变化的次数,从而确定物质的相变温度、热效应的大小,以鉴别物质和进行定性定量分析,并可得到某些反应的动力学参数,如活化能和反应级数等。通常用峰开始时所对应的温度(如图 2.9-1 的示温曲线上的 b_1,e_1)作为相变温度,对很尖的峰可取峰的极大值所对应的温度(如图 2.9-2 所示)。但在实际测定时,由于样品与参比物的比热、导热系数、粒度、装填情况等不可能完全相同,反应过程中样品可能收缩或膨胀,而两支热电偶的热电势也不一定完全相同,因而差热曲线的基线不一定与时间轴平行,峰前后的基线也不一定在同一直线上,会发生不同程度的漂移。实验表明,峰的外推起始温度比峰顶温度所受影响要小得多,同时,它与用其他方法求得的反应起始温度也较一致。因此,国际热分析协会决定,以外推得到的起始温度(图中为 b 点所对应的温度),并可用以表征某一特定物质。如图 2.9-3 所示,通过外推(作切线)的方法确定峰的起点、终点和峰面积。

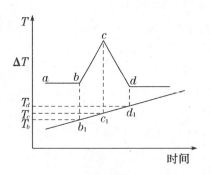

图 2.9-2   差热峰温度的确定

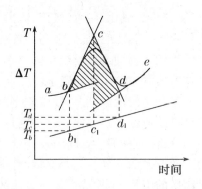

图 2.9-3   实际的差热曲线及其校正

本实验用 PCR-1 型差热分析仪进行测定,其工作原理如图 2.9-4 所示。图中 S 和 R 分别为试样和参比物,其底部分别插入同样材料做成但反方向连接的热电偶,1-2 用于测量温度,1-3 用于测量温差,在升温过程中,出自于两对热电偶所产生的热电势方向相反,若试样没有发生变化,它与参比物同步升温,二者的温度相等,两热电势互相抵消,1-3 中没有电流. 一旦试样发生变化,即产生热效应,两热电偶所处的温度不同,而在 1-3 中产生温差电流,输入差热放大单元,经放大后送到记录仪,记录仪可同时记录试样温度和试样与参比物之间的温度差,直接在记录纸上画出热谱图。

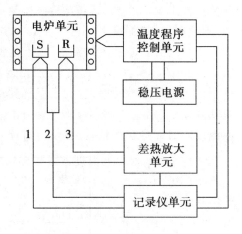

图 2.9-4   差热分析仪装置图

图 2.9-5 是 $CaC_2O_4 \cdot H_2O$ 的差热曲线。已经确定,第一个吸热峰是脱水;第二个放热峰是草酸钙分解为碳酸钙和生成的一氧化碳的氧化。由于氧化放热较多,抵消分解吸热有余,便出现放热峰,如果在惰性气氛中进行,则只出现分解反应的吸热峰;第三个吸热峰是碳酸钙的分解。

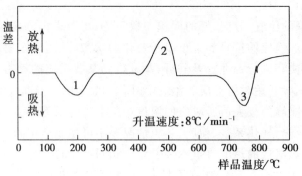

图 2.9-5 $CaC_2O_4 \cdot H_2O$ 差热曲线

1. $CaC_2O_4 \cdot H_2O \longrightarrow CaC_2O_4 + H_2O$;

2. $CaC_2O_4 \longrightarrow CaCO_3 + CO, CO + \frac{1}{2}O_2 \longrightarrow CO_2$;

3. $CaCO_3 \longrightarrow CaO + CO_2$

差热图也可用温差和试样温度作纵坐标,时间作横坐标表示。

差热峰的位置代表发生反应的温度;峰的面积代表反应热的大小;峰的形状则与反应的动力学有关。

三、仪器与试剂

PCR-1 型差热分析仪 1 台,交流稳压电源 1 台,天平($1/10^5$)(公用),镊子 1 把,洗耳球 1 个。

α-Al_2O_3,KNO_3,$CuSO_4 \cdot 5H_2O$,Sn 粉(试剂均为 100 目,且为分析纯试剂)。

四、实验步骤

1. 准备工作

(1) 置于试样中的热电偶需事先与记录仪配套校正。将校正后的温度值贴在记录仪标尺上用记录仪的 0～10 mV 挡记录温度。实验前,当热电偶处于室温时,将记录温度的记录笔(蓝笔)用调零旋钮调到相当于室温的分度上。

(2) 转动电炉上的手柄把电炉体升到顶部,然后将电炉体向前方推出。

(3) 装样品。分别称取 10 mg Sn 粉和 α-Al_2O_3,均匀、结实地平铺于两洁净的坩埚中,并放在样品杆上部的两个托盘上,样品坩埚放在左边,参比物放在右边。将炉底转回原处,然后轻轻向下摇到底。开启水源,使流量为 200～300 mL · min^{-1}。

(4) 将记录仪上的温度上下限黑针分别往左边和右边推到底,并启动笔 1 的开关。

(5) 将升温方式的选择开关指在"升温"的位置,开启总电源、温度程序控制单元及差热放大器单元开关(差动单元不开)。如果温度程序控制单元上的偏差指示在满度,则利用"手动"旋钮(此时要先推进速度选择开关;将其指在二挡速度的中间位置才能转动"手动"旋钮),调节偏差指示在零位附近,当出现正偏差时,使机械计数器的读数增大,若相反,则使其读数减少。

(6) 零位调整。将差热放大器单元的量程选择开关置于"短路","差热/差动"选择开关置于"差热"。转动"调零"旋钮,使差热指示仪表指在"0"。

2. 差热测量

(1) 在空气气氛下,差热量程置于 100 μV 挡,升温速率选择 10℃ · min^{-1},按下"工作"按钮,电炉即按给定要求升温。

(2) 开启记录仪的笔 2,选择 60 mm · h^{-1} 的走纸速度。

(3) 当温度升高到 230℃ 以上,即出现差热峰,待蓝笔回到基线即得到 Sn 熔化的热谱图,将记录笔拨离记录纸并关上记录仪,关上"工作"按钮和电炉电源,开启电炉取出坩埚。

为判明发生的过程是吸热还是放热,可将置试样中的热电偶热端与手心接触,观察温差记录笔移动的方向,作出判断。

(4) 待炉温降至 70℃ 以下,在与 Sn 相同的条件下,测定 KNO_3 在 70～360℃ 的热谱图。

(5) 待步骤(4)的测定结束,炉温降至 40℃ 后,同法测定 $CuSO_4 \cdot 5H_2O$ 在 40～320℃ 的热谱图。

五、数据处理

1. 记录实验条件:室温,大气压,仪器型号、规格,样品粒度,走纸与升温速度,量程等。

2. 在各差热谱图上标出对应峰的开始温度、峰谷或峰顶温度以及峰终止温度。

3. 解释样品在加热过程中发生物理、化学变化的情况,由 $CuSO_4 \cdot 5H_2O$ 的热谱图说明各峰代表的可能反应,写出反应方程式。

4. 计算 KNO_3 相变的热效应。

a. 原理

$$\Delta H = kA/m,$$

式中:ΔH 为热量变化($mJ \cdot mg^{-1}$);A 为峰面积(mm^2)($A = \int_{t_1}^{t_2} \Delta T dt$);$m$ 为试样质量(mg);k 为仪器常数($mJ \cdot mm^{-2}$)。

b. 方法

$\int_{t_1}^{t_2} \Delta T dt$ 为差热峰的面积,可根据图 2.9-3 的方法求得,然后剪下称重,以其重量代表峰面积。

k 与仪器特性及测定条件有关,同一仪器同样条件测定时,k 为常数,可用标定法求之,即称一定量已知热效应的物质,测得其差热峰的面积就可以求得 k。本实验已知 Sn 的熔化热为 60.67 $J \cdot g^{-1}$,由 Sn 的峰面积可求得 k 值。

5. 结合计算公式,进行误差分析。

六、讨论

1. 影响差热分析结果的主要因素

由于差热分析是一种动态技术,同时又涉及到热量传递的测量,所以影响因素较多。归纳起来主要有仪器与操作两个方面的因素,具体来说包括:

(1) 升温速率的选择

升温速率对测定结果的影响非常明显,它会影响峰温、峰形、峰面积及分辨率,应根据情况适当选择,以保证试样在热场中处于接近热平衡状态。如加热速率过快,出现温度滞后现象,将影响差热曲线形状;一般来说速率低时,基线漂移小,可以分辨离得很近的差热峰,分辨率高,但测定时间长,一般多用 8~12℃ $\cdot$ min^{-1}。

(2) 气氛及压强的选择

许多测定受炉中气氛及压强的影响,在惰性气氛及真空中测得的差热曲线差别很大,而在惰性气氛的压强不同的情况下也有不同的结果。一些物质在空气中易被氧化,所以要选择适当的惰性气氛及压强,这是得到好的测量结果的一个方面。

(3) 参比物的选择

参比物是测量的基准,作为参比物首要条件是在整个实验过程中不发生物理变化和化学变化。在测定的温度范围内必须保持良好的热稳定性,参比物的热性质如比热、导热系数等应尽可能与试样相近,这样才能减少基线漂移。一般多用 α-Al_2O_3,MgO,SnO_2 等。

(4) 样品粒度及用量的选择

试样应磨细至 100 目左右,粒度小以利于填充紧密,改善导热。但过细也是不适宜的,因为可能破坏晶格,且会阻碍分解后气体产物的排出。对于表面反应及受扩散控制的反应,颗粒小将使峰温降低。

在一定范围内,试样量与峰面积成正比。通常可根据仪器灵敏度选用几毫克到几百毫克的试样,样品用量多可增加灵敏度(因有较大的热效应),但试样量过大会使相邻的峰重叠,分辨率降低,而少量样品则出峰明显、分明、基线漂移小。

(5) 走纸速度的选择

走纸速度快峰面积大,可减少误差,但峰形平缓且耗纸多。走纸速度慢,对小的差热峰不易观察,则会增加差热峰面积测量时的误差,故要选择适当的走纸速度。本实验选用 $600\ \text{mm} \cdot \text{h}^{-1}$。

(6) 坩埚材料的选择

导热性好,并且在实验过程中对试样、中间产物、产物、气氛等都不起反应,也不起催化作用。常用的坩埚有 $\alpha\text{-Al}_2\text{O}_3$、石英、铂、铜、玻璃以及陶瓷等。盛试样和参比物的坩埚材料,不仅要求材质相同而且质量及形状上应尽量相近。

2. 简单的热分析

是把样品的温度作为时间的函数记录下来,并绘成步冷曲线。当样品发生很小的温度变化时,这种方法是反映不出来的。在差热分析中,是用反向串接的热电偶检测温差,样品和参比物之间微小的温差电势可通过电压放大装置检测出来,用少量的样品即可进行较为准确的测定,这是差热分析的优点。但是差热分析测量的是样品和参比物的温差 ΔT,在定量计算热量变化时比较困难,为了克服这个缺点,在差热分析的基础上加一个补偿加热器而成为差动热分析。当样品与参比物之间有温差 ΔT 时,补偿加热器便在样品或参比物的一侧加热,使温度达到平衡($\Delta T = 0$),并把输入热量的大小记录下来,这样就直接反映了试样在转变时的热量变化,便于定量测定。

七、思考题

1. 差热分析中基准物起什么作用?对基准物应有什么要求?试样中加稀释剂的作用是什么?

2. 如果把测温热电偶放在参比物中,则峰顶温度是否与原来一致?

3. 如何辨明反应是吸热还是放热?为什么加热过程中即使试样未发生变化,差热曲线仍会出现较大的漂移?

4. 为什么要控制升温速度?升温过快或过慢有何后果?

5. 影响差热分析结果的主要因素有哪些?

八、结果要求与文献值

1. 得到符合该样品的热谱图,各峰温度的偏差不应超出 $\pm 10\ ℃$。

2. 文献值:

$\text{CuSO}_4 \cdot 5\text{H}_2\text{O}$ 的热谱图:第一峰 358.2 K,第二峰 388.2 K,第三峰 503.2 K。

KNO_3 相变点 $T_1 = 128 \sim 129 ℃$,熔点 $T_2 = 336 \sim 338 ℃$。

九、附录:PCR-1 差热仪使用说明

(一) 判断试样板和参比板

差热量程置 $\pm 250\ \mu\text{V}$,用酒精棉球靠近热电偶的任一热偶板,若差热笔(或差热表指针)向

下移动,则该端为试样热偶板、另一端为参比热偶板。若差热笔向上移动,则结论与上相反。

显然,按上述判断法则,实验时,若差热笔向下移动,表示吸热,向上移动则表示放热。

（二）样品制备

参比物和试样总称为样品。

1. 参比物

应选择在实验温区内对热高度稳定的物质,粒度为 $100\sim300$ 目,热容、导热性最好与试样接近,常用的参比物为 $\alpha\text{-}Al_2O_3$,金属试样也可用不锈钢当作参比物,试样热容极小时也可用空坩埚。

2. 试样

一般制成 $100\sim300$ 目的粉末。聚合物试样可切成碎块或薄片,纤维试样可截成小段或绕成小球,金属试样可加工成圆片或小块。

（三）选择坩埚

一般有铝、陶瓷、铂三种坩埚供选择,铝坩埚只适用于 500℃ 以下之测试。每次试验前,选择材料、大小相同的两只坩埚,预先高温焙烧。

（四）样品的装填及安放

1. 装填样品

用样品匙将样品均匀、结实地平铺于两洁净的坩埚中。用量以不超过坩埚容积的 2/3 为宜,将装样后坩埚轻抖数次,若为起泡试样,可用参比物稀释,以防止溢出坩埚而将坩埚粘在热偶板上。

2. 安放样品

升起炉子,旋转到右侧,将装好样品的坩埚分别放到相应的热偶板上,使坩埚与热偶板平面接触,然后降下炉子,此时应注意样品杆与炉膛保护管对齐。

（五）选择实验条件

1. 选择差热量程

差热量程置"0",调差热调零电位器,使表头指针指示零,差热量程常用 ±50,±100,$\pm250\ \mu V$ 挡。对未知试样量程应选大些。

2. 设定差热基线

对于未知试样或既有吸热又有放热的反应,差热基线设定在纸的中间。当试样只产生吸热效应时,将差热笔设定在纸的上方;反之,设定在纸的下方。

3. 选择升温速度和温度笔量程

粗略分析时,可选较大的升温速度（10℃·min^{-1}或 20℃·min^{-1}）,精确分析时,应选较小的升温速度（2℃·min^{-1}或 5℃·min^{-1}）。一般常用 5℃·min^{-1}或 10℃·min^{-1}。

4. 走纸速度

升温速度（℃·min^{-1}）	走纸速度（mm·min^{-1}）
1.25	1
2.5	1~2
5	2~4
10	4~8

20   8～16

（六）其他操作

1. 接通冷却水

2. 温度笔调零

调温速度开关置 0,用记录仪调零旋钮将温度笔调到纸的有端线（温度 0 线）。将调温速度开关置所选挡上,温度笔将左移一段距离,此时温度为室温。

3. 程序功能键操作

当不工作或实验结束　　　按下 0 键

当进行升温试验　　　　　按下 ↑ 键

当进行恒温运行　　　　　按下 → 键

当进行降温运行　　　　　按下 ↓ 键

注意:使用降温键时,所选择降温速度应低于炉子的自然冷却速度否则炉子将失去程序控制,遇此情况务必断开加热开关,程序功能键复位。

4. 加热开关操作

按下 ↑ 键,若偏差表指针位于零线左侧附近,闭合加热开关,加热主回路接通,过一会儿,偏差表指针逐渐移向右侧,并大致稳定在零线右侧附近,输出表指针开始移功,炉子将以选定速度升温。

当按下 ↑ 键时,若偏差表头指针位于零线右侧,说明给定值高于炉温,此时切不可闭合加热开关,而应改按 ↓ 键,偏差表指针将左移,当移向左侧时,按下 ↑ 键,偏差表指针位于零线左侧时,可立即闭合加热开关。

5. 实验结束

实验结束后抬起记录笔关闭记录仪电源,按下程序功能 0 键,关加热开关,关电源开关,升起炉子,取出样品。切断电源、水源。

参考文献

1. 东北师范大学. 物理化学实验(第二版).北京:高等教育出版社,1989
2. 复旦大学等. 物理化学实验(第三版).北京:高等教育出版社,1993
3. 黄泰山等.新编物理化学实验.北京:高等教育出版社,1999
4. 陈镜泓等.热分析及其应用.北京:科学出版社,1985
5. 顾良证等.物理化学实验.南京:江苏科技出版社,1986
6. 四川大学.物理化学实验.成都:四川大学出版社,1993
7. 广西师范大学.物理化学实验.桂林:广西师范大学出版社,1991
8. 罗澄源等.物理化学实验(第二版).北京:高等教育出版社,1984

实验 2.10 氨基甲酸铵分解反应平衡 常数和热力学函数的测定

一、目的

1. 掌握低真空操作技术。

2. 用静态法测定不同温度下氨基甲酸铵的分解压力,并计算各相应温度下的标准平衡常数和有关热力学函数变化值。

二、基本原理

氨基甲酸铵的分解平衡可用下式表示

$$NH_2COONH_4(s) \Longrightarrow 2NH_3(g) + CO_2(g) .$$

在实验条件下可把气体看成是理想气体,上式的标准平衡常数 $K^\ominus$ 可表示为

$$K^\ominus = \left(\frac{p(NH_3)}{p^\ominus}\right)^2 \left(\frac{p(CO_2)}{p^\ominus}\right), \tag{2.10-1}$$

式中: $p^\ominus$ 是标准压力; $p(CO_2)$, $p(NH_3)$ 分别为 CO_2 及 NH_3 平衡分压。系统的总压是 $p(CO_2)$ 及 $p(NH_3)$ 的和,即:

$$p = p(CO_2) + p(NH_3) .$$

从分解反应方程式可知,1 摩尔的 $NH_2COONH_4(s)$ 产生 2 摩尔的 $NH_3(g)$ 和 1 摩尔的 $CO_2(g)$,即

$$p(NH_3) = 2p(CO_2) ,$$

所以

$$p(NH_3) = \frac{2}{3}p, \quad p(CO_2) = \frac{1}{3}p .$$

代入(2.10-1)式可得

$$K^\ominus = \left(\frac{p(NH_3)}{p^\ominus}\right)^2 \left(\frac{p(CO_2)}{p^\ominus}\right) = \frac{4}{27}\left(\frac{p}{p^\ominus}\right)^3 . \tag{2.10-2}$$

由(2.10-2)式可知,体系达到平衡后,测量其总压力为 p,即可算出标准平衡常数 $K^\ominus$。

氨基甲酸铵的分解是一个热效应很大的吸热反应。在恒压条件下,温度对平衡常数的影响很显著的,符合范特霍夫等压方程式:

$$\frac{d \ln K^\ominus}{dT} = \frac{\Delta_r H_m^\ominus}{RT^2}, \tag{2.10-3}$$

式中: T 是绝对温度; $\Delta_r H_m^\ominus$ 为等压反应热效应。

当温度变化不大时, $\Delta_r H_m^\ominus$ 可看成常数,对(2.10-3)式积分可得

$$\ln K^\ominus = -\frac{\Delta_r H_m^\ominus}{RT} + C . \tag{2.10-4}$$

若以 $\ln K^\ominus$ 对 $1/T$ 作图,应得一直线,其斜率为 $-\dfrac{\Delta_r H_m^\ominus}{R}$,由此可求 $\Delta_r H_m^\ominus$。

利用下列热力学关系式还可以计算反应的标准摩尔吉布斯函数变化 $\Delta_r G_m^\ominus$ 和标准摩尔

熵变 $\Delta_r S_m^{\ominus}$：

$$\Delta_r G_m^{\ominus} = -RT\ln K^{\ominus},$$
$$\Delta_r S_m^{\ominus} = \Delta_r H_m^{\ominus} - T\Delta_r S_m^{\ominus} 。$$

三、仪器与试剂

体系压力测定装置 1 套,真空泵 1 台,恒温槽 1 套,温度计(刻度为 0.1℃)1 支。

氨基甲酸铵(自制)。

四、实验步骤

1. 准确读取实验开始时的大气压,实验结束时再读一次,取两次读数的平均值,并进行温度校正。

2. 安装仪器。按图 2.10-1 所示测量装置将干燥并装有硅油的等压计和干燥并装有氨基甲酸铵的平衡管 3 安装好,样品管和等压计用乳胶管连接,两端用铁丝扎紧在玻璃管上。

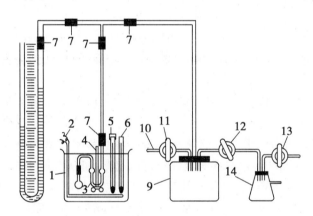

图 2.10-1　氨基甲酸铵分解测定装置

1. 恒温槽;2. 电加热器;3. 平衡管;4. 搅拌器;5. 触点式温度计;6. 温度计;7. 厚壁胶管;
8. 压力计;9. 缓冲瓶;10. 进气尖嘴管;11,12,13. 二通活塞;14. 抽气瓶

3. 检查系统是否漏气。将旋塞 5 与真空泵相连接,并将旋塞 11,12,13 旋至二通位置,开动真空泵,待泵运转正常后,关闭放空旋塞 13 及进气毛细管旋塞 11,向系统抽气,当体系减压至 U 形压力计中两臂的水银面高度相差约 40~50 cm 时,关闭旋塞 12,观察压力计的两臂水银面有无变化,若 5 min 内稳定不变可认为系统不漏气,若有漏气现象,应及时查明原因采取措施排除。

4. 确信不漏气后,取下等压计,将氨基甲酸铵粉末装入平衡管的小球中(装入量约为小球体积的 1/2),用乳胶管将小球与 U 形管连接,并用细铁丝扎紧。在 U 形管中滴加适量液体石蜡(或硅油)作密封液。将等压计小心与真空橡皮管连接好,然后把等压计固定于恒温槽中。调整恒温槽的温度至 25.00±0.05℃。开动真空泵,将体系中的空气抽出。约 10 min 后,关闭旋塞 9 和 8,停止抽气。旋转进气毛细管的旋塞 11,使空气缓缓地进入体系,直至平衡管中汞面的两臂平齐时立即关闭旋塞 11,若 3 min 内汞面保持平齐不变时,为了检验盛样品的小球内空气是否被置换完全,可启动真空泵继续向小球抽气 5 min 再读取 U 形压力计汞高度差,同一温度下重复测定两次。如两次结果相差小于 266.6 Pa(2 mmHg),就可进行另一温度下的分解压测定。

5. 可调温至 30℃,由于温度升高,分解压增大,等压计中左壁的汞面下降,右壁的汞面上升,此时,需打开旋塞 11,使空气从毛细管 10 缓缓进入体系,调节等压计两臂汞面平齐时且保持 3 min 不变,读下 U 形压力计的汞高差、大气压及恒温槽的温度。

6. 用相同的方法继续测定 35℃,40℃,45℃,50℃的分解压。

五、数据处理

1. 列表计算记录反应温度、压力差、分解压,$1/T$,$K^{\ominus}$ 和 $\ln K^{\ominus}$ 的数据。
2. 用 $\ln K^{\ominus}$ 对 $1/T$ 作图,并计算 $\Delta_r H_m^{\ominus}$。
3. 计算 298.15 K 时氨基甲酸铵分解反应的 $\Delta_r G_m^{\ominus}$ 和 $\Delta_r S_m^{\ominus}$。
4. 结合计算公式,进行误差分析。

六、讨论

1. 残留在体系中的氨气和二氧化碳会可逆地形成氨基甲酸铵,在外界温度较低的情况下,会粘附在设备的内壁上。因此在实验结束后要进行净化处理,即将设备再次抽空,把氨气和二氧化碳抽净。

2. 氨基甲酸铵受潮极易分解成碳酸铵和碳酸氢铵,所以无市售商品,需要在实验前制备(见本实验附录)。

3. 用于测定固体分解压、升华压的等压管封闭液必须不与被测物反应,不溶解被测物蒸气,最好是密度较小的液体,它本身的蒸气压可以忽略,可从总压中扣除。

4. 由于氨基甲酸铵的分解反应是吸热反应,反应热效应很大,298 K 时,每摩尔固体氨基甲酸铵分解的等压反应热效应 $\Delta_r H_m^{\ominus}$ 为 159.4 kJ·mol^{-1},所以温度对平衡常数的影响很大,实验中必须严格控制好恒温槽的温度,使温度波动小于 0.1℃。

5. 要准确测定压力,并对压力计加以校正。在一恒定温度下,两次测定结果相差应小于 2 mmHg,才能进行另一温度下的分解压测定。

水银压力计所测得的表观平衡压力 p,应校正为标准汞柱 p_0。由于汞的密度随温度改变,以及刻度尺的热膨胀,当使用汞柱压力计时温度若不为 0℃,则必须对读数进行校正,公式如下:

$$p_0 = p \cdot \frac{1-\beta(t-t_0)}{1+\alpha \cdot t},$$

式中:p 为压力计读数(mmHg);p_0 为校正到 0℃ 时的标准汞柱;t 为使用压力计的温度(℃);t_0 为制作刻度尺刻度时的温度,通常是 20℃ 时,$\alpha=1.818\times10^{-4}$;$\alpha$ 为汞的体积膨胀系数;β 为刻度尺所用材料的热膨胀系数。

因 β 值很小,公式中的分子上第二项可忽略不计,校正公式简化为

$$p_0 = p \cdot \frac{1}{1+\alpha \cdot t} = p \cdot \frac{1}{1+1.818\times10^{-4}t}。$$

6. 实验过程中不能让液体石蜡(或硅油)进入装样玻璃球中,以免阻止氨基甲酸铵的分

解。

7. 要注意掌握基本操作技术。当检漏、减压及实验结束放空时,均应打开样品管上方的两通活塞以使体系畅通;减压时先开真空泵,后旋转活塞;旋塞时左手应扶住活塞荃,右手扭动活塞,放空时要充分发挥毛细管之功能——"少"、"慢"、"稳"。

七、结果要求与文献值

1. 结果要求

(1) $\ln K^{\ominus}$-$1/T$ 作图线性良好。

(2) 测得值应为:

$$\Delta_r G_m^{\ominus}(298\ K) = 20.5\ kJ \cdot mol^{-1},$$

$$\Delta_r S_m^{\ominus}(298\ K) = (464 \pm 8)\ J \cdot mol^{-1} \cdot K^{-1}。$$

2. 文献值

表 2.10 - 1

	$NH_2COONH_4(s)$	$CO_2(g)$	$NH_3(g)$
$\Delta_f G_m^{\ominus}/kJ \cdot mol^{-1}$	−428.36	−394.359	−16.45
$\Delta_f H_m^{\ominus}/kJ \cdot mol^{-1}$	−616.68	−393.509	−46.11
$S_m^{\ominus}/J \cdot mol^{-1} \cdot K^{-1}$	127.6	213.74	192.45

八、思考题

1. 如何检查体系的气密性?

2. 什么条件下才能用测总压的办法测定平衡常数?

3. 在实验装置中,安置缓冲瓶和使用毛细管放气的目的是什么?

4. 如果在放空气进入体系时,放得过多应怎么办?

5. 如何判定装样小球的空气已被抽尽?

6. 温度对标准平衡常数有何影响? 用什么数据可估计温度对标准平衡常数的影响?

7. 从实验数据分析温度、压强对合成尿素的中间产物——氨基甲酸铵的影响,对气体分子数减少的其他合成反应是否也有类似的规律?

九、附录:化学纯氨基甲酸铵的制备

氨基甲酸铵制备装置见图 2.10 - 2。

氨和二氧化碳接触后,能生成氨基甲酸胺,其反应式为:

$$2NH_3(g) + CO_2(g) \longrightarrow NH_2COONH_4(s)。$$

如果氨和二氧化碳都是干燥的,则不论两者的比例如何,仅生成氨基甲酸铵。在有水存在时则还会形成碳酸铵或碳酸氢铵。因此,在制造时必须保持氨、二氧化碳和容器都是干燥的。如果将干燥的氨和二氧化碳通入外部冷却的反应器,则器壁上就会形成一层致密、坚硬、粘附力极强的氨基甲酸铵,这层不良导热物不仅影响反应热的除去,而且产物也无法取出。

用聚乙烯薄膜袋作成反应器,不但反应热较易通过薄膜散除,而且产物也不粘壁,只需稍加揉搓,产物即成粉末掉下。

二氧化碳用浓硫酸干燥,氨气用固体氢氧化钾干燥。为便于估计流量,在洗气瓶3中装液体石蜡作鼓泡液。尾气用橡皮管通入水中,一方面可吸收未反应的氨气,防止未反应的氨气排空,污染环境,另一方面又可观察气体配比是否合适。

操作时先打开二氧化碳钢瓶,再缓缓打开液氨钢瓶,调节氨流速比二氧化碳大一倍。如果任一气体过量,洗气瓶中就会有气泡鼓出,这时需进行气速调节,至洗气瓶中鼓出气泡很少甚至无气泡鼓出时,则说明气速和两种气体比例合适,反应进行完全。

待产品量达到要求后,停止通气,倒出产物,将其在真空干燥器中40℃以下烘干,密封在干燥的磨口瓶中,并将瓶置于干燥器中保存,薄膜反应器封好备用。

如果没有气体钢瓶,氨气可由蒸发氨水或NH_4Cl及$NaOH$溶液加热得到,所得氨气含水量很大,应依次经过CaO、$NaOH$(固体)、及无水乙醇脱水。二氧化碳气体可由大理石($CaCO_3$)加工业盐酸在启普发生器中产生,依次经过$CaCl_2$、浓硫酸干燥。

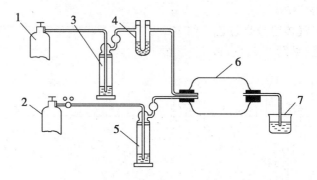

图 2.10-2 氨基甲酸铵制备装置图

1. 氨气钢瓶;2. 二氧化碳钢瓶;3. 液体石蜡鼓泡瓶;4. 固体氢氧化钾干燥管;
5. 浓硫酸洗气瓶;6. 塑料薄膜袋;7. 水槽

参考文献

1. 复旦大学等. 物理化学实验(第二版). 北京:高等教育出版社,1993
2. 东北师范大学. 物理化学实验(第二版). 北京:高等教育出版社,1989
3. 罗澄源等. 物理化学实验(第二版). 北京:高等教育出版社,1984
4. 南开大学化学系物理化学教研室. 物理化学实验(第一版). 北京:高等教育出版社,1991
5. 广西师范大学. 物理化学实验(第三版). 桂林:广西师范大学出版社,1991

实验 2.11 气相色谱法测无限稀释活度系数和偏摩尔溶解焓

一、目的

1. 了解气相色谱仪的工作原理和基本构造,掌握气相色谱仪的操作技术。

2. 用气相色谱法测定苯、环己烷和环己烯在邻苯二甲酸二壬酯中的无限稀溶液活度系数和偏摩尔溶解焓。

　　3. 掌握气相色谱法测定无限稀溶液活度系数和偏摩尔溶解焓的基本原理。

二、基本原理

　　色谱法的基本组成为固定相和流动相,试样由流动相带动通过大比表面积的固定相的空隙,并在气相和固定相之间进行反复多次连续的热力学分配,利用试样中各组分之间性质的微小差异,达到分离的目的。显然,试样在两相间的分配情况与试样和固定相之间相互作用的热力学和动力学性质密切相关。因此,色谱方法不仅在分析、分离方面是一种重要的技术手段,而且在物理化学领域中也得到广泛应用。

　　气相色谱是以气体为流动相,当以固体为固定相时成为"气固色谱",当以液体为固定相时称为"气液色谱";液相色谱是以液体为流动相,当以固体为固定相时成为"液固色谱",当以液体为固定相时称为"液液色谱"。

　　本实验采用"气液色谱"法,固定相是液体、流动相是气体,而液体则涂渍在固体载体上,并一起填充在色谱柱中。

　　当载气将某一气体组分带过色谱柱时,视该组分与固定相按相互作用的强弱,经过一定时间而流出色谱柱(见图 2.11-1),其保留时间为:

$$t_i = t_s - t_0, \tag{2.11-1}$$

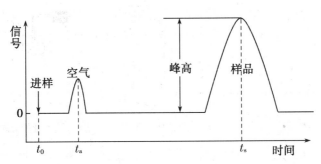

图 2.11-1　色谱流出曲线图

式中: t_0 为进样时间; t_s 为样品出峰时间。而校正保留时间为:

$$t_i = t_s - t_a, \tag{2.11-2}$$

式中 t_a 为随样品带入的空气的出峰时间。校正保留时间 t_i 表征了溶质溶解或溶液的性质。对流速进行压力、温度和扣除水蒸气压的校正,算出载气平均流速 $\overline{F}$:

$$\overline{F} = \frac{3}{2}\left[\frac{(p_b/p_0)^2-1}{(p_b/p_0)^3-1}\right]\left[\frac{p_0-p_w}{p_0}\cdot\frac{T_0}{T_a}F\right], \tag{2.11-3}$$

式中: p_b 为柱前压力; p_0 为柱后压力(通常为大气压); p_w 为在 T_a 时水的蒸气压; T_a 为环境温度(通常为室温); F 为载气柱后流量。

　　气相组分 i 的校正保留体积 V_i 为

$$V_i = t_i\overline{F} = \frac{3t_i}{2}\left[\frac{(p_b/p_0)^2-1}{(p_b/p_0)^3-1}\right]\left[\frac{p_0-p_w}{p_0}\cdot\frac{T_0}{T_a}F\right]。 \tag{2.11-4}$$

由分配系数关系式

$$K = \frac{c_i^l}{c_i^g} \tag{2.11-5}$$

得校正保留体积 V_i 与液相体积的关系式

$$V_i = KV_1,\qquad(2.11-6)$$

式中：K 为分配系数；V_1 为液相体积；c_i^l 为溶质在液相中的浓度；c_i^g 为溶质在气相中的浓度。由(2.11-5),(2.11-6)式可得

$$\frac{c_i^l}{c_i^g} = \frac{V_i}{V_1}。\qquad(2.11-7)$$

假设气相符合理想气体行为，则

$$c_i^g = \frac{p_i}{RT_0}。\qquad(2.11-8)$$

当色谱柱中进样量很少时，相对大量固定液而言，基本上符合无限稀的条件，因而

$$c_i^l = \frac{\rho_l x_i}{M_m^l},\qquad(2.11-9)$$

式中：ρ_l 为液相密度；M_m^l 为液相摩尔质量；x_i 为组分 i 的物质的量分数；p_i 为组分 i 的分压；T_0 为柱温。

气-液两相达到平衡时，可用亨利定律进行处理，有

$$p_i = p_i^* \gamma_i^\infty x_i,\qquad(2.11-10)$$

式中：p_i^* 为纯组分 i 的蒸气压；γ_i^∞ 为溶液中 i 组分的无限稀时的活度系数。

将(2.11-8),(2.11-9),(2.11-10)式代入(2.11-7)式，得

$$V_i = \frac{V_1 \rho_l R T_0}{M_m^l p_i^* \gamma_i^\infty} = \frac{W_1 R T_0}{M_m^l p_i^* \gamma_i^\infty},\qquad(2.11-11)$$

式中 W_1 为色谱柱中液相质量。将(2.11-4)式代入(2.11-10)式可得

$$\gamma_i^\infty = \frac{W_1 R T_0}{M_m^l p_i^* \overline{F} t_i} = \frac{2}{3 t_i F} \left[\frac{(p_b/p_0)^3 - 1}{(p_b/p_0)^2 - 1} \right] \left[\frac{p_0 T_a}{p_0 - p_w} \right] \frac{W_1 R}{M_m^l p_i^*}。\qquad(2.11-12)$$

这样，只要把准确称量的溶剂作为固定液涂渍在载体上装入色谱柱中，用被测溶质作为进样，测得上式右端的各变量，即可计算溶质在溶剂中的活度系数 γ_i^∞。

比保留体积 $V_比$ 是 0℃时每克固定液的校正保留体积，它与校正保留体积的关系是

$$V_比 = \frac{273 V_i}{T_0 W_1}。\qquad(2.11-13)$$

将(2.11-10)式代入(2.11-12)式中，得

$$V_比 = \frac{273 R}{M_m^l p_i^* \gamma_i^\infty},\qquad(2.11-14)$$

上式左右两边取对数，得

$$\ln V_比 = \ln \frac{273 R}{M_m^l} - \ln p_i^* - \ln \gamma_i^\infty,$$

对 $\frac{1}{T}$ 求导，得

$$\frac{\mathrm{d}\ln V_比}{\mathrm{d}(1/T)} = -\frac{\mathrm{d}\ln p_i^*}{\mathrm{d}(1/T)} - \frac{\mathrm{d}\ln \gamma_i^\infty}{\mathrm{d}(1/T)}。\qquad(2.11-15)$$

由克劳修斯-克拉佩龙方程可得

$$\frac{\mathrm{d}\ln p_i^*}{\mathrm{d}(1/T)} = -\frac{\Delta H_{m,vap}}{R},\qquad(2.11-16)$$

式中 $\Delta H_{m,vap}$ 为纯组分 i 的摩尔汽化热。由活度系数与温度的关系式可得

$$\frac{d\ln\gamma_i^\infty}{d(1/T)}=-\frac{H_i-\overline{H_i}}{R},\qquad\qquad(2.11-17)$$

式中：H_i 为纯组分 i 的摩尔焓；$\overline{H_i}$ 为组分在溶液中的偏摩尔焓；$H_i-\overline{H_i}=\Delta H_{m,mix}$ 为偏摩尔混合热。故（2.11-15）式可写成

$$\frac{d\ln V_{比}}{d(1/T)}=\frac{\Delta H_{m,vap}}{R}-\frac{\Delta H_{m,mix}}{R}=\frac{\Delta H_{m,vap}-\Delta H_{m,mix}}{R}。\qquad(2.11-18)$$

如为理想溶液，则 $\gamma_i=1$，这时 $\Delta H_{m,mix}=0$，以 $\ln V_{比}$ 对 $\dfrac{1}{T}$ 作图，从直线斜率可求得纯溶质的摩尔汽化热。若为非理想溶液，从直线斜率可求得（$\Delta H_{m,vap}-\Delta H_{m,mix}$）。溶质的溶解是其汽化的逆过程，即

$$\Delta H_{m,vap}-\Delta H_{m,mix}=-\Delta H_{m,sol},\qquad\qquad(2.11-19)$$

式中 $\Delta H_{m,sol}$ 为溶质的偏摩尔溶解热。

三、仪器与试剂

气相色谱仪 1 套，微量进样器（10 μL）3 只，精密压力表 1 只，皂膜流量计 1 只，电磁搅拌器 1 台，带软塞的锥形瓶（100 mL）3 个，氢气钢瓶 1 只，停表 1 块。

纯苯（A.R.），环己烷（A.R.），环己烯（A.R.），邻苯二甲酸二壬酯试剂，101 白色载体，乙醚。

四、实验步骤

1. 色谱柱的制备。在分析天平上准确称取一定量的 40～60 目的 101 白色载体，再称取相当于载体质量 1/5 的邻苯二甲酸二壬酯（色谱试剂），最后加入适量的丙酮以稀释邻苯二甲酸二壬酯。搅拌均匀，然后用红外灯缓慢加热使丙酮完全挥发。再次称量。确定样品是否损失或丙酮是否蒸干。然后将制好的固定相装入洁净、干燥的柱内径 4 mm，长 1 m 的色谱管柱中。在装柱时，要不断振动色谱柱管，使载体装填紧密、均匀。柱制备好后，在 50℃ 的条件下通载气老化 4 h。

2. 设定操作条件。采用热导池鉴定器，氢气作载气，将色谱仪调整到柱温为 40℃；汽化温度 160℃；检测室温度 80℃；载气流速 80 mL·min^{-1}（用皂膜流量计测定，取实验前后平均值）；桥电流 150 mA，衰减 1。为了准确测定柱前压力，在柱前接一 U 形汞压计。

3. 测定保留时间。待基线稳定后（约 1～2 h）进行取样分析。为使所取气样是与液相成平衡的蒸气，取样前试样在电磁搅拌器上搅拌约 5 min，为使各样品总压皆相等。用 10 μL 注射器取纯苯 0.2 μL，取好液样后再吸空气 5 μL，然后进样。用停表测出空气峰最大值至苯峰最大值之间的时间，即为 t_i。

4. 用环己烷和环己烯进样，重复上述操作。对每一样品至少应重复三次，每次时间误差不超过 5 s，取其平均值。

5. 保留时间与柱温的关系。改变柱温进行实验（温度可选为 40℃，45℃，50℃，55℃，60℃）。

6. 实验完毕后，首先逐一先关闭各个部分开关然后再关电源，待检测室和层析室接近室温时再关闭气源。

五、数据处理

1. 将测得数据和计算结果列成表格。

2. 利用测定结果,计算苯、环己烷和环己烯在邻苯二甲酸二壬酯中的无限稀活度系数。

3. 以 $\ln V_{比}$ 对 $\frac{1}{T}$ 作图,求苯、环己烷和环己烯蒸气在邻苯二甲酸二壬酯中的偏摩尔溶解热。

4. 结合计算公式,进行误差分析。

六、讨论

1. 气相色谱法用于溶液热力学研究,不仅较常规方法简便、快捷,而且在常规方法测量困难的稀溶液或无限稀浓度区域更加显现出优越性。

2. 对二组分体系来说色谱法适于将难挥发的组分作为固定相,另一在实验温度下有足够蒸气压的组分作为进样。如果作为固定相的组分有一定的挥发性,则宜在进样器之前装一涂有相同固定液的短柱作为预饱和器,并在色谱柱中填较大颗粒的担体以减少压力降,防止在色谱柱后段因减压膨胀而汽化,引起固定液流失。这样就可扩大色谱法测活度系数的适用范围。

3. 在进行色谱实验时,必须严格按照操作规程。实验开始,首先要通气,然后再打开色谱仪的电源,实验结束时,一定要先关闭电源,待层析室、检测室的温度接近室温时,再关闭载气,以防烧坏热导池器件。

七、思考题

1. 什么样的溶液体系才适合于用气液色谱法测定其热力学函数? 如果溶剂也是挥发性较高的物质,本法是否还适用?

2. 实验结果说明苯、环己烷和环己烯在邻苯基甲酸二壬酯中的溶液对拉乌尔定律是正偏差还是负偏差? 它们中哪一个的活度系数较小? 为什么会较小?

3. 是否可以进混合物,以便一次测得它们各自的保留时间。

4. 本实验是否满足无限稀条件?

5. 试从热力学函数对温度的依赖关系与实验测量误差两个角度讨论测定温度范围的合理选择。

八、附录:气相色谱法

色谱又可称为色层或层析,是一种分离分析技术。在物理化学实验中常用作非电解质二元体系活度系数的测定、固体比表面的测定等。气相色谱是以气体为流动相的一种色谱法,样品中各组分的分离是在色谱柱中进行的,柱中装填某些固体颗粒,称为固定相。气相色谱仪一般由五个单元组成:主机(内有层析室、恒温箱、热导检测器、离子室、汽化室、气体进样器和气路控制系统及温度测量系统)、温度控制器、热导池供电器、氢焰微电流放大器、记录仪。这样,样品汽化后经载气送入色谱柱,从色谱柱中被分离出来的样品能及时通过检测器转换为相应的电讯号,经电流放大由记录仪记录下来供作研究依据。

（一）气相色谱分离基本原理

气相色谱分离的实质,是由于试样中各组分在固定相吸附剂上的吸附系数不同或固定液中的分配系数不同而引起的。当试样通过色谱柱时,各组分分子与固定相的分子间发生作用(吸附或溶解),各组分分子在流动相和固定相之间保持了各自的分配,因各组分在流动相不断推动下,沿着色谱柱向前运动的速度不同,经过适当长度的色谱柱,即经过吸附和脱附,溶解和解析,反复多次分配(可达 $10^4 \sim 10^6$ 次),使得那些分配系数或吸附系数有差异的组分,产生了很大的分离效果,彼此按一定的先后顺序从柱后流出,进入检测池,样品浓度的变化情况经鉴定器和记录仪变换,从而得到色谱曲线,试样在色谱柱中的分离情况,如图 2.11-2所示。

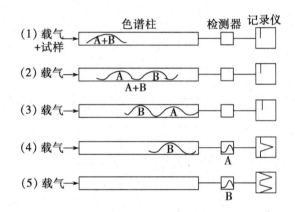

图 2.11-2　色谱柱中组分分离示意图

（二）气相色谱流出曲线术语

气相色谱流出曲线(见图 2.11-3),其纵坐标以信号大小(mV 或 mA)表示浓度,横坐标表示时间,流出曲线有关术语定义如下:

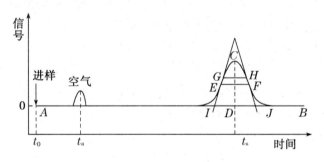

图 2.11-3　色谱流出曲线图

1. 基线

样品未进入鉴定器时,放大器输出的电信号记录,在正常情况下是一条直线,与横坐标平行,图中的 AB 线即是。

2. 峰面积(A)

流出曲线与基线之间所围成的面积,与组分含量、信号灵敏度及记录纸速度有关。

3. 峰高(h)

从流出曲线的最高点到基线的距离,CD 线即是。

4. 死时间(t_a)

不被固定相吸附或溶解的气体,经过色谱柱出现浓度最大点的时间。

5. 保留时间(t_i')

从进样到柱后出现色谱峰极大值所需的时间,即 $t_i' = t_s - t_0$。

6. 校正保留时间(t_i)

扣除死时间的保留时间,即 $t_i = t_i' - t_a$。

7. 死体积(V_0)

指色谱柱内气相所占的体积。通常由死时间和校正后的体积流速的乘积来计算,即 $V_0 = t_0 \cdot F_c$,F_c 是柱内载气的平均体积流速。

8. 保留体积(V_i')

从进样到柱后出现色谱峰极大值时所通过的载气体积,即 $V_i' = t_i' \cdot F_c$。

9. 校正保留体积(V_i)

指扣除死体积后的保留体积,即 $V_i = V_i' - V_0 = t_i \cdot F_c$。

10. 比保留体积($V_比$)

在 0℃时每克固定液的校正保留体积。如固定液重量为 W,则比保留体积为:

$$V_比 = \frac{273}{T_c} \cdot \frac{V_i}{W} (\text{mL/g})。$$

11. 相对保留值(r_{12})

表示某组分(1)的校正保留值和另一组分(2)校正保留值的比值,即

$$r_{12} = \frac{t_{i(1)}}{t_{i(2)}} = \frac{V_{i(1)}}{V_{i(2)}} = \frac{V_{比(1)}}{V_{比(2)}}。$$

12. 记录纸长度

记录纸以某一定速度 $u_2(\text{cm} \cdot \text{min}^{-1})$ 运行时,在记录纸的时间坐标 x 轴方向上量得的长度。

13. 区域宽度

它是色谱峰宽窄的尺度,反映分离条件的好坏。它的大小有三种表示方法:

(1)半峰宽

峰高一半处的色谱峰宽度。即图 2.11-3 中 EF 线段,可用保留时间 $2\Delta t_{1/2}$、记录纸长度 $2\Delta x_{1/2}$、保留体积 $2\Delta V_{1/2}$ 表示。

(2)标准偏差 σ

0.607 倍峰高时,色谱宽度的一半,即图 2.11-3 中 GH 的一半。

(3)基线宽度

从流出曲线上两拐点作切线与基线交于 I,J,IJ 连线即为基线宽度以 W_b 表示。

三种不同表示方法有如下的关系:

$$2\Delta t_{1/2} = 2\sigma \sqrt{2\ln2},$$
$$4\sigma = W_b。$$

14. 总分离效能指标(K_1)

某组分(1)与另一物质(2)的色谱峰相邻,该相邻的峰保留时间的差值除以这两个峰的半峰宽之和,用数学式表示为:

$$K_1 = \frac{t'_{i(2)} - t'_{i(1)}}{\Delta t_{1/2(1)} + \Delta t_{1/2(2)}}。$$

(三) 气相色谱仪的使用

1. 气相色谱仪使用的一般步骤

(1) 检漏

首先按仪器安装规程装好管道,将钢瓶输出调到 4 kg·cm^{-2}左右,调节稳压阀使柱前气压为 3 kg·cm^{-2},然后关闭尾气出口,如果转子流量计中的转子很快沉到底部,表示系统不漏气。如果流量计有示值,说明系统不严密,可用肥皂水依次检查,找出原因,并加以密封处理。

(2) 调节载气流量

钢瓶输出气压控制在 2~4 kg·cm^{-2}之间调节载气稳压阀,使载气流量达到要求的数值。

(3) 开机

接通仪器电源,开启温度控制开关,调节恒温箱的温度。

(4) 调节热导电流

恒温箱的温度恒定后,色谱柱和热导检测器已达到使用温度。此时可开启热导电流开关,调节热导电流到合适的数值。并选择合适的衰减值。

(5) 开启记录仪

接通记录仪电源,调节热导电流平衡调器和调零旋钮,使记录笔处于适当的位置,再打开记录纸走纸开关,调节走纸速度,待基线稳定后,就可以进行色谱测定。

(6) 测定色谱曲线

调节汽化室的温度,稳定后注入一定量的待测样品,绘制出完整的色谱图。

(7) 关机

测定完毕后,先关记录纸开关,再关闭记录仪电源,并抬起记录笔,使其离开记录纸。然后关闭热导电流电源及温度控制开关,关闭总电源,最后关闭钢瓶总阀和载气稳压阀。

气相色谱仪的心脏是色谱柱。样品的分离作用是在柱里实现的。固定相为吸附剂的柱子称为气固色谱,固定相是液体的柱子称为气液色谱,此液称为固定液。

气固色谱的固定相是表面具有一定活性的吸附剂。吸附剂表面对气体的吸附作用,一般用吸附等温线描述。常用的吸附剂有活性炭、硅胶、氧化铝、分子筛等。对于无机气体及低级烃类的分析,气固色谱比气液色谱更为适宜。

气液色谱的固定液是涂渍在一定颗粒度的惰性固体表面上的,这种固体通常称为担体或载体。可以近似地认为固定液是以薄膜的形式分布在担体上的。

2. SC-3A 型色谱仪的说明

市售的色谱仪类型很多,在使用仪器前,应该详细阅读仪器说明书,按操作规程操作。

SC-3A 型气相色谱仪,各部件组成如图 2.11-4 所示。

将色谱柱(热导并联双柱)装在层析室的恒温箱内,接通气路,通入载气。打开开关阀"载气Ⅰ调节"和"载气Ⅱ调节"的针形阀,将气流量调至需要值(用皂膜流量计接在仪器左侧尾气排空处测量),经过检漏,气路气密性良好。按下主机"启动"开关和"鼓风"开关,然后打开恒温控制器电源开关,对各恒温系统进行加热控制,观察主机面板上指示层析室温度的水银温度计和指示各部分温度的测温毫伏计(要切换"温度指示"按钮开关),同时,调节温度控制器上的"层析室"、"检测器"、"汽化室"的温度调节旋钮。达到所需要的温度后,将旋钮调至加热指示灯若明若暗。按下主机面板右方的"检测器选择"按键中的"热导"按键。

此时可按下热导池供电器的电源开关,由仪器说明书的电流—温度给定曲线,用"电流调节"旋钮将电流调节到所需的电流数值上。

在恒温控制 0.5～1 h 后,打开并接通记录仪。供电器上"讯号衰减"置于 1,调节"零点调节"旋钮,使记录仪指针在中间位置,待基线稳定后即可进样分析。

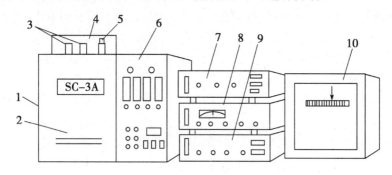

图 2.11－4　SC-3A 型气相色谱仪简易图

1. 主机;2. 色谱柱恒温;3. 气路进样器;4. 热导检测器;5. 离子汽化室;

6. 气路控制及温度测量系统;7. 温度控制器;8. 热导池供电器;9. 氢焰微电流;10. 记录仪

3. 注意事项

(1) 仪器正常使用时载气瓶输出气压为 3 kg·cm^{-2} 左右,仪器长时间不用,应将减压阀关闭。

(2) 层析室温度必须特别注意不能超过色谱固定相最高使用温度,以免造成固定液流失并污染管路和检测器。

(3) 使用热导系统必须严格按规则操作,启动时先通气 5 min 后再通电,停机时先关电再关气。在高温操作使用后,必须在热导检测器冷至 70～80℃ 时再关气。最后应将尾气排空,接头密封。

(4) 气路通断应使用仪器背后的开关阀,针形阀是用于流量调节,不应作开关使用。

(5) 热导检测器使用电流必须严格按热导池的温度—电流关系曲线来给定,否则将影响热导池寿命和仪器稳定性,高温下过载,热导池会烧坏热敏元件。

参考文献

1. 复旦大学等. 物理化学实验(第二版). 北京:高等教育出版社,1991

2. 东北师范大学. 物理化学实验(第二版). 北京:高等教育出版社, 1989

3. 罗澄源等. 物理化学实验(第二版).北京:高等教育出版社,1984

4. 王彩霞,石佩华,潘廷旺. 物理化学实验指导. 北京:高等教育出版社, 1992

5. 北京大学化学系物理化学教研室. 物理化学实验(第三版).北京:高等教育出版社,1995

6. 何玉萼,龚茂初,陈耀强. 物理化学实验(第三版).北京:高等教育出版社,1993

7. 黄泰山. 物理化学实验.北京:高等教育出版社,1999

实验 2.12 乙醇-环己烷气-液平衡相图

一、目的

1. 进一步加深对分馏原理的理解。
2. 通过对实验现象的分析加深对相图的认识和掌握绘制要领。
3. 掌握阿贝折光仪的工作原理和使用方法。
4. 绘制乙醇-环己烷双液系的沸点-组成图,确定其恒沸组成及恒沸温度。

二、基本原理

相图是一种表示相平衡的几何图形。利用相图描述相平衡系统的性质与条件及组成的关系的优点是清晰、直观、形象。测绘相图是热力学实验的重要组成部分,双液常见的相图包括在一定压力下的沸点-组成图和一定温度下的压力-组成图,其中我们对沸点-组成图应用较多。

在恒压下完全互溶双液体系的沸点与组成关系有下列三种情况,即完全互溶的双液系的沸点-组成(t-x)图有三种:

(1) 理想的双液系,其溶液沸点介于两纯物质沸点之间,图 2.12-1(a)所示,如苯与甲苯;

(2) 各组分对拉乌尔定律发生正偏差,其溶液有最低沸点,图 2.12-1(b)所示,如水与乙醇,甲醇与苯,乙醇与环己烷等;

(3) 各组分对拉乌尔定律发生负偏差,其溶液有最高沸点,图 2.12-1(c)所示,如卤化氢和水,丙酮与氯仿等。

第(2),(3)两类溶液在最高或最低沸点时的气、液两相组成相同,加热蒸发的结果只使气相总量增加,气液相组成及溶液沸点保持不变,这时的温度叫恒沸点,相应的组成叫恒沸组成。理论上,第(1)类混合物可用一般精馏法分离出两种纯物质,第(2),(3)两类混合物只能分离出一种纯物质和一种恒沸混合物。

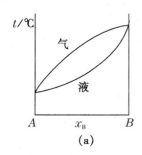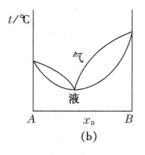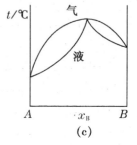

图 2.12-1 二元液系 t-x 图

双液体系的沸点-组成图,表明在气液两相平衡时,沸点和两相组成间的关系,它对了解这一体系的行为及分馏过程都有很大的实用价值。为了测定二元液系的相图,需在气、液相达平衡后,同时测定气相组成、液相组成和溶液沸点。实验测定整个浓度范围内不同组成溶液的气、液相平衡组成和沸点后,就可绘出气液平衡的沸点-组成(t-x)相图。

实验中采用简单蒸馏瓶,以回流冷凝法测定乙醇-环己烷体系不同组成的溶液的沸点和气、液相组成。其装置如图 2.12 - 2 所示,这是一只带回流冷凝管的长颈圆底烧瓶,冷凝管底部有一半球形小室,用以收集冷凝下来的气相样品,电流经变压器和粗导线通过浸于溶液中的电热丝,这样可减少过热现象并能防止爆沸,回流器上的冷凝器使平衡蒸气凝聚在小球 D 内,然后分别取样分析气相和液相的组成,用阿贝折光仪测定已知组成的乙醇-环己烷混合物的折光率,作出折光率对组成的工作曲线,在此工作曲线上,根据测得样品的折光率找出相应的组成,以校正后的沸点为纵坐标,测得的百分组成为横坐标,作乙醇-环己烷双液系的气-液平衡相图。

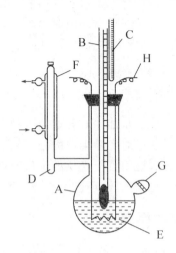

图 2.12 - 2　沸点测定仪
A. 盛液容器;B. 测量温度计;C. 校正温度计;
D. 冷凝液小球;E. 电热丝;F. 冷凝管;
G. 加液口;H. 加热器

测绘双液系相图时,要求同时测定溶液的沸点及气、液平衡时两相的组成。本实验用回流冷凝法测定乙醇-环己烷在不同组成时的沸点,用阿贝折光仪测定其相应液相和气相冷凝液的折光率,从而测得气、液相的组成。

三、仪器与试剂

沸点测定仪 1 套,阿贝折光仪 1 台,超级恒温水浴 1 台,调压变压器 1 台,温度计(50～100℃±0.02℃,0～100℃±0.2℃)各 1 支,分析天平(公用),烧杯(500 mL)1 个,移液管(1 mL,2 mL,5 mL)各 1 支,长取样吸管 2 支,电阻丝,洗耳球。

无水乙醇(A.R.),环己烷(A.R.)。

实验室预先配制乙醇-环己烷系列溶液,环己烷物质的量分数大约为 0.05,0.15,0.30,0.45,0.55,0.65,0.80 和 0.95。

四、实验步骤

1. 绘制乙醇-环己烷折光率-组成的工作曲线

准确配制环己烷物质的量分数为 0.00,0.10,0.20,0.30,0.40,0.50,0.60,0.70,0.80,0.90,1.00 的乙醇-环己烷溶液各 10 mL。将阿贝折光仪与超级恒温水浴相连接,使恒温20.0±0.2℃和25.0±0.2℃,分别测这 11 个样品折光率。

2. 安装沸点测定仪

将干燥的沸点测定仪安好,检查带有温度计的胶塞是否塞好,使加热用的电热丝要靠近容器底部的中心点,B 温度计水银球的位置要高出电热丝 2 cm 左右,并使水银球有一半浸在液体中,温度计 C 的水银球放在 B 温度计外露在空气中部分的中部位置。

3. 测定沸点和馏出液、剩余液的折光率

取 25 mL 乙醇加入烧瓶内,通好冷凝水,使温度计水银球位置一半浸入溶液中,一半露在蒸气中,如图 2.12-2。通电加热(电阻丝不能露出液面,注意调压变压器输出电压不能大于 10 V),沸腾初期,可倾斜沸点测定仪,使小球 D 中的液体返回 A 中,待温度恒定后记下沸点,读取温度计 B 和 C 的温度,立即断电。冷却后,用两支干净的滴管分别取馏出液和剩余液几滴,立即测定其折光率(重复测三次)。

然后将已配好的环己烷物质的量分数大约为 0.05, 0.15, 0.30, 0.45, 0.55, 0.65, 0.80 和 0.95 的乙醇-环己烷溶液和纯的环己烷,分别按同法加热使溶液沸腾。记下沸点和测定馏出液、剩余液的折光率。在测定纯的环己烷前,必须将沸点测定仪洗净并干燥。溶液用后回收。

五、数据处理

1. 将所观测的样品的沸点进行校正。

(1) 正常沸点校正

实验条件下,外界压力并不恰好等于 101.325 kPa,溶液的沸点也与大气压有关,此时应对实验测得的温度值进行压力校正。可根据克劳修斯-克拉佩龙方程及特鲁顿(Trouton)规则得溶液沸点随大气压变动而变动的近似校正式如下:

$$\Delta t_{\text{压}} = \frac{273.15 + t_{\text{A}}/\text{℃}}{10} \cdot \frac{(1\,013\,225 - p)/\text{Pa}}{101\,325}。 \qquad (2.12-1)$$

(2) 进行露茎温度校正

公式为

$$\Delta t_{\text{露}} = 1.6 \times 10^{-4} \cdot h \cdot (t_{\text{A}} - t_{\text{B}}), \qquad (2.12-2)$$

式中:t_{B} 为露茎部位的温度值;h 为露出在体系外的水银柱长度,以温度差值来表示。

(3) 经校正后的体系正常沸点应为

$$t_{\text{沸}} = t_{\text{A}} + \Delta t_{\text{露}} + \Delta t_{\text{压}}。 \qquad (2.12-3)$$

2. 列表 2.12-1 记录标准溶液的组成-折光率数据,绘制出工作曲线。

表 2.12-1　乙醇-环己烷标准溶液的折光率-组成

环己烷物质的量分数(x_{B})		x_1	x_2	x_3	x_4	x_5	x_6	x_7	x_8	x_9	x_{10}	x_{11}
折光率	1											
	2											
	3											
	平均值											

3. 以各样品的折光率用上述工作关系曲线确定各气、液相组成,填于表 2.12-2 中。

表 2.12 - 2　乙醇-环己烷溶液沸点、折光率与组成

样品编号	沸点 ℃	沸点校正 ℃	馏出液(气相)					剩余液(液相)				
			折光率				x(环己烷物质的量分数)	折光率				x(环己烷物质的量分数)
			1	2	3	平均		1	2	3	平均	
1												
2												
3												
4												
5												
6												
7												
8												

4. 作乙醇-环己烷体系的沸点-组成图,并由图找出其恒沸点及恒沸组成。

六、讨论

1. 绘制工作曲线的步骤应由实验准备人员提前做好并用计算机拟合成曲线,这样可以节省实验操作时间。或者提供室温下的 x(环己烷物质的量分数)-折光率详细对应数据表格。

2. 本实验采用的是回流分析法,因而回流的好坏将直接影响到实验的质量。要使回流得好,首先是要注意回流时电热丝的供热,用调压变压器由零开始逐渐加大电压,使溶液缓慢加热。液体沸腾后,再调节电压和冷水流量,使蒸气在冷凝管中回流的高度保持在 1.5 cm 左右。测温温度计的读数稳定后再维持 3～5 min 以使体系达到平衡。

3. 在实验操作步骤中,对配制一系列不同组成的试液,曾明确要求准确的加入量,其目的是使实验测定值分散得比较均匀,从而使相图曲线的绘制准确。但实际加入量与所要求的加入量有较小偏差时,只会引起绘制相图实验点的微小波动,并不会引起多大的误差。因为相图中组成的最后确定,并不是以实际加入量来确定的,而是通过最后折光率的大小来确定的。所以把握住折光率测定的准确性,就可以保证相图绘制的准确性。但有些同学则对此并不十分清楚,因而有时因加入量稍有不准就把试样倒掉,重新实验。这样不仅浪费了试剂和实验的时间,而且也是不必要的。实验时须认真分析并采取正确的操作。

4. 正确绘制相图是实验技能训练的教学目的之一。学生在绘制相图时注意以下几点:

(1) 纵、横坐标的选取要注意比例适当,相图以形成方块形为宜;

(2) 不能使用的实验实测点,不要画在相图的曲线上,实测点的取舍要有充分的理由和根据;

(3) 恒沸点是本实验体系的特征点,但它是通过相图绘制后从相图上得到的,而不是通过实验直接测得的。

5. 在测折光率时,试样在两棱镜间的铺展动作要迅速、准确。动作迟缓容易造成试样中低沸点成分的挥发,从而造成折光率数值测定的误差,并且折光率的测定要在恒温下进行。

七、结果要求与文献值

1. 结果要求:由实验数据描点绘制相图,曲线应平滑。
2. 文献值:其恒沸点为 64.9℃,其恒沸物组成是 $x_{环己烷}=0.555$。

101.325 kPa 下乙醇-环己烷体系的恒沸点数据见表 2.12-3。

表 2.12-3　标准压力下乙醇-环己烷体系相图的恒沸点数据

沸点/℃	乙醇的质量分数/%	环己烷的物质的量分数 x
64.9	40	/
64.8	29.2	0.570
64.8	31.4	0.545
64.9	30.5	0.555

八、思考题

1. 作乙醇-环己烷标准溶液的折光率-组成工作曲线目的是什么?
2. 每次加入蒸馏瓶中的环己烷或乙醇是否应严格按记录表规定的精确值来进行?
3. 如何判定气-液相已达平衡状态? 收集气相冷凝液的小球的大小对实验结果有无影响?
4. 测定纯环己烷和乙醇的沸点时为什么要求蒸馏瓶必须是干燥的? 测混合液沸点和组成时则可不必将原先附在瓶壁的混合液绝对洗干净,为什么?
5. 平衡时,气液两相温度应不应该一样? 怎样防止有温度差异?
6. 我们测得的沸点与标准大气压的沸点是否一致?

九、附录:阿贝折光仪

(一) 阿贝折光仪的用途

阿贝折光仪可直接用来测定液体的折光率,定量地分析溶液的成分,检验液体的纯度。阿贝折光仪是测定分子结构的重要仪器,因为折光率与物质内部的电子运动状态有关,所以测定折光率在结构化学方面也是重要的,比如求算物质摩尔折射度、摩尔质量、密度、极性分子的偶极矩等都需要折光率的数据。阿贝折光仪测定折光率时有许多优点:所需用的样品量少,数滴液体即可进行测量;测量精度高,折光率可精确到 1×10^{-4};重现性好;测定方法简便,无需特殊光源设备,普通日光或其他白光即可;棱镜有夹层,可通恒温水流,保持所需的指定温度。它是物理化学实验室和科研工作中较常用的一种光学仪器。近年来,随着技术的发展,该仪器品种也在不断的更新。

下面介绍一下仪器的结构、工作原理和使用方法,最后再简要地介绍一下数字阿贝折光仪。

(二) 阿贝折光仪的构造

阿贝折光仪是根据光的全反射原理设计的仪器,利用全反射临界角的测定方法测定未知物质的折光率。其外形如图 2.12-3 所示,图 2.12-4 是内部构造示意图。其主要部分为两块直角棱镜 E 和 F,当将两棱镜对角线平面叠合时,放入这两镜面间的待测液体即连续散布成一薄层。当光由反射镜 G 入射而透过棱镜 F 时,由于 F 的表面是粗糙的毛玻璃面,光在此毛玻璃面产生漫散射,以不同入射角进入液体层,然后到达棱镜 E 的表面。由于棱镜 E 的折光率很高(通常约为 1.85),一部分可折射而透过 E,而另一部分则发生全反射。透过 E 的光线经过消色散棱镜 H 和 C,会聚到透镜 T 和目镜,最后到达观察者的眼里。为了使在目镜中显现出清晰的全反射边界,利用色散调节器 H 调节色散,D 为色散度的读数标尺。折光率就是依靠全反射的边界(明暗间的交界)位置来测定的(明暗交界位置是用来作为测定折光率的依据)。通过与边界位置相联系的刻度标尺 A,用读数放大镜 R 读出折光率。边界的零点位置尚可通过镜筒上的凹槽 O 用小旋棒调节校准。为使样品恒温,可在 L 处通入恒温水,并由插在夹套中的温度计读取温度。

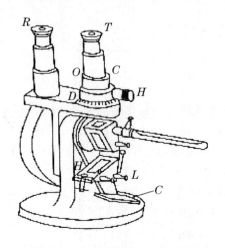

图 2.12-3 阿贝折光仪外型图

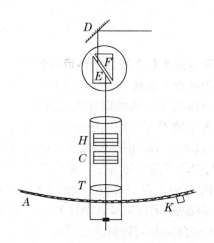

图 2.12-4 阿贝折光仪内部构造示意图

(三) 阿贝折光仪的光学原理

全反射原理

光从一种介质进入另一种介质时,在界面上发生折射。对任何两介质,在一定波长和一定外界条件下,入射角和折射角之正弦比为一常数,也就等于光在这两介质中的速度之比,即

$$n = \frac{v_1}{v_2}。 \tag{2.12-4}$$

若取真空为标准(即 $v_1 = c$, $n_0 = 1.000\,00$),则任何介质的绝对折光率 $n = c/v$。空气的绝对折光率是 $1.000\,29$。如果取空气为标准,这样得到的各物质之折光率称为常用折光率。同一物质的两种折光率表示法之关系为:

$$绝对折光率 = 常用折光率 \times 1.000\,29。$$

光线自介质 A 进入介质 B,图 2.12-5 示意了出入射角与折射角间的关系:

$$\frac{\sin\alpha}{\sin\beta} = \frac{n_B}{n_A} = \frac{v_A}{v_B}, \tag{2.12-5}$$

式中 n_A, n_B, v_A/v_B 分别为 A,B 两介质的折光率和光在其中的速度。折光率为物质的特性常数,对一定波长的光在一定温度、压力下,折光率是一个定值。如果 $n_A > n_B$(A 称为光密介质,B 称为光疏介质),则折射角 β 必大于入射角 α,当 $\alpha = \alpha_0$ 时,$\beta_0 = 90°$,达到最大。此时

光沿界面方向前进,如图 2.12-5(b)所示。若 $\alpha > \alpha_0$,则光线不能进入介质 B,而从界面反射,如图 2.12-5(c),此种现象叫做"全反射",α_0 叫做临界角。

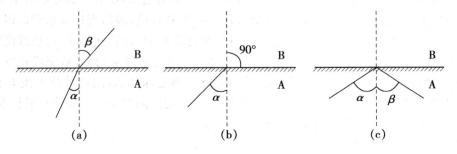

图 2.12-5　光的折射

阿贝折光仪中棱镜的构造和光程

阿贝折光仪就是根据折射和全反射原理设计成的。

由图 2.12-6 可以看到,光线由反射镜 G 反射而进入棱镜 F 后,由于 F 镜上的 DC 面为一毛玻璃面,所以光在 DC 面上漫散射。并以不同方向进入 AB 与 DC 间的液体薄层。然后达到 AB 面,并折射入棱镜 E 中。在 AB 面上光线的入射角可由 $0° \rightarrow 90°$。因棱镜折光率 N 比液体折光率 n 大,故折射角 β 比入射角 α 小,即所有入射线全部能进入棱镜 E 中。

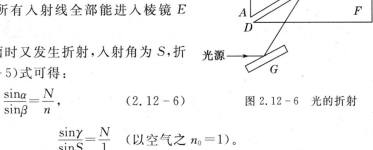

图 2.12-6　光的折射

光线达到 BK 面时又发生折射,入射角为 S,折射角为 γ。据(2.12-5)式可得:

$$\frac{\sin\alpha}{\sin\beta} = \frac{N}{n}, \qquad (2.12-6)$$

$$\frac{\sin\gamma}{\sin S} = \frac{N}{1} \quad (\text{以空气之 } n_0 = 1)。$$

由图 2.12-6 可知:$\Phi + (90° + S) + (90° - \beta) = 180°$,故

$$\beta = \Phi + S, \qquad (2.12-7)$$

代入(2.12-6)式得

$$
\begin{aligned}
n &= \frac{N}{\sin\alpha}\sin\beta = \frac{N}{\sin\alpha}\sin(\Phi + S) \\
&= \frac{N}{\sin\alpha}(\sin\Phi\cos S + \cos\Phi\sin S) \\
&= \frac{N}{\sin\alpha}\sin\Phi \sqrt{1 - \sin^2 S} + \frac{N}{\sin\alpha}\cos\Phi\sin S \\
&= \frac{\sin\Phi}{\sin\alpha}\sqrt{N^2 - N^2\sin^2 S} + \frac{N}{\sin\alpha}\cos\Phi\sin S \\
&= \frac{\sin\Phi}{\sin\alpha}\sqrt{N^2 - N^2\sin^2\gamma} + \frac{\sin\gamma\cos\Phi}{\sin\alpha}。
\end{aligned}
\qquad (2.12-8)
$$

可以看出：不同的 N,γ,Φ,α 都将反映出不同的 n；对一定棱镜，N 和 Φ 都是定值，故 n 仅由 γ 和 α 的不同来反映。

如果各次测量中都选用同样的 α，则 n 只和 γ 有关。α 的选择就是利用了全反射原理，如图 2.12-6 所示。

将 $\alpha=90°$ 代入(2.12-8)式得：

$$n=\sin\Phi\ \sqrt{N^2-\sin^2\gamma}+\sin\gamma\cos\Phi。 \qquad (2.12-9)$$

这样，由于每一棱镜有一定 N 和 Φ，不同 n 的液体就由不同的 γ 来反映。

在测量时要把明暗界线调到目镜中十字线的交叉点，因这时镜筒的轴与掠射光线平行。读数指针是和棱镜连在一起转动的，标尺就根据不同的 γ 而刻出。阿贝折光仪已将 γ 换算成 n，故在标尺上读得的已是折光率。

色散的消除

前面所讲的是用单色光的情形。但阿贝折光仪可用白光作光源。这常会在目镜中看到一条彩色的光带，而没有清晰的明暗界限，这是因为对波长不同的光折光率不一样，因而 γ 不同。折光率是相对确定波长而言，那么现在是对什么波长来讲呢？又如何从彩色光带中找出这特定波长的光线呢？安置在阿贝折光仪的镜筒中消色散棱镜又叫补偿棱镜或阿密帅棱镜（Amici prism），可以同时解决这两个问题。

消色散棱镜是由两块相同但又可反向转动的阿密帅棱镜组成。光通过这种棱镜后，能产生色散。若这两块棱镜的相对位置相同，则光线通过第一块棱镜后发生色散 d，通过第二块棱镜又发生色散 d，总色散为 $2d$。将两块棱镜各反向转动 $90°$（相当于一块转 $180°$），则第一块色散是 d，而第二块色散是 $-d$，互相抵消，总的来讲没有色散，出来的光为白色光。再各反向转 $90°$（相当又把一块转 $180°$），则第一块色散为 $-d$，第二块色散为 $-d$，共为 $-2d$。

若让已有色散之光进入消色散棱镜，可调节两棱镜的相对位置，使原有之色散恰为消色散棱镜之色散所抵消，使出来的各色光平行，明暗界限清楚，解决了彩色光带的问题。

至于选定哪一个特定波长的光，是由阿密帅棱镜本身的特点所决定的。因钠光 D 线通过阿密帅棱镜时的方向不变，所以当色散消除时各色光均和钠光 D 线平行。当半明半暗时，镜筒轴与 D 线方向平行，故测得的折光率为该物质对钠光 D 线之折光率。

（四）阿贝折光仪的使用

（1）仪器安装

将阿贝折光仪放在靠窗的桌上（注意：避免日光直接照射），或置于普通白炽灯前，在棱镜外套上装好温度计，将超级恒温槽之恒温水通过棱镜的夹套中。恒温水温度以折光仪上温度计示值为准。恒温在 20.0 ± 0.2℃。

（2）仪器校正

当温度恒定时打开棱镜，用镜头纸将镜面擦净后，在辅助棱镜 F 上滴一、两滴丙酮在镜面上，合上两棱镜，使镜面全部被丙酮润湿再打开，用镜头纸吸干。然后用重蒸馏水或已知折光率的标准折光玻璃块来校正标尺刻度。如使用后者，手续是先拉开下面棱镜 F，用一滴 1-溴代萘（Monobromo-naphthalene）把玻璃块固定在上面的棱镜 E 上，并掀开前面的金属盖，使玻璃块直接对着反射镜 G，旋转棱镜使标尺读数等于玻璃块上注明的折光率，然后用一小旋棒旋动接目镜前凹槽中的凸出部分（在镜筒外壁上），使明暗界线和十字线交点相合，校正工作就完成了。如果使用重蒸馏水为标准样品,只要把水滴在 F 棱镜的毛玻璃面上并合上两棱镜,旋转棱镜使刻度尺读数与水的折光率一致,其他步骤相同。

(3) 加入试样

测定时,拉开棱镜把欲测液体滴在洗净擦干了的下面棱镜 F 上(注意:不要让滴管碰着棱镜面),待整个面上湿润后,合上棱镜进行观测。调节反射镜使入射光线达最强。每次测定时两个棱镜都要啮紧,防止两棱镜所夹液层成劈状影响数据重复性。如样品很易挥发,可把样品由棱镜间的小槽滴入。

(4) 消色散

旋转棱镜,使目镜中能看到半明半暗现象。在界线处呈现彩色,旋转补偿棱镜使彩色消失、明暗清晰。

(5) 精调

再次转动棱镜旋扭,使明暗界线正好与目镜中的十字线交点重合。如此时又出现微色散,须重调消色散旋扭,使明暗界线清晰。

(6) 读数

从读数望远镜的标尺上直接读取折光率,读数可至小数点后第四位。最小刻度是 0.000 1,数据的重复性为 ±0.000 1。需重复读取二次,三次相差不大于 0.000 2,然后取平均值。试样成分对折光率的影响是极其灵敏的。试样玷污或其中易挥发组分的蒸发都会导致读数不准。因此应重复取样三次,测定三次样品的折光率数据,再取平均值。

(五) 使用注意事项

使用阿贝折光仪时,一定要先搞清它的正确使用方法及注意事项,否则不但会损坏仪器也得不到正确数据。

1. 在阿贝折光仪中,最关键的地方是一对直角棱镜 E,F。开合棱镜要小心,使用时不能将滴管或其他硬物碰到镜面。滴管口要光滑,以免不小心碰到镜面造成刻痕。并要避免强烈振动或撞击,以防止光学零件损伤而影响精度。

2. 腐蚀性液体,如强酸、强碱和氟化物不得使用阿贝折光仪,以免腐蚀棱镜。

3. 在每次滴加样品前,均应洗净镜面,使用完毕后应用丙酮或乙醚洗净镜面并干燥之。擦洗时只能用柔软的棉巾或镜头纸吸干液体,而不能用力擦,防止将毛玻璃面擦光。

4. 用完后要流尽金属套中的水,拆下温度计并装在盒中。擦净镜面,待干燥后在二棱镜间垫上一小张擦镜纸,关闭棱镜。然后放入箱内。箱内必须放上干燥剂。

5. 保持仪器的清洁,仪器要经常擦净,镜上不允许积有灰尘。有时在目镜中看到的图形是畸形的,这是棱镜间未充满液体;若出现弧形光环,则可能是有光线未经过棱镜而直接照射在聚光透镜上。

6. 若液体折光率不在 1.3～1.7 范围内,则阿贝折光仪不能测定,也看不到明暗界线。折光仪不要被日光直接照射或靠近热的光源(如电灯泡),以免影响测定温度。

7. 用校正螺钉进行仪器校正,须在老师指导下进行。同学不得擅自操作。

8. 如果要测酸性液体折光率,可用浸入式折光仪,当要求准确性更高时,可用普菲里许(Pulfrich)折光仪,有关这些仪器可参考相关书籍。

参考文献

1. 罗澄源. 物理化学实验. 北京：高等教育出版社，1984
2. 北京大学化学系物理化学教研室. 物理化学实验. 北京：北京大学出版社，1991
3. 复旦大学等. 物理化学实验（第三版）. 北京：人民教育出版社，2004
4. 印永嘉. 大学化学手册. 北京：科学出版社，1985
5. 东北师范大学. 物理化学实验（第二版）. 北京：高等教育出版社，1989
6. 广西师范大学. 物理化学实验（第三版）. 桂林：广西师范大学出版社，1991

实验 2.13　强电解质极限摩尔电导的测定
——电导测定法

一、目的

　　1. 了解强电解质溶液电导的概念及测定原理。
　　2. 掌握用电导率仪测定 KCl 溶液的摩尔电导方法，并作图外推求其极限摩尔电导。
　　3. 了解电导率仪的工作原理及使用方法。

二、基本原理

　　把含有 1 mol 电解质的溶液置于相距为 1 m 的两个电极之间，该溶液所具有的电导称为摩尔电导，以 Λ_m 表示，如溶液的物质的量浓度以 c 表示，则摩尔电导可表示为

$$\Lambda = \kappa / c 。 \tag{2.13-1}$$

溶液浓度降低，摩尔电导增加，对于强电解质的稀溶液（小于 0.01 mol·L^{-1}），其摩尔电导与浓度之间的关系可用下式表示

$$\Lambda = \Lambda_0 - A \sqrt{c}，\tag{2.13-2}$$

式中：A 为常数；Λ_0 为无限稀溶液的摩尔电导，称为极限摩尔电导。

　　当溶液无限稀时，离子可以独立移动，不受其他离子的影响，每一种离子对电解质的摩尔电导都有一定的贡献。故极限摩尔电导是表征电解质性质的一个物理量，对它的测定有实际意义。

　　本实验用 DDS-11A 型电导率仪测定不同浓度的 KCl 溶液的电导率，求出相应的摩尔电导，再作 Λ-$\sqrt{c}$ 图，外推至 $c=0$，由截距求 Λ_m^{∞}。

三、仪器与试剂

　　DDS-11 型电导率仪，恒温槽，DJS-1 型光亮铂电极，DJS-1 型铂黑电极，DJS-10 型铂黑电极，100 mL 容量瓶 5 个，50 mL 移液管 1 支，10 mL 移液管 3 支，0.100 0 mol·L^{-1} KCl 溶液。

四、操作步骤

　　1. 由 0.100 0 mol·L^{-1} KCl 溶液配制成 0.05，0.01，0.005，0.001，0.000 5，

0.000 1 mol·L^{-1} 的 KCl 溶液。

2. 调节恒温槽的温度在(25.0±0.1)℃。

3. 调试电导率仪,进行仪器校正(按本实验附录(一)或(二)进行操作)。

4. 测量 KCl 溶液的电导率。

5. 倒去电导池中的纯水(当电导池不用时一定要放在纯水中,否则影响测量结果)。然后用少量的被测溶液洗涤电导池和铂电极三、四次。测量该溶液电导,直至读出三个数据。

6. 如果继续测第二个溶液时,同样用第二个溶液洗涤三、四次,但绝不要用纯水洗涤。依次测定 0.05,0.01,0.005,0.001,0.000 5,0.000 1 mol·L^{-1} 的 KCl 溶液的电导,每份溶液测量三次,测量前每种溶液必须在恒温槽中恒温 5~10 min。

7. 测定电导水的电导率。先把电极引线插入电极插孔,调节电容补偿器使电表指示为最小值,然后进行测量。

五、数据处理

1. 实验数据记录在表 2.13－1 中。

表 2.13－1 实验数据

室温:_____ 大气压:_____ 湿度:_____ 电导池常数 K_{cell}/m^{-1}:_____

c(mol·L^{-1})		0.000 1	0.000 5	0.001	0.005	0.01	0.05	0.1
κ/(μS·cm^{-1})	1							
	2							
	3							
$\overline{\kappa}$(μS·cm^{-1})								
Λ_m(S·m^2·mol^{-1})								
Λ_m^{∞}(S·m^2·mol^{-1})								

2. 利用(2.13－1)式计算每种溶液的摩尔电导 Λ_m。

3. 以 Λ_m 对 $\sqrt{c}$ 作图,外推至 $c \to 0$,求出 KCl 溶液的 Λ_m^{∞} 值。

4. 将测量值与文献值比较。若有显著的偏差,则应说明原因。

5. 结合计算公式,进行误差分析。

六、讨论

1. 本实验所用溶液全部用电导水配制。如果用蒸馏水配制,则应先测定蒸馏水的电导,并在测得溶液的电导值中扣除此值。

2. 如果在测量时,预先不知道被测溶液电导率的大小,应先把量程开关置于最大电导率测量挡,然后逐挡下降以防表针打弯。

3. 为了提高测量精度,当使用"×10³"或"×10⁴"μS·cm^{-1} 这两挡时,"校正"必须在电导池安装上的情况下(电极插头应插入插孔,电极需浸入待测溶液中)进行。

七、思考题

用电导率仪测量电导的数值,准确度怎样? 为什么?

八、附录

（一）DDS-11A 型电导率仪使用方法

图 2.13 - 1 所示为 DDS-11A 型电导率仪。

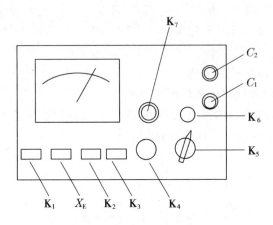

图 2.13 - 1　DDS-11A 型电导率仪

K_1. 电源开关；K_2. 高周、低周开关；K_3. 校正、测量开关；K_4. 校正调节；K_5. 量程选择开关；
K_6. 电容补偿调节；K_7. 电极常数调节；C_1. 电极插口；C_2. 10 毫伏输出插口；X_E. 氖泡

1. 打开电源开关前，应观察表针是否指零；若不指零时，可调表头上的螺丝，使表针指零。

2. 将 K_3 扳在"校正"位置。

3. 插接电源线，打开电源开关，预热数分钟（待指针完全稳定下来为止），调节 K_4 使电表指示满度。

4. 当使用 $3\times10^{-4}\,S\cdot cm^{-1}$ 以下量程时，选用低周，将 K_2 扳向"低周"即可。当测量电导率在 $10^{-3}\sim1\,S\cdot cm^{-1}$ 范围时，将 K_2 扳向"高周"即可。

5. 将量程选择开关 K_5 扳到所需要的测量范围，如预先不知被测液电导率的大小，应先将其扳在最大电导率测量挡，然后逐挡下降，以防表针打弯。

6. 电极的使用。使用时用电极夹夹紧电极，并通过电极夹把电极固定在电极杆上。

（1）当被测液的电导率低于 $10^{-5}\,S\cdot cm^{-1}$ 时，使用 DJS-1 型光亮铂电极（因为 R_x 很大，流过电导池的电流很小，极化现象也小）。这时应把 K_7 调到与此电极的电极常数相应的位置上。

（2）当被测液的电导率在 $10^{-5}\sim10^{-2}\,S\cdot cm^{-1}$ 范围，则使用 DJS-1 型铂黑电极。把 K_7 调到与此电极常数相应的位置上。

（3）当被测溶液的电导率大于 $0.01\,S\cdot cm^{-1}$ 时，用 DJS-10 型铂黑电极。这时，应把 K_7 调到与此电极常数的 1/10 相应的位置上。测得的读数应乘以 10 才为被测液的电导率。

7. 将电极插头插入电极插口内，旋紧插口上的紧固螺丝，再将电极浸入待测溶液中。

8. 校正。选好讯号频率后，将 K_3 扳向校正，调 K_4 使指示满度。注意，为了提高测量精度，当使用"$\times10^3\,\mu S\cdot cm^{-1}$"或"$\times10^4\,\mu S\cdot cm^{-1}$"这两挡时，校正必须在电导池接好的情况下进行。

9. 将 K_3 扳向测量,这时指示数乘以量程开关的倍率即为被测溶液的实际电导率。

10. 当用"$0\sim0.1\ \mu S \cdot cm^{-1}$"或"$0\sim0.3\ \mu S \cdot cm^{-1}$"这两挡测高纯水时,先把电极引线插入电极插孔,在电极未浸入溶液之前,调节 K_6 使电表指示为最小值(此最小值即电极铂片间的漏电阻,由于此漏电阻的存在,使得调节 K_6 时电表指针不能达到零点),然后开始测量。

11. 如果了解在测量过程中电导率的变化情况,把 10 毫伏输出接到自动平衡记录仪即可。

12. 当量程开关被扳在红点位置挡时,读表上红线刻度读数,否则应读表上黑线读数。

13. 电极的引线不能潮湿,否则将测不准。

14. 将纯水放入容器后应迅速测量,否则由于空气中 CO_2 溶入使电导率发生变化。

15. 电极要轻拿轻放,切勿触碰铂黑电极。

(二)DDS - 307 型数显电导率仪使用方法

1. 电源线插入仪器电源插座,将电导电极接线插头插入仪器的后面板的电导电极插座上。

2. 打开电源开关,预热 30 min 后,进行校准。

3. 将"选择"开关指向"检查","常数"补偿调节旋钮指向"1"刻度线,"温度"补偿调节指向"25"刻度线,调节"校正"旋钮,使仪器显示 $100\ \mu S/cm$。

4. 调节"常数"补偿旋钮,使仪器显示的数值与电导电极提供的常数相一致。

例如:

① 电导电极常数为 $0.010\ 23\ cm^{-1}$,则使仪器显示的数值为 102.3,测量值$\times 0.01$。

② 电导电极常数为 $0.102\ 3\ cm^{-1}$,则使仪器显示的数值为 102.3,测量值$\times 0.1$。

③ 电导电极常数为 $1.023\ cm^{-1}$,则使仪器显示的数值为 102.3,测量值$\times 1$。

④ 电导电极常数为 $10.23\ cm^{-1}$,则使仪器显示的数值为 102.3,测量值$\times 10$。

5. 温度补偿设置

如果"温度"补偿调节旋钮仍然指向"25"刻度线,则测量的结果是待测溶液在该温度下电导率值。

如果"温度"补偿调节旋钮调节指向实际溶液的温度值,则测量的结果是待测溶液经过温度补偿后 25 ℃下的电导率值。

6. 常数、温度补偿设置完成后,即可进行测量,测量时应将"选择"旋钮调制合适挡位,使得仪器显示数值位数最多,乘以相应的系数后(测量值$\times x$),既是待测溶液的电导率值。

表 2.13 - 2　常用电导电极的测量范围

测量范围($\mu S \cdot cm^{-1}$)	电导电极常数(cm^{-1})
$0\sim2$	0.01、0.1
$0\sim200$	0.1、1
$200\sim2\ 000$	1.0
$2\ 000\sim20\ 000$	1.0、10
$20\ 000\sim100\ 000$	10

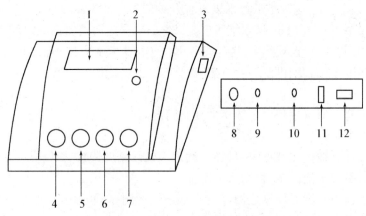

图 2.13 - 2　DDS - 307 型数显电导率仪

1. 显示屏；2. 乘数显示；3. 多功能支架；4. 量程选择开关；5. 常数补偿旋钮；6. 校正旋钮；7. 温度补偿旋钮；8. 电导电极插座；9. 输出插座；10. 保险丝插座；11. 电源开关；12. 电源插座

（三）雷磁 DDS - 307 型电导率仪的使用方法

1. 用蒸馏水清洗电极，连接电源，打开仪器开关，仪器进入测量状态，仪器显示为：

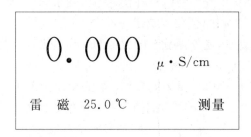

图 2.13 - 3　雷磁 DDS - 307 型电导率仪

仪器预热 30 min 后，可以进行测量。

2. 在测量状态下，用温度计测量被测溶液的温度，记录。按下"温度"键使温度显示值与被测溶液的温度一致，按"确认"键，完成温度的设置。按"测量"键返回测量状态。

3. 按"电极常数"键，电极常数在 10、1、0.1、0.01 之间转换，选择与电极型号一致的数值，常规溶液的测量选择 1 并按"确认"键，再按"常数数值"键，使得常数显示与所选电极常数一致，按"确认"键，完成电极常数和电极数值的设置。（电极常数为上下两数值得乘积）按"测量"键返回测量状态。

4. 连接电极，用被测溶液清洗电极，将电极浸入被测溶液中，用玻璃棒搅拌或摇动小烧杯使溶液均匀，显示屏上读取溶液的电导率值。测量必须有低浓度溶液逐次向高浓度溶液测量。

5. 实验测量完成后，用纯水清洗电极，并浸泡在纯水中，拔下电极，关闭开关，拔下电源插头。

参考文献

1. 北京大学化学系物理化学教研室实验课教学组. 物理化学实验. 北京：北京大学出版社，1981

2. 复旦大学，物理化学实验（下册）. 北京：人民教育出版社，1980

3.（美）H. D. 克罗克福特著. 郝润蓉等译. 物理化学实验. 北京：人民教育出版社，1981

实验 2.14　电导法测定弱电解质的电离常数

一、目的

1. 了解溶液电导、电导率、摩尔电导率的基本概念。
2. 用电导法测定醋酸的电离平衡常数。
3. 掌握电导率仪的使用方法。

二、基本原理

醋酸在溶液中电离达到平衡时,其电离平衡常数 $K^\ominus$ 与物质的量浓度 c 和电离度 α 有

$$K^\ominus = \frac{(c/c^\ominus)\alpha^2}{1-\alpha},\tag{2.14-1}$$

式中 $c^\ominus$ 为标准态浓度。因溶液很稀,可按理想溶液处理。在一定温度下 $K^\ominus$ 是一个常数,可以通过测定一定量浓度醋酸的电离度代入上式计算即得 $K^\ominus$ 值。醋酸溶液的电离度 α 可用电导法测定。图 2.14-1 是用来测定溶液电导的电导池。根据电离学说,弱电解质的电离度 α 随溶液的稀释而增大,当溶液无限稀时,则弱电解质全部电离,$\alpha \rightarrow 1$。在一定温度下,摩尔电导率与离子的真实浓度成正比,因而也与电离度 α 成正比,所以弱电解质的电离度 α 应等于溶液在物质的量浓度为 c 时的摩尔电导率 Λ_m 和溶液在无限稀释时之摩尔电导率 Λ_m^∞ 之比,即

$$\alpha = \frac{\Lambda_m}{\Lambda_m^\infty}。\tag{2.14-2}$$

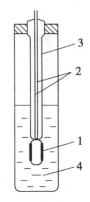

图 2.14-1　浸入式电导池
1. 铂黑片;2. 电极导线;
3. 玻璃套管;4. 待测液

将(2.14-2)式代入(2.14-1)式,得

$$K^\ominus = \frac{(c/c^\ominus)\Lambda_m^2}{\Lambda_m^\infty(\Lambda_m^\infty - \Lambda_m)},\tag{2.14-3}$$

式中物质的量浓度 c 为已知,电解质的 Λ_m^∞ 可以按离子独立运动定律由离子极限摩尔电导率求出,即

$$\Lambda_m^\infty = \Lambda_{m,+}^\infty + \Lambda_{m,-}^\infty,\tag{2.14-4}$$

Λ_m 应由实验测定。

将电解质溶液放入两平行的电极之间,两电极间的距离为 l m,两电极的面积为 A m²,溶液的电阻为

$$R = \rho \cdot \frac{l}{A} = \frac{1}{k} \cdot \frac{l}{A},$$

$$k = \frac{l}{A} \cdot \frac{1}{R} = K \cdot G,\tag{2.14-5}$$

式中:K(即 l/A)为电导池常数(m⁻¹);G 为溶液的电导(S);ρ 为电阻率。

电导率 κ 的物理意义是指两平行且相距 1 m,面积均为 1 m² 两电极间溶液的电导。将已知电导率的溶液放入电导池中,测定其电导后由(2.14-5)式求出电导池常数。用同一电

导池再测定待测液的电导,即可计算出溶液的电导率。

电导率与电解质溶液的浓度、温度及电解质类型有关。

含物质的量为 1 mol 电解质的溶液置于相距 1 m 的两平行电极间的电导为摩尔电导率。摩尔电导率与电导率间关系为

$$\Lambda_m = \frac{\kappa}{c} \quad (S \cdot m^2 \cdot mol^{-1}), \qquad (2.14-6)$$

式中 c 为物质的量浓度(mol·m^{-2})。

实验测定物质的量浓度为 c 的醋酸溶液的电导率,由(2.14-6)式计算其摩尔电导率,则可由(2.14-4)、(2.14-2)及(2.14-1)式求冰醋酸的电离常数 $K^{\ominus}$。

因为电导是电阻的倒数,所以对电导的测量,也就是对电阻的测量,但测定电解质溶液的电阻时有其特殊性。当直流电通过电极时,会引起电极的极化。因此必须采取较高频率的交流电,其频率一般选择在 1 000 s^{-1} 以上。另外,构成电导池的两个电极应是惰性的,一般用铂电极,从而保证电极与溶液之间不发生电化学反应。并且为了减小极化,电极均镀以铂黑。本实验采用 DDS-11A 电导率仪,直接测得电导率。

三、仪器与试剂

电导率仪,电导池(如图 2.14-1 所示),恒温槽,25 mL 移液管,50 mL 容量瓶 5 只。

1.000 0 mol·L^{-1} HAc 溶液。

四、实验步骤

1. 将恒温槽温度调至 25.0±0.1℃。

2. 用容量瓶将 0.100 0 mol·L^{-1} HAc 溶液稀释成浓度为 5.000×10^{-2},2.000×10^{-2},1.000×10^{-2},5.000×10^{-3} 和 2.000×10^{-3} mol·L^{-1} 五种溶液。

3. 电导率的测定。倒去电导池中的蒸馏水。(电导池在不用时,应把铂黑电极浸在蒸馏水中,以免干燥致使表面发生改变。)用少量待测溶液洗涤电导池和电极 3 次(注意在洗涤时应防止把铂黑洗掉)。然后注入待测溶液,待恒温后用电导率仪测定其电导率(电导率仪使用方法参见实验 2.13 附录)。

按照浓度由小到大的顺序,测定已配好的 5 个不同浓度的 HAc 溶液的电导率。

4. 实验结束后,切断电源,倒去电导池中的溶液,洗净电导池,并用蒸馏水洗涤,再注入蒸馏水,并将铂黑电极浸没在蒸馏水中。

五、数据处理

1. 记录室温、大气压、湿度及恒温槽温度。

2. 将所测的 κ 值,代入(2.14-6)式中计算出被测液体的摩尔电导率。

3. 由(2.14-4)式和(2.14-2)式计算出电离度 α,再由(2.14-1)式计算出电离常数 $K^{\ominus}$,其中 Λ_{m,H^+}^{∞} 和 $\Lambda_{m,Ac^-}^{\infty}$ 数据可由实验 2.13 附录(三)查得。将计算结果列于表 2.14-1 中。

表 2.14 - 1　实验数据计算结果

编号 No.	HAc 浓度 $c/\text{mol} \cdot \text{L}^{-1}$	电导率 $\kappa/\text{S} \cdot \text{m}^{-1}$	摩尔电导率 $\Lambda_m/\text{S} \cdot \text{m}^2 \cdot \text{mol}^{-1}$	电离度 α	电离常数 $K^{\ominus}$
1					
2					
3					
4					
5					
6					

4. 结合计算公式,进行误差分析。

六、文献值

表 2.14 - 2　各温度下 HAc 的 $K^{\ominus}$ 值

温度(℃)	4.70	9.70	25.0	50.0
$K^{\ominus}$	0.21×10^{-5}	0.37×10^{-5}	1.56×10^{-5}	13.2×10^{-5}

七、思考题

1. 测定金属与电解质溶液电阻的方法有何不同? 为什么测定溶液电阻要用交流电源?

2. 测定溶液电导时为什么要恒温?

3. 为什么交流电源的频率通常选择在约为 $1\ 000\ \text{s}^{-1}$,如为了防止极化,频率高一些不更好吗? 试权衡其利弊。

参考文献

1. 何玉萼,龚茂初等. 物理化学实验. 成都:四川大学出版社,1993
2. (美)H. D. 克罗福特著. 物理化学实验. 郝润蓉等译. 北京:人民教育出版社,1981

实验 2.15　原电池电动势的测定

一、目的

1. 测定 Cu-Zn 电池的电动势和 Cu,Zn 电极的电极电势。

2. 了解可逆电池、可逆电极、盐桥等概念。

3. 学会一些电极的制备和处理方法。

4. 掌握对消法测量电动势的原理及电位差计测定电池电动势的方法。

二、基本原理

将化学能转化为电能的装置称为原电池。电池由正、负两极组成,电池在放电过程中,正极起还原反应,负极起氧化反应,电池内部还可能发生其他反应(如发生离子迁移),电池反应是电池中所有反应的总和。

电池除可用来作为电源外,还可用它来研究构成此电池的化学反应的热力学性质。从化学热力学知道,在恒温恒压可逆条件下,电池反应的自由能的改变值为:

$$\Delta G_{T,p} = -nEF, \qquad (2.15-1)$$

式中:n 为电池输出元电荷的物质的量,单位为 mol;E 为可逆电池的电动势,单位为伏特(V);F 为法拉第常数。

(2.15-1)式只有在恒温恒压可逆条件才能成立,这就首先要求电池反应本身是可逆的,即要求电池的电极反应是可逆的,且不存在任何不可逆的液接界。另外,电池还必须在可逆的情况下工作,即放电和充电过程必须在接近平衡状态时工作,所通过的电流必须非常小。

严格地说,凡是组成不同或浓度不同的两种电解质溶液接界的电池都是热力学不可逆的。这是因为这两种溶液相接触时,由于离子的迁移速率不同,使溶液的接界面上产生液体接界电势(亦称为扩散电势),它的大小一般不超过 0.03 V。当待测电池中存在液体接界电势时,会影响所测电动势的准确度。在电池电动势测定时在两种溶液之间插入盐桥,可以尽可能地减小液体接界电势的影响(液接界电位可降低至毫伏数量级)。

盐桥中含有高浓度(甚至饱和)盐溶液,当它与另一种较稀溶液相接界时,主要是盐桥溶液向稀溶液扩散,因此减小了液接电势。盐桥中电解质的正、负离子的迁移速率应较接近,并且盐桥溶液应不与所连接的两种溶液中的组分发生化学反应。通常采用 KCl,NH_4NO_3 或 KNO_3 盐桥。盐桥的制备与使用方法参见 §5.5。

电池电动势不能用伏特计直接测量,而要用电位差计测量。因为当待测电池与伏特计接通后,在电池两电极发生化学反应,在构成的电路中便有电流通过,溶液浓度不断发生变化,电池电动势也发生变化,因而电动势数值不稳定。另外电池本身存在内电阻而产生电位降。因此,伏特计量出电池两极间的电势差比电池电动势小。

电位差计测量电池电动势应用了对消法原理,即电池在无电流(或极小电流)通过时测量两极间的电势差,其数值等于电池电动势。对消法测定电池电动势的原理和电位差计的使用方法参见本实验附录(一)。

原电池的电动势主要是两个电极的电极电势的代数和,如能测得两个电极的电位,就可计算由它们组成的电池的电动势。下面以铜-锌电池为例进行分析:

电池结构

$$Zn(s)\,|\,ZnSO_4(a_{Zn^{2+}})\,||\,CuSO_4(a_{Cu^{2+}})\,|\,Cu(s),$$

负极反应 $\quad Zn(s) \longrightarrow Zn^{2+}(a_{Zn^{2+}}) + 2e^-,$

正极反应 $\quad Cu^{2+}(a_{Cu^{2+}}) + 2e^- \longrightarrow Cu(s),$

电池反应 $\quad Zn(s) + Cu^{2+}(a_{Cu^{2+}}) \Longrightarrow Zn^{2+}(a_{Zn^{2+}}) + Cu(s).$

从电池的总反应式直接用能斯特方程计算电池的电动势

$$E = E^{\ominus} - \frac{RT}{2F}\ln\frac{a_{Zn^{2+}}}{a_{Cu^{2+}}},\, , \qquad (2.15-2)$$

式中 $E^{\ominus}$ 为组分都处于标准状态,即 $a_{Zn^{2+}} = 1,\, a_{Cu^{2+}} = 1$ 时的电动势。也可从电极电势计算电池的电动势:

$$E = E_{Cu^{2+},Cu} - E_{Zn^{2+},Zn},$$

$$E_{Cu^{2+},Cu}=E^{\ominus}_{Cu^{2+},Cu}-\frac{RT}{2F}\ln\frac{a_{Cu}}{a_{Cu^{2+}}},$$

$$E_{Zn^{2+},Zn}=E^{\ominus}_{Zn^{2+},Zn}-\frac{RT}{2F}\ln\frac{a_{Zn}}{a_{Zn^{2+}}},$$

式中 $E^{\ominus}_{Cu^{2+},Cu}$，$E^{\ominus}_{Zn^{2+},Zn}$ 为铜电极和锌电极的 $a_{Cu^{2+}}=1$，$a_{Zn^{2+}}=1$ 达成平衡时的电极电势。当温度处于 25℃ 时即称为该电极的标准电极电势。

由于电极电势的绝对值至今无法测量。在电化学中，用参比电极与另一电极组成电池，测得的电池两极的电位差值即是另一电极的电极电势。规定：任意温度下标准氢电极（即氢电极中氢气压力为 100 kPa，溶液中 $a_{H^+}=1$）的电极电势为零。以此为标准，求得该电极的电极电势。但使用氢电极较麻烦，常用甘汞电极、氯化银电极为参考电极来代替氢电极，具有容易制备、使用方便、电位稳定等特点。这些电极与标准氢电极比较而得到的电位已被精确测出。

本实验要求将锌电极、铜电极组成电池，测量其电动势，再用饱和甘汞电极作为参考电极测量这两个电极的电极电势。

三、仪器与试剂

SDC-Ⅱ数字电位差综合测试仪 1 台（或 UJ-25 型电位差计 1 台，AC15 型直流射式检流计 1 台，标准电池 1 只，直流电源 1 台或 1 号干电池 2 节），饱和甘汞电极、铜电极、锌电极各 1 支，盐桥 1 个，50 mL 烧杯 3 个，导线、砂纸若干。

0.100 0 mol · L^{-1} ZnSO$_4$ 溶液，0.100 0 mol · L^{-1} CuSO$_4$ 溶液，0.010 0 mol · L^{-1} CuSO$_4$ 溶液，镀铜溶液。

四、实验步骤

1. 电极制备

（1）锌电极

先用稀硫酸（约 3 mol · L^{-1}）洗净锌电极表面的氧化物，再用蒸馏水淋洗，然后浸入饱和硝酸亚汞溶液中 3～5 秒，用镊子夹住一小团清洁的湿棉花轻轻擦拭电极，使锌电极表面上有一层均匀的汞齐，再用蒸馏水冲洗干净。汞齐化的目的是消除金属表面机械应力不同的影响，使它获得重复性较好的电极电势。汞齐化时必须注意：汞有剧毒，用过的棉花绝不允许随便丢弃，应投入指定的有盖广口瓶内，以便统一处理。

（2）铜电极

先用稀硫酸（6 mol · L^{-1}）洗净铜电极表面的氧化物，再用蒸馏水淋洗，然后把它作为阴极，另取一块铜片作为阳极，在镀铜溶液内进行电镀，其装置如图 2.15-1 所示。电镀的条件是：电流密度 25 mA · cm^{-2} 左右，电镀时间 20～30 min，电镀铜溶液的配方见仪器与试剂部分。电镀后应使铜电极表面有一紧密的镀层，取出铜电极，用蒸馏水冲洗干净。

（3）甘汞电极的制备方法见 §5.6。

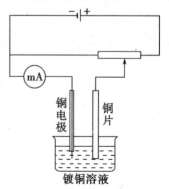

图 2.15-1　电镀铜装置

2. 电池组成

在两个 50 mL 烧杯中分别加入 30 mLZn-SO₄ 溶液、CuSO₄ 溶液，再分别插入已处理的锌电极与铜电极，用盐桥将两者相连组成 Cu-Zn 电池(如图 2.15-2)。同法组成其他三种电池。

注意：① 锌、铜电极在实验前用细砂纸擦至光亮，除去氧化物；② 刚组成的电池的电动势不稳定，待 3~5 min 后再测定。

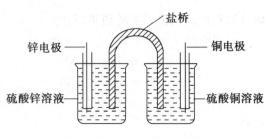

图 2.15-2　Cu-Zn 电池组合

3. 电池电动势的测量

(1) 按规定接好电位差计的测量电池电动势线路。

(2) 根据标准电池电动势与温度关系公式，计算出室温下标准电池的电动势值。

(3) 按所得标准电池电动势标定电位差计的工作电流。

(4) 分别测定下列各电池的电动势：

① $Zn(s) \mid ZnSO_4(0.100 0 mol \cdot L^{-1}) \parallel$ 饱和甘汞电极；

② 饱和甘汞电极 $\parallel CuSO_4(0.100 0 mol \cdot L^{-1}) \mid Cu(s)$；

③ $Zn(s) \mid ZnSO_4(0.100 0 mol \cdot L^{-1}) \parallel CuSO_4(0.100 0 mol \cdot L^{-1}) \mid Cu(s)$；

④ $Cu(s) \mid CuSO_4(0.010 0 mol \cdot L^{-1}) \parallel CuSO_4(0.100 0 mol \cdot L^{-1}) \mid Cu(s)$。

(5) 实验完毕后将各仪器清洗复原，检流计量程调节旋钮旋至"短路"位置。

五、数据处理

(1) 按附录饱和甘汞电极的电极电势温度校正公式，计算室温时饱和甘汞电极的电极电势。

(2) 按公式(2.15-2)计算下列电池电动势的理论值：

$$Zn(s) \mid ZnSO_4(0.100 0 mol \cdot L^{-1}) \parallel CuSO_4(0.100 0 mol \cdot L^{-1}) \mid Cu(s),$$

$$Cu(s) \mid CuSO_4(0.010 0 mol \cdot L^{-1}) \parallel CuSO_4(0.100 0 mol \cdot L^{-1}) \mid Cu(s).$$

计算时，物质的浓度要用活度表示，如

$$a_{Zn^{2+}} = \gamma_{\pm} b_{Zn^{2+}},$$
$$a_{Cu^{2+}} = \gamma_{\pm} b_{Cu^{2+}},$$

$\gamma_{\pm}$ 是平均离子活度系数，当浓度、温度、离子种类不同时，$\gamma_{\pm}$ 的数值是不同的。$\gamma_{\pm}$ 的数值见表 2.15-1。

表 2.15-1　离子平均活度系数

物　质 $\qquad \dfrac{b}{\gamma_{\pm}}$	0.100 0 mol · L⁻¹	0.010 0 mol · L⁻¹
CuSO₄	0.16	0.40
ZnSO₄	0.15	0.387

可以用上表中的 $\gamma_{\pm}$ 代替实验温度时的 $\gamma_{\pm}$(K)。

已知

$$E^{\ominus}_{Cu^{2+},Cu} = 0.337 V,$$

$$E^{\ominus}_{Zn^{2+},Zn} = -0.763 V.$$

将计算得的理论值与实验值进行比较。

（3）根据下列电池电动势的实验值：

$$Zn(s) \mid ZnSO_4(0.100\ 0\ mol \cdot L^{-1}) \parallel 饱和甘汞电极，$$

$$饱和甘汞电极 \parallel CuSO_4(0.100\ 0\ mol \cdot L^{-1}) \mid Cu(s)$$

分别计算出锌、铜的电极电势及它的标准电极电势，并与手册中所记载的标准电极电势进行比较。

4. 结合计算公式和电极的极化理论，进行误差分析。

六、思考题

1. 对消法测量电池电动势的主要原理是什么？
2. 为什么用伏特计不能准确测量电池电动势？
3. 在测量电池电动势的过程中，若检流计光标总往一个方向偏转，什么原因？
4. 盐桥有什么作用？应选择什么样的电解质作盐桥？
5. 如何维护和使用标准电池及检流计？

七、讨论

丹尼尔电池实际上并不是可逆电池。当电池工作时，除了在负极进行 Zn 的氧化和在正极上进行 Cu^{2+} 的还原反应以外，在 $ZnSO_4$ 与 $CuSO_4$ 溶液的接界处，还要发生 Zn^{2+} 向 $CuSO_4$ 溶液中扩散的过程。而当有外界电流反向流入丹尼尔电池时，电极反应虽然可以逆向进行，但是在两溶液接界处离子的扩散与原来不同，是 Cu^{2+} 向 $ZnSO_4$ 溶液中迁移，因此整个电池的反应实际上是不可逆的。但是如果在 $CuSO_4$ 和 $ZnSO_4$ 溶液间插入盐桥，避免这两种溶液直接接触，减小了液体接界电势的影响，则近似地当作可逆电池来处理。

八、附录

（一）对消法测定电池电动势的原理

对消法测定电池电动势的原理如图 2.15-3 所示，即电池在无电流（或极小电流）通过时测量两极间的电势差，其数值等于电池电动势。E_N 是标准电池，它的电动势是已经精确知道的。E_x 为被测电动势，G 是灵敏检流计，用来作示零仪表。R_N 为标准电池的补偿电阻，其大小是根据工作电流来选择的。R_K 是被测电动势之补偿电

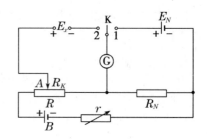

图 2.15-3 对消法测定电动势的基本原理图

阻，通过它可以调节不同的电阻数值使其电压降与 E_x 相对消。R 是调节工作电流的变阻器，B 是作为电源用的电池，K 为转换开关。

下面以图 2.15-3 说明对未知电动势 E_x 的测量过程：

先将开关 K 合在 1 的位置上，然后调节 R_N，使检流计 G 指示到零点，这时有下列关系

$$E_N = IR_N,$$

式中：I 是流过 R_N 和 R 上的电流，称为工作电流；E_N 是标准电池的电动势。由上式可得

$$I = E_N/R_N。$$

工作电流调好后,将转换开关 K 合至 2 的位置上,同时移动滑线电阻 A,再次使检流计 G 指到零,此时滑动触头 A 在可调电阻 R 上的电阻值设为 R_K,则有

$$E_x = IR_K。$$

因为此时的工作电流 I 就是前面所调节的数值,因此有

$$E_x = (E_N/R_N)R_K。$$

所以当标准电池电动势 E_N 和标准电池电动势的补偿电阻 R_N 的数值确定时,只要正确读出 R_K 的值,就能正确测出未知电动势 E_x。

应用对消法测量电动势有下列优点:

① 当被测电动势和测量回路的相应电势在电路中完全对消时,测量回路与被测量回路之间无电流通过,所以测量线路不消耗被测量线路的能量,这样被测量线路的电动势不会因为接入电势差测试仪而发生任何变化。

② 不需要测出线路中所流过电流 I 的数值,而只需测得 R_K 与 R_N 的值就可以了。

③ 测量结果之准确性是依赖于标准电池电动势 E_N 及被测电动势之补偿电阻 R_K 与标准电池电动势补偿电阻 R_N 之比值的准确性。由于标准电池及电阻 R_K,R_N 都可以制成达到较高的精度,另外还可以采用高灵敏度的检流计,因而可使测量结果极为准确。

（二）电位差计的构造及使用方法

电位差计在物理化学实验中应用非常广泛。主要用于测定电动势和校正各种电表;其次作为输出可变的精密稳压电源,可用在极谱分析和电流滴定等实验中;再次,有些电位差计（如学生型）中的滑线电阻可单独用作电桥桥臂,供精密测量电阻时应用。国产的电位差计常见的有学生型、701 型、UJ-1 型、UJ-2 型、UJ-25 型等,这些都属于低电阻电位差计,而 UJ-9 型等属于高电阻电位差计。可根据待测体系不同选用不同类型的电位差计。一般讲,高电阻体系选用高电阻电位差计,低电阻体系选用低电阻类型电位差计。现在已有许多自动测量电动势并显示结果的仪表,如 PHS-4 型 pH 计、数字电压表、数字电位差综合测试仪等。下面介绍 UJ-25 型电势差计和 SDC-Ⅱ 数字电位差综合测试仪的构造及工作原理。

1. UJ-25 型电位差计

（1）UJ-25 型电位差计的构造

如图 2.15-4 所示,在 UJ-25 型电位差计面板上方有 13 个端钮,供接"电池"、"标准电池"、"电计"、"未知"、"泄漏屏蔽"、"静电屏蔽"之用。左下方有"标准"、"未知"、"断"转换开关和"粗"、"中"、"细"3 个电计按钮。右下方有"粗"、"中"、"细"、"微"4 个工作电流调节按钮。在其上方是 2 个标准电池电动势温度补偿旋钮。面板左面 6 个大旋钮,其下都有一个小窗孔,被测电动势值由此示出。电位差计应保持清洁,定期检查并用涂有凡士林的软布擦滑线和接线柱。

（2）UJ-25 型电位差计的使用方法

使用 UJ-25 型电位差计测定电动势,可按图 2.15-4 线路连接。电势差计使用时都配用灵敏检流计和标准电池以及工作电源（低压稳压直流电源或两节一号干电池,亦可用蓄电池）。

UJ-25 型电位差计测量电动势的范围其上限为 600 V,下限为 0.000 001 V,但当测量高于 1.911 110 V 以上的电压时,必须配用分压箱来提高测量上限。

现在说明测量 1.911 110 V 以下电压的方法：

① 在电位差计使用前，首先将"标准/未知/断"转换开关放在"断"位置，并将左下方三个电计按钮全部松开，然后将电池电源、被测电动势和标准电池按正负极接在相应端钮上，并接上检流计。

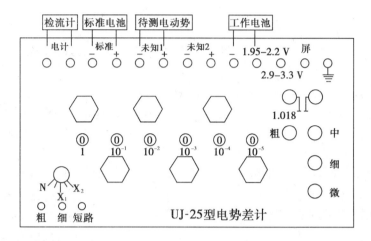

图 2.15 - 4　UJ-25 型电位差计测定电动势示意图

② 调节标准电池电动势温度补偿旋钮，使其读数值与标准电池的电动势值一致。注意标准电池的电动势值受温度的影响发生变动，例如常用的镉汞标准电池，调整前可根据下式计算出标准电池电动势的准确数值：

$$E_t = E_{20} - [39.94(t-20) + 0.929(t-20)^2 - 0.009\,0(t-20)^3 + 0.000\,06(t-20)^4] \times 10^{-6},$$

式中：E_t 为温度为 t 时标准电池的电动势；t 为测量时室内温度（℃）；E_{20} 为标准电池在 20℃ 时的电动势值。

③ 将"标准"、"未知"、"断"转换开关放在"标准"位置上，按一下"粗"按钮，调节工作电流，使检流计示零，然后再按一下"细"按钮，再调节工作电流，使检流计示零。此时电势差计的工作电流调整完毕，接着可以进行未知电动势的测量。

④ 松开全部按钮，将转换开关放在"未知"的位置上，调节各测量十进盘，首先在"粗"按钮按一下时使检流计示零，然后细调至检流计示零。

⑤ 6 个大旋钮下方小孔示数的总和即是被测电池之电动势值。

测定时必须注意：

① 在测量过程中若出现检流计受到冲击时，应迅速按下"短路"按钮，以保护灵敏检流计。

② 在测量过程中应经常校核工作电流是否正确。

2. SDC-Ⅱ 数字电位差综合测试仪

SDC-Ⅱ 数字电位差综合测试仪，将普通电位差计、光电检流计、标准电池、电池电源等集成一体，体积小，重量轻，便于携带。电势差值 6 位显示，数值直观清晰、准确可靠。既可使用内部基准进行测量，又可外接标准电池作基准进行测量。使用方便灵活。保留电位差计测量功能，真实体现电位差计检测误差微小的优势。电路采用对称漂移抵消原理，克服了元器件的温漂和时漂，提高测量的准确度。SDC-Ⅱ 数字电位差综合测试仪面板如图 2.15 - 5 所示。

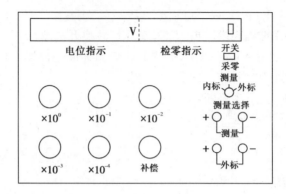

图 2.15-5　SDC 数字电位差综合测试仪

（1）开机

用电源线将仪表后面板的电源插座与 220 V 交流电源连接，打开电源开关（ON），预热 15 min。

（2）以内标为基准进行测量

① 校验

a. 用测试线将被测电动势按"＋"、"－"极性与"测量插孔"连接。

b. 将"测量选择"旋钮置于"内标"。

c. 将"10^0"位旋钮置于"1"，"补偿"旋钮逆时针旋到底，其他旋钮均置于"0"，此时，"电位指示"显示"1.000 00"V。

d. 待"检零指示"显示数值稳定后，按一下"采零"键，此时，检零指示应显示"0000"。

② 测量

a. 将"测量选择"置于"测量"。

b. 调节"10^0"～"10^{-4}"5 个旋钮，使"检零指示"显示数值为负且绝对值最小。

c. 调节"补偿旋钮"，使"检零指示"显示为"0000"，此时，"电位显示"数值即为被测电动势的值。

注意：测量过程中，若"检零指示"显示溢出符号"OUL"，说明"电位指示"显示的数值与被测电动势值相差过大。

（3）以外标为基准进行测量

① 校验

a. 按下式计算出镉汞标准电池电动势的准确数值：

$$E_t = E_{20} - 4.06 \times 10^{-5}(t-20) - 9.5 \times 10^{-7}(t-20)^2,$$

式中：E_t 为 t℃时标准电池的电动势；t 为测量时室内环境温度（℃）；E_{20} 为标准电池在 20℃时的电动势值。

b. 将标准电池按"＋"、"－"极性与"外标插孔"连接。

c. 将"测量选择"旋钮置于"外标"。

d. 调节"10^0"～"10^{-4}"5 个旋钮和"补偿"旋钮，使"电位指示"显示的数值与外标电池数值相同。

e. 待"检零指示"数值稳定后，按一下"采零"键，此时，"检零指示"显示为"0000"。

② 测量

a. 拔出"外标插孔"的测试线。再用测试线将被测电动势按"＋"、"－"极性接入"测量插孔"。

b. 将"测量选择"置于"测量"。

c. 调节"10^0"～"10^{-4}"5 个旋钮，使"检零指示"显示数值为负且绝对值最小。

d. 调节"补偿旋钮"，使"检零指示"显示为"0000"，此时"电位显示"数值即为被测电动势的值。

（4）关机

首先关闭电源开关(OFF)，然后拔下电源线。

SDC 数字电位差综合测试仪维护注意事项：

① 置于通风、干燥、无腐蚀性气体的场合。

② 不宜放置在高温环境，避免靠近发热源如电暖气或炉子等。

③ 为了保证仪表工作正常，请勿自行打开机盖进行检修，更不允许调整和更换元件，否则将无法保证仪表测量的准确度。

④ 若波段开关旋钮松动或旋钮指示错位，可撬开旋钮盖，用备用的扳手对准槽口拧紧即可。

3. EM-3C 数字式电子电位差计

（1）校准

① 校准零点，功能选择至"外标"位置，"外标"接口短接，将通过各个位次电动势旋钮，调到电动势显示值为 0，按校准按钮，平衡指示即为 0。

② 标准电池（或仪器自带基准）接在"外标"，功能选择拨至"外标"位置，调整电动势显示值与标准电池的电动势值一致，按校准按钮，平衡指示即为 0。

（2）测量

① 功能选择拨至"测量"位置，先将各个位次电动势调到显示为 0，连接待测电池至"测量"，电池的正负极与仪器的正负接线分别对接，由高位数的电动势旋钮开始调节，逐次调节低位数电动势旋钮，直到平衡指示为 0，电动势显示数值，即为待测电池的电动势值。

② 测量完成后，关闭开关，拔下插头，仪器复位。

（三）检流计的构造及使用方法

检流计主要用于平衡式直流电的测量，如在电位差计、电桥中作示零器，以及在光电测量、差热分析等实验中测量微弱的直流电流等。检流计通常分为指针式及圈转式两种。指针式一般灵敏度为 10^{-6} A/分度，圈转式分为单程光点反射检流计和复射式光点检流计，其灵敏度分别为 10^{-7}～10^{-8} A/分度和 10^{-8}～10^{-10} A/分度。通常我们采用复射式光点检流计，其结构如图 2.15-6 所示。

检流计的工作原理与电流表类似。弹簧片 1 通过张丝 4 将活动线圈 2 悬于永久磁铁 10 的磁极与铁芯 9 的空隙中，线圈下固定一平面镜 3，可随线圈一起转动。由白炽灯、透镜和光栅构成的光源 6 发射出一束光，投射在平面镜 3 上，再反射至反射镜 8 和 8′，最后成像在标尺 5 上，光像中有一根垂丝线，它在标尺上的位置，反映了线圈的偏转角度。被测电流大小与偏转角度成正比。光点检流计通常有零位调节机构，可将光点的零位调节到标尺的任意刻度上。当作为示零仪器用时，应调节在标尺的正中。

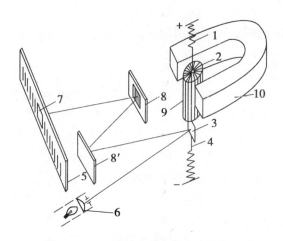

图 2.15-6　复射式光点检流计结构图

1. 弹簧片；2. 活动线圈；3. 平面镜；4. 张丝；5. 标尺；6. 光源；
7. 准直线；8,8′. 反射镜；9. 铁芯；10. 永久磁铁

检流计一般有阻尼线路或装置。可使离开平衡位置的动圈易于停止，使测量快速而又不至于振荡。

选择与电位差计配合使用的检流计时，主要注意灵敏度高低和阻尼状态两项指标。物化实验中一般选用 AC15 型直流复射式检流计，其灵敏度为 10^{-9} A·mm^{-1}，且阻尼状态良好。

AC15 型复射式检流计使用方法如下：

1. 在接通电源时，应使电源开关所指示的位置与所使用的电源电压值一致。特别注意不要将 220 V 电源插入 6 V 插座内。

2. AC15 型复射式检流计有"直接"、"×1"、"×0.1"及"×0.01"4 挡。"直接"挡不接入分流器，其灵敏度最高，达到铭牌规定灵敏度。其余 3 挡都接入分流器，降低灵敏度，防止检流计过载。

3. 检流计使用完毕后，应把量程调节旋钮旋至"短路"位置。因为此时检流计活动线圈短路，形成闭合回路。在搬动中，活动线圈的转动会造成回路中产生感应电流，产生与永久磁铁反向的磁场，可减少线圈的转动，从而起到保护检流计的作用。

（四）铂黑电极的制备

铂黑电极是在铂片上镀一层颗粒较小的黑色金属铂所组成的电极，由接在铂片上的一根铂丝作导线和外电路相连接。制备时可采用将光滑的铂片和铂丝烧成红热，用力捶打，也可利用点焊方法，使铂片与铂丝牢固地接上，然后将铂丝熔入玻璃管的一端。

电镀前一般需进行铂表面处理。对新封的铂电极，可放在热的 NaOH 醇溶液中浸洗 15 min 左右，以除去表面油污；然后在浓硝酸中煮几分钟，取出用蒸馏水冲洗。长时间使用已老化的铂黑电极，则可将其浸入 40～50℃ 的王水中（HNO_3：HCl：$H_2O=1$：3：4），经常摇动电极，洗去铂黑（注意：不能任其腐蚀），然后经过浓 HNO_3 煮 3～5 min 以去氯，再用水冲洗。

电极处理后，在玻璃管中加入少许汞，插入铜丝将电极接出，或将铂丝与电极引出线（点）焊接。然后以处理过的铂电极为阴极，另一铂电极为阳极，在 1 mol·L^{-1} 的 H_2SO_4 中电解 10～20 min，以消除氧化膜；观察电极表面出氢是否均匀，若有大气泡产生则表明表面

有油污,应重新处理。

在处理过的铂片上镀铂黑,一般采用电解法,电解液可按下面成分配制:

铂氯酸	H_2PtCl_6	3g
醋酸铅	$PbAc_2 \cdot 3H_2O$	0.08 g
蒸馏水	H_2O	100 mL

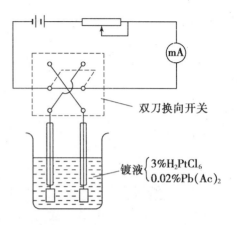

图 2.15 - 7　镀铂黑线路图

电镀时,将处理过的铂电极作为阴极,另一铂电极作为阳极,阴极电流密度 15 mA 左右,电镀 20 min 左右,如所镀的铂黑一洗即落,则需重新处理。铂黑不宜镀得太厚,太厚对建立平衡没有好处,但铂黑太薄的电极易老化和中毒。

由于电导池中的二个铂电极通常是固定的,所以电镀时可采用如下方法:将两片电极浸入镀铂溶液中,按图 2.15 - 7 接好线路,将和二片电极串联的滑线电阻放到最大,按下双刀开关,调节滑线电阻,使电极上有小气泡连续逸出为止。每半分钟改变电流方向一次(将双刀开关反过来),直到电极表面上镀有一层均匀的铂黑为止。

上述镀好铂黑的电极往往吸附有镀液和电解时所放出的氯气,所以镀好之后应立即用蒸馏水仔细冲洗,然后在稀硫酸($1\ mol \cdot L^{-1}\ H_2SO_4$)中电解 10~20 min,电流密度 20~50 mA $\cdot$ cm^{-2}。电解的作用是把吸附在铂黑上的氯还原为 HCl 而溶去,电解后应再用水洗涤二次。

注意:镀好的铂黑电极平时应浸在蒸馏水中,勿使其干燥。

参考文献

1. 傅献彩等. 物理化学(下册). 北京:高等教育出版社,1990
2. John M White. 物理化学实验. 钱三鸿,吕颐康译. 北京:人民教育出版社,1982
3. T. H. K. 伏洛勃约夫等. 物理化学实验. 北京:高等教育出版社,1956
4. 臧瑾光. 物理化学实验. 北京:北京理工大学出版社,1995
5. 南开大学化学系物理化学教研室. 物理化学实验. 天津:南开大学出版社,1991
6. 何玉尊,龚茂初,陈耀强. 物理化学实验. 成都:四川大学出版社,1993

实验 2.16　电动势法测量化学反应的热力学函数

一、目的

1. 复习掌握可逆电池电动势的测量原理及电位差计的使用。
2. 掌握电动势法测定化学反应热力学函数的有关原理和方法。

二、基本原理

原电池热力学建立了可逆电池的电动势与相应的电池反应的热力学函数变化之间的关

系,因而可以通过对前者的精确测量来确定后者。即如果一个化学反应可被设计成为可逆
电池,则该电池反应在恒温恒压下的自由焓变化 $\Delta_r G_m$ 和电池电动势 E 有如下关系:

$$\Delta_r G_m = -nFE。 \tag{2.16-1}$$

因为

$$\left(\frac{\partial \Delta_r G_m}{\partial T}\right)_p = -\Delta_r S_m, \tag{2.16-2}$$

故

$$\Delta_r S_m = nF\left(\frac{\partial E}{\partial T}\right)_p, \tag{2.16-3}$$

$$\Delta_r H_m = -nFE + nFT\left(\frac{\partial E}{\partial T}\right)_p, \tag{2.16-4}$$

式中:n 为此反应进行单位反应进度时,电池中各电极上得失电子的物质的量;F 为每摩尔
电子的带电量,称为法拉第常数,数值为 $96\,484.6\ \mathrm{C \cdot mol^{-1}}$;$E$ 为可逆电池电动势。

在恒压下测定不同温度下可逆电池电动势。以电动势对温度作图,从曲线的斜率可求
得任一温度下的 $\left(\frac{\partial E}{\partial T}\right)_p$。由 $(2.16-1)$,$(2.16-3)$ 及 $(2.16-4)$ 式可计算该电池反应在各温
度下的 $\Delta_r G_m$,$\Delta_r S_m$ 及 $\Delta_r H_m$。

对于化学反应

$$\mathrm{Zn + 2AgCl(s) === ZnCl_2 + 2Ag},$$

可设计成下列可逆电池:

$$\mathrm{Zn \mid ZnCl_2(0.1\ mol \cdot L^{-1}) \mid AgCl(s) \mid Ag},$$

此电池是一个无迁移电池,不存在液体接界电势,因而其电动势可以测准。若略去锌汞齐的
生成热,则在近室温下,该电池电动势与温度近似呈直线关系。

本实验使用 SDC 数字电位差综合测试仪或 UJ-25 型电位差计测定上述电池的电动
势,其原理及使用方法见实验 2.15 附录(二)。

三、仪器与试剂

电位差计全套,恒温槽 1 套,H 型电池管,银电极,锌电极各 1 支,金相砂纸,导线若干。

$1\ \mathrm{mol \cdot L^{-1}}$ $\mathrm{ZnCl_2}$ 溶液,饱和 $\mathrm{Hg_2(NO_3)_2}$ 溶液,$1\ \mathrm{mol \cdot L^{-1}}$ 盐酸,浓氨水,$3\ \mathrm{mol \cdot L^{-1}}$
$\mathrm{HNO_3}$ 溶液,$0.2\ \mathrm{mol \cdot L^{-1}}$ KCl 溶液。

四、操作步骤

1. 装配原电池

(1) 锌电极的处理

用金相砂纸轻轻把锌电极擦亮,用蒸馏水洗净,插入 $\mathrm{Hg_2(NO_3)_2}$ 饱和溶液中数秒钟,
使锌表面形成一层 Zn-Hg 齐。取出后用蒸馏水冲洗,并用滤纸轻轻擦去锌电极表面上灰色
的 ZnO。汞齐化的目的在于防止电极表面生成 ZnO 薄膜而引起电极钝化。

(2) 氯化银电极的制备

取一段铂丝置于 $3\ \mathrm{mol \cdot L^{-1}}$ $\mathrm{HNO_3}$ 溶液中浸泡 1 min,取出后用蒸馏水洗净。若原来
曾镀过 AgCl,则应依次用 $3\ \mathrm{mol \cdot L^{-1}}$ $\mathrm{HNO_3}$ 溶液和浓氨水分别浸泡 1 min。将铂丝置于电
镀液中作为阴极。另取一段铂丝作为阳极,电镀液为 $10\ \mathrm{g \cdot L^{-1}}$ 的 $\mathrm{K[Ag(CN)_2]}$ 溶液,在此

电镀液中加入 0.5 gAgNO₃,在电流密度为 0.4 mA·cm⁻² 左右的条件下,电镀 6 h,将镀好的银电极置于浓氨水中浸泡 1 h,取出用蒸馏水洗净,放入 0.1 mol·L⁻¹ HCl 溶液中以同样的电流密度阳极氧化约 30 min,取出用蒸馏水洗净,浸入含有饱和 AgCl 和一定浓度的 KCl 溶液中避光老化 24 h 以上备用。实验所用的 AgCl 电极均为实验前所制备的。

（3）构成电池

在干净的 H 型电池管中注入 0.1 mol·L⁻¹ ZnCl₂ 溶液,然后分别插入锌电极和已稳定的 AgCl 电极。装置如图 2.16－1所示。

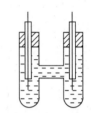

2. 组装仪器

参考实验 2.15 电动势的测定。

图 2.16－1 原电池装置图

3. 装好恒温槽

将 H 型电池管浸入恒温槽的水浴中。

4. 测定不同温度下电池的电动势

将恒温槽温度调至 25℃,恒温 20 min,进行电池电动势测定(测定方法参考实验 2.15 附录(一))。然后,每隔 2 min 测定一次,至少重复测定 4 次。取其稳定的平均测量值。再逐次将恒温槽温度调高 5℃,重复上述操作,共测定 5 个温度下的电动势测量值。

五、数据处理

1. 将测定数据列表。

2. 取每个温度下稳定电动势的平均值 $\overline{E}$。以温度 T 为横坐标、电池电动势 $\overline{E}$ 为纵坐标,作 $\overline{E}$-T 图,求曲线斜率 $(\frac{\partial E}{\partial T})_p$。

3. 求取电池反应在各温度下及 298 K 时的 $\Delta_r G_m$,$\Delta_r S_m$ 及 $\Delta_r H_m$ 值。

4. 结合计算公式,进行误差分析。

六、思考题

1. 若实验测出的 $\overline{E}$-T 图明显不是直线,则应如何计算各温度下的电池反应 $\Delta_r G_m$,$\Delta_r S_m$ 及 $\Delta_r H_m$?

2. 本实验用的电池是否是可逆电池,为什么?

3. 电池的电动势是否与 ZnCl₂ 的浓度有关,为什么?

4. 此实验所测得的热力学函数变化应对应于什么体系、什么始末状态的变化?

参考文献

1. 吴肇亮,蔺五正,杨国华等.物理化学实验.东营:石油大学出版社,1990
2. 东北师范大学.物理化学实验(第二版).北京:高等教育出版社,1989

实验 2.17　电动势法测定电解质溶液的平均活度系数

一、目的

1. 用电动势法测定不同浓度盐酸溶液中离子的平均活度及离子平均活度系数。
2. 学会铂黑电极和银-氯化银电极的制备与处理。

二、基本原理

实验测定一电池不同电解质浓度的电动势 E，再由德拜-休克尔(Debye-Huckel)极限关系式和能斯特方程并利用外推的方法确定电池的标准电动势 $E^{\ominus}$，进而可求算该电解质溶液中离子的平均活度 $a_{\pm}$ 及离子平均活度系数 $\gamma_{\pm}$。

电池：

$$\text{Pt} \mid \text{H}_2(p) \mid \text{HCl}(c) \parallel \text{AgCl(s)} \mid \text{Ag}$$

为单液化学电池。其电极反应为

$$负极反应 \qquad \frac{1}{2}\text{H}_2(p) \rightarrow \text{H}^+(c) + e^-$$

$$正极反应 \qquad \text{AgCl} + e^- \rightarrow \text{Ag} + \text{Cl}^-(c)$$

$$电池总反应 \qquad \text{AgCl} + \frac{1}{2}\text{H}_2(p) = \text{H}^+(c) + \text{Cl}^-(c) + \text{Ag}$$

根据电池反应的能斯特方程：

$$E = E^{\ominus} - \frac{RT}{F}\ln\frac{a(\text{H}^+)a(\text{Cl}^-)a(\text{Ag})}{a(\text{AgCl})(p(\text{H}_2)/p^{\ominus})^{\frac{1}{2}}}, \qquad (2.17-1)$$

由于纯固体物质的活度等于 1，所以当 $p(\text{H}_2) = p^{\ominus}$ 时，则得

$$E = E^{\ominus} - \frac{RT}{F}\ln a(\text{H}^+)a(\text{Cl}^-)$$

$$= E^{\ominus} - \frac{RT}{F}\ln a_{\pm}$$

$$= E^{\ominus} - \frac{RT}{F}\ln \gamma_{\pm} c_{\pm}, \qquad (2.17-2)$$

式中 $a_{\pm}$，$\gamma_{\pm}$，$c_{\pm}$ 分别为 HCl 溶液的平均离子活度、平均离子活度系数、平均离子质量摩尔浓度(对 1-1 价型电解质有 $c_{\pm} = c$)。

当实验温度为 25℃时，(2.17-2)式可改写为：

$$E = E^{\ominus} - 0.118\,3\lg\gamma_{\pm} - 0.118\,3\lg c, \qquad (2.17-3)$$

即

$$\lg\gamma_{\pm} = \frac{E^{\ominus} - (E + 0.118\,3\lg c)}{0.118\,3}。 \qquad (2.17-4)$$

根据德拜-休克尔极限公式，对 1-1 价型电解质的极稀溶液来说，平均活度系数有下述关系式：

$$\lg\gamma_{\pm} = -A\sqrt{c}, \qquad (2.17-5)$$

所以

$$\frac{E^{\ominus} - (E + 0.118\,3\lg c)}{0.118\,3} = -A\sqrt{c},$$

或
$$E+0.118\,3\lg c=E^{\ominus}+0.118\,3A\sqrt{c}。\tag{2.17-6}$$

若将不同浓度的 HCl 溶液构成前述单液电池,并分别测出其相应的电动势 E 值,以 $E+0.118\,3\lg c$ 为纵坐标,以 $\sqrt{c}$ 为横坐标作图,可得一曲线(见图 2.17-1)。将此曲线外推,即能求得 $E^{\ominus}$(与纵轴相交所得之截距 OM 可视为 $E^{\ominus}$)。

求得 $E^{\ominus}$ 后,再将各不同质量摩尔浓度 c 时所测得的相应 E 值代入(2.17-4)式,就可计算出各种不同浓度下的平均离子活度系数 $\gamma_{\pm}$。同时根据 $a(\text{HCl})=a(\text{H}^{+})a(\text{Cl}^{-})=(\gamma_{\pm}c_{\pm})^2$ 之关系,算出各溶液中 HCl 相应的活度。

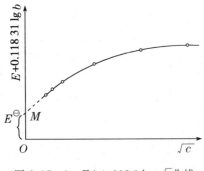

图 2.17-1　$E+0.118\,3\lg c$-$\sqrt{c}$ 曲线

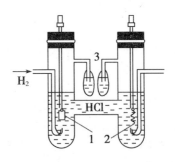

图 2.17-2　电池装置
1. 铂电极;2. 银;3. 液体封口

图 2.17-2 是本实验的电池装置,氢电极是由一支镀有铂黑的铂电极(铂黑电极)插入被氢气饱和的 HCl 溶液中组成,由于氢气是氢电极的电活性物质,所以必须采用高纯度的氢气,以免使铂黑电极中毒。电解制备的氢气可供使用,但常因电解氢中的含氧量高,降低了 Cl^{-} 的浓度,使电势的测量发生正偏差,所以通入的氢气必须经过脱氧处理。

三、仪器与试剂

SDC 数字电位差综合测量仪 1 台(或 UJ-25 型高电势直流电势差计、直流复射式检流计、标准电池),干电池(1.5 V)4 节,移液管(5,15,20 mL)各 1 支,刻度移液管(10 mL) 1 支。

盐酸恒沸溶液,无毒镀银溶液(配制见操作步骤),碳酸钠(G.R.),甲基橙指示剂。

四、实验步骤

1. 电极的制备与处理

铂黑电极。将自制铂电极两个(1×1 cm^2),浸于热的稀 NaOH 乙醇溶液中以除去油污(约 5 min),然后再将电极置于混合溶液(浓 HCl:浓 HNO$_3$:H$_2$O=3:1:4)中清洁表面(约 20 min)。为了使表面不被氧化,在镀铂黑前可在 0.5 mol·L^{-1} H$_2$SO$_4$ 溶液中阴极极化 10 min,然后用蒸馏水冲洗干净,按图 2.17-3 所示接好线路并立即进行电镀。电流密度控制在 $5\sim10$ mA·cm^{-2} 左右,以电极上略有气泡放出为宜。每 0.5 min 或 1 min 通过双刀开关使电极换向一次。约 30 min 后即可得到镀有紧密铂黑层的铂电极。将所制铂黑电极,放入 0.5 mol·L^{-1} H$_2$SO$_4$ 溶液中进行阴极极化,利用电解所产生的 H$_2$ 除去镀铂黑时吸附在电极上的残余 Cl$_2$。10 min 后可取出洗净,浸入蒸馏水中保存备用。

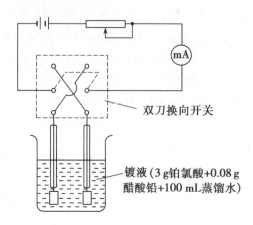

双刀换向开关

镀液（3 g铂氯酸+0.08 g
醋酸铅+100 mL蒸馏水）

图 2.17 - 3   电镀装置

银-氯化银电极。采用电镀法。将表面经过清洁处理的自制铂丝电极作阴极,把经金相砂纸打磨光洁的银丝电极作阳极,在镀银溶液中进行镀银。电流控制在 5 mA 左右。40 min 后即可在铂丝电极上镀上白色紧密的银层。将镀好的银电极用蒸馏水仔细冲洗,然后以此银电极为阳极,另选一铂丝或铂片电极为阴极,对 0.1 mol · L^{-1} HCl 溶液进行电解,电流仍控制在 5 mA 左右,通电 20 min 后就可在银电极表面形成 Ag-AgCl 镀层(呈紫褐色)。此 Ag-AgCl 电极不用时应置于含有少量 AgCl 沉淀的稀 HCl 溶液中,并放于暗处保存。

镀银液的配制法。分别将 $AgNO_3$(35～45 g),$K_2S_2O_5$(35～45 g),$Na_2S_2O_3$(200～250 g)溶于 300 mL 蒸馏水中。然后混合 $AgNO_3$ 和 $K_2S_2O_5$ 溶液,并不断搅拌使生成白色的胶状硫酸银沉淀,此后再加入 $Na_2S_2O_3$ 溶液,并不断搅拌至白色沉淀全部溶解为止,加水稀释至 1 000 mL。新鲜配制的镀银液略显黄色,或有少量混浊和沉淀,但只要静置数日,过滤后即可得到非常稳定的澄清镀银液。

2. HCl 标准溶液的制备与标定

取 5 mLHCl 恒沸溶液于 250 mL 容量瓶中,用二次蒸馏水稀释到刻度,所制得的标准溶液浓度约为 0.15 mol · L^{-1}。

以 Na_2CO_3(G. R.)作基准物,以甲基橙为指示剂,对制得的标准溶液进行标定。

3. 溶液的配制

分别取 2,4,7,10,15,20 mL 的 HCl 标准溶液于 250 mL 容量瓶中,用二次蒸馏水稀释到刻度,根据 HCl 标准溶液标定的结果,计算出相应溶液的浓度。

4. 电池电动势的测定

将配制的 HCl 溶液,以由稀到浓的次序分别装置电池(参见图 2.17 - 2)。把电池置于空气恒温箱中,用 SDC 数字电位差综合测量仪或 UJ-25 型高电势直流电位差计,分别测定 25℃ 时的电池电动势 E(测量方法见实验 2.15 附录(一))。测量前应预先通入纯氢气约 20 min,使电池中的空气充分逐出。测量时通入氢气的速度以每秒钟 2～3 个气泡为宜,通氢 30 min 后开始测量,每隔 5 min 重复测定一次,直至最后两次之值相差不超过 0.02 mV 为止。

五、数据处理

1. 实验数据记录在表 2.17 – 1 中。

表 2.17 – 1 实验数据

实验温度：_____ 室温：_____ 气压：_____ 湿度：_____

HCl 溶液浓度 $c/\text{mol} \cdot \text{L}^{-1}$	E/V	$E+0.118\ 3\ \lg c$	$\sqrt{c}$	$\gamma_{\pm}$	$a_{\pm}$	$a(\text{HCl})$
实验值 $E^{\ominus} =$	V	文献值 $E^{\ominus} =$	V	误差 =		%

2. 以 $E+0.118\ 3\ \lg c$ 为纵坐标，以 $\sqrt{c}$ 为横坐标作图，并用外推法求出正 $E^{\ominus}$。

3. 查出文献记载 Ag-AgCl 电极之 $E^{\ominus}$ 值，并与实验值相比较。

4. 应用(2.17 – 4)式计算上列 6 个不同浓度 HCl 溶液的平均离子活度系数 $\gamma_{\pm}$。然后再计算相应溶液的平均离子活度 $a_{\pm}$ 和 HCl 的活度 $a(\text{HCl})$。

5. 结合计算公式，进行误差分析。

六、思考题

1. 测量电池电动势时，应该注意些什么？

2. 当实验温度接近 25℃时，为什么可用外推法来确定标准电动势？

3. 试述电动势法测定平均离子活度系数的基本原理。

参考文献

1. 彭少方等. 物理化学实验. 北京：人民教育出版社，1963

2. 傅献彩，陈瑞华. 物理化学(下册). 北京：人民教育出版社，1980

3. W. J. Popiel. Laboratory manual of Physical Chemistry . 1964

4. 北京大学化学系物理化学教研室. 物理化学实验(第三版). 北京：北京大学出版社，1997

实验 2.18　过氧化氢分解反应速率常数的测定

一、目的

1. 用量气法测定过氧化氢分解反应的速率常数和半衰期。

2. 熟悉一级反应的特点，了解浓度、温度和催化剂等因素对反应速率的影响。

二、基本原理

过氧化氢是很不稳定的化合物，在没有催化剂作用时也能分解，特别是在中性或碱性水

溶液中,但分解速率很慢。当加入催化剂时能促使过氧化氢较快分解,如在 KI 溶液为催化剂时,分解反应如下:

$$H_2O_2 \xrightarrow{KI} H_2O + \frac{1}{2}O_2。 \qquad (2.18-1)$$

反应机理为

$$H_2O_2 + KI \longrightarrow KIO + H_2O(慢),$$

$$KIO \longrightarrow KI + \frac{1}{2}O_2(快)。$$

由于第一步是一个慢反应,所以整个分解反应的速率由这个慢反应的速率决定,反应速率用 H_2O_2 的消耗速率表示,则它与 KI 和 H_2O_2 浓度成正比,即

$$-\frac{dc(H_2O_2)}{dt} = k(H_2O_2)c(KI)c(H_2O_2),$$

式中:$c(H_2O_2)$ 为 H_2O_2 在 t 时刻的浓度;$c(KI)$ 为 KI 在 t 时刻的浓度;$k(H_2O_2)$ 为反应速率常数。

在反应过程中 $c(KI)$ 保持不变,令 $k = k(H_2O_2)c(KI)$,称为表观速率常数,则有

$$-\frac{dc(H_2O_2)}{dt} = kc(H_2O_2),$$

该式说明反应速率与 H_2O_2 浓度的一次方成正比,称为一级反应,积分得

$$\int_{c_0}^{c} \frac{dc(H_2O_2)}{c(H_2O_2)} = -\int_0^t k\,dt,$$

$$\ln\frac{c}{c_0} = -kt, \qquad (2.18-2)$$

式中 c_0,c 分别为反应物过氧化氢在起始时刻和 t 时刻的浓度。反应的半衰期为

$$t_{\frac{1}{2}} = \frac{\ln 2}{k}。 \qquad (2.18-3)$$

在 H_2O_2 催化分解过程中,t 时刻 H_2O_2 的浓度变化可以通过测量在相应时间内分解放出的氧气的体积得出。因为分解过程中,反应放出氧气的体积在恒温恒压下正比于分解了的过氧化氢的物质的量。若以 V_∞ 表示过氧化氢全部分解时放出氧气的体积,V_t 表示过氧化氢在 t 时刻分解放出氧气的体积,则:

$$c_0 \propto V_\infty, \quad c \propto (V_\infty - V_t),$$

代入(2.18-2)式得

$$\ln\frac{c}{c_0} = \ln\frac{V_\infty - V_t}{V_\infty} = -kt,$$

或 $$\ln(V_\infty - V_t) = -kt + \ln V_\infty。 \qquad (2.18-4)$$

测量一系列不同时刻的 V_t 及 V_∞,以 $\ln(V_\infty - V_t)$ 对 t 作图,由直线斜率可求得反应的表观速率常数 k。

根据阿仑尼乌斯公式:

$$\ln\frac{k_2}{k_1} = \frac{E_a(T_2 - T_1)}{RT_2 T_1}, \qquad (2.18-5)$$

或 $$\ln k = -\frac{E_a}{RT} + B, \qquad (2.18-6)$$

测得两个或多个不同温度下的 k 值,即可求得反应的活化能 E_a。

在水溶液中能加快过氧化氢分解反应速率的催化剂有很多种,如 KI,Pt,Ag,MnO$_2$,FeCl$_3$ 等。本实验分别以 MnO$_2$ 和 KI 为催化剂,在室温条件下测定过氧化氢分解反应的速率常数和半衰期。仪器装置如图 2.18-1 所示。H$_2$O$_2$ 分解放出的氧气,压低量气管的液面,在不同的时刻调节水准瓶液面,使其与量气管的液面相平,同时记录时间和量气管的示值,即得每个时刻放出氧气的体积。

在实验中,V_∞ 可用化学分析法测定。先在酸性溶液中用标准 KMnO$_4$ 溶液滴定法求出过氧化氢的起始浓度。反应为:

$$2MnO_4^- + 6H^+ + 5H_2O_2 = 2Mn^{2+} + 5O_2\uparrow + 8H_2O。$$

过氧化氢的物质的量浓度可由下式求得:

$$c(H_2O_2) = \frac{5c(MnO_4^-)V(MnO_4^-)}{2V(H_2O_2)}, \qquad (2.18-7)$$

式中:$V(H_2O_2)$ 为滴定时取样体积(mL);$V(MnO_4^-)$ 为滴定用的 KMnO$_4$ 溶液体积(mL)。

由 H$_2$O$_2$ 分解反应的化学计量式(2.18-1)可知,1 mol H$_2$O$_2$ 分解能放出 $\frac{1}{2}$ mol O$_2$,根据理想气体状态方程可以计算出 V_∞(mL),即

$$V_\infty = \frac{5c(MnO_4^-)V(MnO_4^-)}{2V(H_2O_2)} \cdot V'(H_2O_2) \cdot \frac{RT}{p}, \qquad (2.18-8)$$

式中:$V'(H_2O_2)$ 为分解反应所用 H$_2$O$_2$ 溶液的体积(mL);p 为氧的分压,即大气压减去实验温度下水的饱和蒸气压(kPa);T 为实验温度(K);R 为气体常数。

三、仪器与试剂

H$_2$O$_2$ 分解速率测定装置 1 套,锥形瓶(250 mL)3 个,移液管(10,50 mL)各 2 支,小勺 1 个。

0.04 mol·L^{-1} KMnO$_4$ 标准溶液(用时准确标定);2% H$_2$O$_2$ 溶液;0.1 mol·L^{-1} KI 溶液;3 mol·L^{-1} H$_2$SO$_4$ 溶液;MnO$_2$ 催化剂粉末。

四、实验步骤

1. 试漏。如图 2.18-1,旋转三通活塞 4,使系统与外界相通,举高水准瓶,使液体充满量气管。然后旋转三通活塞 4,使系统与外界隔绝,降低水准瓶,使量气管与水准瓶水位相差 10 cm 左右,若保持 4 min 不变即表示不漏气;否则应找出系统漏气原因,并设法排除之。然后让系统通大气,调节水准瓶,使量气管和水准瓶的水位相平并处于上端刻度为零处。

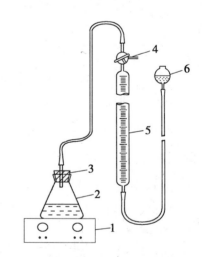

图 2.18-1　过氧化氢分解速率测定装置
1. 电磁搅拌器;2. 锥形瓶;3. 橡皮塞;
4. 三通活塞;5. 量气管;6. 水准瓶

2. 用移液管移取 10 mL 2% H$_2$O$_2$ 溶液、40 mL H$_2$O 于锥形瓶中,放进 1 支磁搅拌子,

然后用小勺加入少量(约 0.005 g)MnO_2 催化剂,低速开启电磁搅拌器,同时记下反应起始时间。间隔半分钟后塞紧橡皮塞,旋转三通活塞,使系统与大气隔绝,每隔一分钟读取量气管读数一次,共读 18~20 组数据。

3. 在干净的锥形瓶中移入 10 mL H_2O_2 溶液,放入磁搅拌子,移取 10 mL 0.1 mol·L^{-1} KI 溶液注入锥形瓶中,迅速塞紧橡皮塞。其他步骤同 2。

4. 测定 H_2O_2 溶液的初始浓度:移取 5 mL H_2O_2 溶液于 250 mL 锥形瓶中,加入 10 mL 3mol·L^{-1} H_2SO_4,用 0.04 mol·L^{-1} $KMnO_4$ 标准溶液滴至淡粉红色,读取消耗$KMnO_4$标准溶液的体积。重复测定两次,取三次测定的平均值。

注意事项:

1. 在进行实验时,反应体系必须绝对与外界隔离,以避免氧气逸出。

2. 使用量气管读数时,一定要使水准瓶和量气管内液面保持同一水平面。

3. 每次测定应选择合适的搅拌速度,且测定过程中搅拌速度应恒定。

4. 以 $KMnO_4$ 标准溶液滴定,终点为淡粉色,且能保持 30 s 不褪色,不能过量。

5. 对过氧化氢分解反应有催化作用的物质很多,所以过氧化氢溶液应新鲜配制,而且最好是采用二次蒸馏水来配制。

五、数据处理

将实验数据记录于表 2.18 - 1。

表 2.18 - 1

实验温度:＿＿＿＿＿＿＿　　　　　　气压:＿＿＿＿＿＿＿

MnO_2 作催化剂			KI 作催化剂		
t/min	V_t/mL	$\ln(V_\infty - V_t)$	t/min	V_t/mL	$\ln(V_\infty - V_t)$

1. 计算 H_2O_2 溶液的初始浓度及 V_∞。

2. 分别就 MnO_2 及 KI 做催化剂列出 t,V_t 和 $\ln(V_\infty - V_t)$ 数据表。

3. 分别作 $\ln(V_\infty - V_t)$-t 图,由直线的斜率求反应速率常数 k,并计算半衰期 $t_{\frac{1}{2}}$。

4. 结合计算公式,进行误差分析。

六、讨论

1. 求 V_∞ 值

V_∞ 值也可采用如下两种方法来求取:

(1)加热法

在测定若干个 V_t 的数据之后,将反应后期的过氧化氢溶液在 $50 \sim 60℃$ 下加热约 15 min,可认为 H_2O_2 已全部分解,冷却至实验温度,在量气管中读取 V_∞。

(2)外推法

以 $\frac{1}{t}$ 为横坐标对 V_t 作图,将直线段外推至 $\frac{1}{t}$ 为零(即 $t \rightarrow \infty$)时,在纵轴上的截距即为 V_∞。

在低温下反应时,作图外推求得的 V_∞ 与化学分析法、加热法的结果比较一致。但在较高温度下作图得到的 V_∞ 值都偏高,温度越高,偏差越大。这是因为较高温度下,水的饱和蒸气压较高。在量气管中所占比例较大,它的体积随氧气的增加而递增,使 V_t 测量值偏大。因而也逐渐增大外推曲线的斜率,结果曲线在纵轴上的截距就偏大,而且温度越高,这种偏差就越大,因此每个时刻测得的 V_t 值都必须扣除水蒸气的体积。但实验表明即使是扣除了水蒸气的影响,在高温时 V_t-$1/t$ 曲线在 $1/t \to 0$ 时也不是直线,因此也不能随意外推求 V_∞,也就是说作图法外推求 V_∞ 只能适用于低温反应的情况。

2. 古根海姆(Guggenheim)法求 k

本实验因为过氧化氢分解反应为一级反应,求 k 时还可以采用无需测知 V_∞ 的古根海姆法。由(2.18-4)式得

t 时刻
$$V_\infty - V_t = V_\infty e^{-kt}, \qquad (2.18-9)$$

$t + \Delta t$ 时刻
$$V_\infty - V_{t+\Delta t} = V_\infty e^{-k(t+\Delta t)}。 \qquad (2.18-10)$$

设 Δt 为恒定的时间间隔,则将(2.18-10)式减去(2.18-9)式得
$$V_{t+\Delta t} - V_t = V_\infty (1 - e^{-k\Delta t}) e^{-kt},$$

即有
$$V_{t+\Delta t} - V_t = 常数 \cdot e^{-kt}。 \qquad (2.18-11)$$

将(2.18-11)式写成对数形式
$$\ln(V_{t+\Delta t} - V_t) = -kt + B, \qquad (2.18-12)$$

式中 $B = \ln[V_\infty(1 - e^{-k\Delta t})]$ 也为常数。

保持 Δt 恒定,以 $\ln(V_{t+\Delta t} - V_t)$ 对 t 作图应为直线,由其斜率可求 k 值。

七、思考题

1. 为什么在反应一开始不立即收集 O_2,而要待反应进行一段时间后再收集 O_2 进行测定?

2. 读取 O_2 体积时,量气管及水准瓶中水面处于同一水平位置的作用何在?

3. 反应过程中为什么要匀速搅拌?搅拌速度对测定结果会产生怎样的影响?

4. H_2O_2 和 KI 溶液的初始浓度对实验结果是否有影响?应根据什么条件选择它们?

5. 你认为你的测试结果理想否?请提出你对实验的改进建议。

参考文献

1. 董迫传,郑新生. 物理化学实验指导. 郑州:河南大学出版社,1997
2. 复旦大学等. 物理化学实验(上册). 北京:人民教育出版社,1980
3. Hugh. W. Salzherg et al.. Physical Chemistry Laboratory. New York:Macmillan Publishing Co., Inc, 1987
4. 赤堀四郎等. 朱洪法译. 基础化学实验大全 IV 物理化学实验. 北京:科学普及出版社,1992
5. F. Daniels et al, Experimental Physical Chemistry. New York:McGraw-Hill Book Co., Inc, 1929

实验 2.19　电导法测定乙酸乙酯皂化反应的速率常数

一、目的

1. 了解电导法测定化学反应速率常数的方法。
2. 理解二级反应的特点,学会用图解法求二级反应的速率常数及其活化能。
3. 熟悉电导率仪的使用。

二、基本原理

乙酸乙酯的皂化反应是二级反应,其反应式如下,设在时间 t 时生成物的浓度为 x,乙酸乙酯和碱($NaOH$)的起始浓度分别为 a,b 则反应物和生成物的浓度与时间的关系为:

$$CH_3COOC_2H_5 + OH^- \rightleftharpoons CH_3COO^- + C_2H_5OH$$

$t=0$	c	c	0	0
$t=t$	$c-x$	$c-x$	x	x
$t\to\infty$	$\to 0$	$\to 0$	$\to c$	$\to c$

则该反应的动力学方程式为

$$\frac{\mathrm{d}x}{\mathrm{d}t} = k(a-x)(b-x), \qquad (2.19-1)$$

式中 k 为反应速率常数。若 $a=b$,则上式变为

$$\frac{\mathrm{d}x}{\mathrm{d}t} = k(a-x)^2, \qquad (2.19-2)$$

积分上式得

$$k = \frac{1}{t} \cdot \frac{x}{a(a-x)}。 \qquad (2.19-3)$$

由实验测得不同 t 时的 x 值,则可依上式计算出不同 t 时的 k 值。如果 k 值为常数,就可证明反应是二级的。通常是作 $\frac{x}{a-x}$ -t 图,若为一直线也就说明是二级反应,并可以从直线的斜率求出 k 值。

不同时间下生成物的浓度可用化学分析法测定(如分析反应液中 OH^- 的浓度),也可用物理法测定(如测量电导),本实验用电导法测定。其根据是:

(1) 溶液中 OH^- 离子的迁移率比 CH_3COO^- 离子的迁移率大得多,因此在反应进行过程中,迁移率大的 OH^- 逐渐为迁移率小的 CH_3COO^- 所取代,溶液的电导值也就随着下降。

(2) 在稀溶液中,每种强电解质的电导值与其浓度成正比,而且溶液的总电导值就等于组成溶液的电解质的电导值之和。

根据以上两点,乙酸乙酯皂化反应的生成物和反应物只有 $NaOH$ 和 $NaAc$ 是强电解质。如果在稀溶液下反应,则

$$G_0 = A_1 a, \qquad G_\infty = A_2 a, \qquad G_t = A_1(a-x) + A_2 x,$$

式中:A_1,A_2 是与温度、溶剂、电解质 $NaOH$ 及 $NaAc$ 的性质有关的比例常数;G_0,G_∞ 为反应开始和终了时溶液的总电导值(此时只有一种电解质);G_t 为时间 t 时溶液的总电导值。

由以上三式可得

$$x = (\frac{G_0 - G_t}{G_0 - G_\infty})a。 \tag{2.19-4}$$

若乙酸乙酯与 NaOH 的起始浓度相等,将(2.19-4)式代入(2.19-3)式得到

$$k = \frac{1}{at} \cdot \frac{G_0 - G_t}{G_t - G_\infty}。 \tag{2.19-5}$$

由实验测得 G_0,G_∞ 和 t 时的 G_t 可计算速率常数 k。也可以将(2.19-5)式变换成不同的直线化方程作图,由直线的斜率可求得 k 值。见表2.19-1。

反应速度常数 k 与温度 T 的关系一般符合阿仑尼乌斯方程。即

$$\frac{\mathrm{d}\ln k}{\mathrm{d}T} = \frac{E_a}{RT^2}, \tag{2.19-6}$$

积分上式得

$$\ln k = -\frac{E_a}{RT} + c, \tag{2.19-7}$$

式中:c 为积分常数;E_a 为反应的表观活化能。

显然在不同的温度下测定速率常数 k,以 $\ln k$ 对 $1/T$ 作图,应得一直线,由直线的斜率可算出 E_a 值。也可以测定两个温度的速率常数用定积分式计算,即

$$\ln \frac{k_2}{k_1} = \frac{E_a}{R}(\frac{1}{T_1} - \frac{1}{T_2})。 \tag{2.19-8}$$

表 2.19-1　几种直线化方程及作图变量

序号	直线化方程	作图变量		斜率(A)	截距(B)	测量参数
		Y	X			
1	$G_t = \frac{1}{ak} \cdot \frac{G_0 - G_t}{t} + G_\infty$	G_t	$\frac{G_0 - G_t}{t}$	$\frac{1}{ak}$	G_∞	G_0 G_t t
2	$\frac{G_0 - G_t}{G_t - G_\infty} = akt$	$\frac{G_0 - G_t}{G_t - G_\infty}$	t	ak	0	G_0 G_∞ G_t, t
3	$\frac{1}{G_t - G_\infty} = ak\frac{t}{G_0 - G_\infty} + \frac{1}{G_0 - G_\infty}$	$\frac{1}{G_t - G_\infty}$	$\frac{t}{G_0 - G_\infty}$	ak	$\frac{1}{G_0 - G_\infty}$	G_∞ G_t t
4	$G_t = -ak(G_t - G_\infty)t + G_0$	G_t	$(G_t - G_\infty)t$	$-ak$	G_0	G_∞ G_t t
5	$\frac{1}{G_0 - G_t} = \frac{1}{ak(G_0 - G_\infty)t} + \frac{1}{G_0 - G_\infty}$	$\frac{1}{G_0 - G_t}$	$\frac{1}{t}$	$\frac{1}{ak} \times \frac{1}{G_0 - G_\infty}$	$\frac{1}{G_0 - G_\infty}$	G_0 G_t t

三、仪器与试剂

DDS-11A 型电导率仪 1 台(附 DJS-1 型铂黑电导电极),计算机,打印机,恒温装置 1 套,微量进样器(100 μL)1 支,移液管(10 mL)3 支,叉形电导管 2 个,大试管 2 个,容量瓶 (50 mL)1 个,洗耳球 1 个,烧杯 3 个,移液管架 1 个,橡皮塞 2 个,小滴管 1 支。

$CH_3COOC_2H_5$ ($m = 88.1$, $\rho = 0.899\,8 \sim 0.900\,6$, 纯度 99.5%); 0.020 0 $mol \cdot L^{-1}$ NaOH; 0.010 0 $mol \cdot L^{-1}$ NaAc。

四、实验步骤

1. 恒温槽调节及溶液的配制

调节恒温槽温度为 25℃, 用微量进样器配制 0.020 0 $mol \cdot L^{-1}$ $CH_3COOC_2H_5$ 溶液 50 mL。将叉形电导管及两个大试管洗净烘干放入恒温槽中, 在一大试管中加入 10 mL, 0.020 0 $mol \cdot L^{-1}$ NaOH 溶液与同体积蒸馏水混合均匀待测; 另一大试管中加入 20 mL, 0.010 0 $mol \cdot L^{-1}$ NaAc 溶液恒温; 在叉形电导管的直管中加入 10 mL, 0.020 0 $mol \cdot L^{-1}$ $CH_3COOC_2H_5$; 在支管中小心加入 10 mL, 0.020 0 $mol \cdot L^{-1}$ NaOH 用橡皮塞盖好恒温。(以上溶液都要用橡皮塞盖好, 为什么?)

2. G_0 的测量

熟悉电导率仪的使用方法(见实验 2.13 附录(一))。接好线路, 使"校正"、"测量"开关板在"校正"位置, 打开电源开关, 指示灯亮, 预热 3 min 待指针稳定后调节"调正"旋钮使电表满刻度, 将"高"、"低"开关板上"高", 将"常数"旋钮旋至电极常数值对应位置上, "量程"开关放在"×10^3"红点挡, 将电极插入电导管插口内, 旋紧插口螺丝, 再将电极小心浸入大试管的测 G_0 溶液中, 再调节"调正"旋钮使电表满刻度, 将"校正"、"测量"开关板向"测量", 此时表盘上(0~3.0)的读数乘以"10^3"即为 0.01 $mol \cdot L^{-1}$ NaOH 溶液的电导率 G_0。

本实验不需读电导率值, 而是由电导率仪的"输出"插口引出, 数据直接通过 A/D 转换, 由计算机程序控制绘制 $\dfrac{G_0 - G_t}{G_t - G_\infty}$-$t$ 的图。G_0 测量完毕, 将电导电极取出冲洗干净, 滤纸吸干放入叉形电导管中, 将 NaOH 溶液用橡皮塞盖好, 留待 35℃时用。

3. G_∞ 的测量

取出电导电极后冲洗干净, 吸干后放入装有 0.010 0 $mol \cdot L^{-1}$ NaAc 溶液的大试管中, 恒温几分钟, 开始测试, 当画出一条水平线时(约 5~10 min), 停止测试, 取出电导电极, 橡皮塞盖好, 留等 35℃再用。在没有计算机的条件下, 需读取电导率值。

4. G_t 的测量

将电导电极插入叉形电导管中恒温 10 min 后将侧支管中溶液全部倒入直管中, 将叉形管中溶液在二支管中往返几次使溶液混合均匀, 同时开始测量 G_t, 40 min 后计算机自动停止实验。在没有计算机的条件下, 需从电导率仪上, 每隔 5 min 读取一次电导率的数值, 半小时后, 每隔 10 min 读取一次电导率的数值, 反应 1 小时后可停止实验。

将电极冲洗干净, 吸干, 放入 0.010 0 $mol \cdot L^{-1}$ NaOH 大试管中, 将叉形管中废液倒掉洗干净, 烘干待用, 取干燥过的叉形电导管, 同法加入 0.020 0 $mol \cdot L^{-1}$ $CH_3COOC_2H_5$ 和 0.020 0 $mol \cdot L^{-1}$ NaOH 溶液, 盖好, 调节恒温槽至 35℃, 测 G_0, G_∞, G_t。

实验结束后, 关闭电源, 取出电导电极, 用蒸馏水冲洗干净, 放入蒸馏水中。将叉形电导电池及 0.010 0 $mol \cdot L^{-1}$ NaOH 大试管的溶液倒掉, 洗净放到气流烘干机上烘干待用。

五、数据处理

1. 通过计算机截取反应平稳的 40 min 作图, 求出反应速率常数 k。

2. 在没有计算机的条件下,将 $t,G_t,G_0\text{-}G_t,G_t\text{-}G_\infty$，$\dfrac{G_0-G_t}{G_t-G_\infty}$ 列成数据表格。以 $\dfrac{G_0-G_t}{G_t-G_\infty}$ 对 t 作图,得一直线。由直线的斜率求出反应速率常数 k。

3. 通过 25℃,35℃的 k 值求活化能。

4. 结合计算公式,进行误差分析。

六、思考题

1. 为何本实验要在恒温下进行? 而且 NaOH 和 $CH_3COOC_2H_5$ 溶液混合前要预先恒温?

2. 各溶液在恒温及操作中为什么要盖好?

3. 如何从实验结果验证乙酸乙酯皂化反应为二级反应?

4. 在保证电导与离子浓度成正比的前提下,NaOH 与乙酸乙酯浓度高些好还是低些好?

5. 为何实验中用测定溶液的电导率代替测定电导,对实验的结果有影响吗?

参考文献

1. 广西师范大学等. 基础物理化学实验. 桂林:广西师范大学出版社,1991
2. 杨百勤. 物理化学实验. 北京:化学工业出版社,2001
3. 崔献英,柯燕雄,单绍纯. 物理化学实验. 合肥:中国科学技术大学出版社,2000
4. 刘澄蕃,滕弘霓,王世权. 物理化学实验. 北京:化学工业出版社,2002

实验 2.20　环戊烯气相热分解反应

一、目的

1. 测定环戊烯气相热分解反应级数、速率常数和活化能。
2. 掌握测量原理,熟悉真空实验技术。

二、基本原理

在 T,p 一定时,气相反应中,如果反应前、后反应方程式中化学计量数和不为零,则可利用测定体系的总压力随时间的变化关系,来确定反应级数和反应速率常数,并以此来研究反应机理。

环戊烯气相热分解时,每一个反应物分子产生两个分子的气体产物,即

$$C_5H_8 \longrightarrow C_5H_6 + H_2 \qquad (2.20-1)$$

$t=0$	p_0	0	0
$t=t$	p_A	p_0-p_A	p_0-p_A

系统的总压强 $p=2p_0-p_A$,则有 $p_A=2p_0-p$,该反应为一级反应,其反应速率与环戊烯的压强一次方成正比,即

$$-\frac{dp_A}{dt}=kp_A,$$

对上式积分,得

$$\ln \frac{p_0}{p_A} = kt, \tag{2.20-2}$$

式中：p_0 为环戊烯的起始压强；p_A 为在时间 t 时环戊烯的分压。将 $p_A = 2p_0 - p$ 代入 (2.20-1)式中得

$$\ln \frac{p_0}{2p_0 - p} = kt, \tag{2.20-3}$$

即 $$\ln(2p_0 - p) = -kt + \ln p_0 。 \tag{2.20-4}$$

以 $\ln(2p_0 - p)$ 对 t 作图，如果是一直线，即可验证是一级反应，从直线斜率可以求得反应速率常数。但需注意，随着反应的进行，产物增多，副反应加剧，总压变化已不能表征一级反应的速率变化规律，因此只能用反应初期的数据作图。

但是，对于环戊烯的热分解，要直接测量 p_0 是有困难的。因为环戊烯加入反应器后，要使环戊烯从室温升高到反应温度需要一定的时间，而在这段时间内，分解反应已经进行。为了克服这一困难，可作 p-t 图，外推到反应时间为零时，求出 p_0 值。

我们用 $t_{1/4}$，$t_{1/3}$，$t_{1/2}$ 分别表示反应进行了 $1/4$，$1/3$ 和 $1/2$ 时所需要的时间。显然，

当 $t = t_{1/4}$ 时，$p = \dfrac{5}{4} p_0 = 1.25 p_0$；

当 $t = t_{1/3}$ 时，$p = \dfrac{4}{3} p_0 = 1.33 p_0$；

当 $t = t_{1/2}$ 时，$p = \dfrac{3}{2} p_0 = 1.50 p_0$。

方程(2.20-3)可以变为

$$\ln\left(2 - \frac{p}{p_0}\right) = -kt 。 \tag{2.20-5}$$

这样，只要我们测得在 $p = 1.25 p_0$，$p = 1.33 p_0$，$p = 1.50 p_0$ 时所需要的时间 $t_{1/4}$，$t_{1/3}$，$t_{1/2}$ 中任意一对值时，就可以不通过作图，而直接应用方程(2.20-5)计算出 k 值。

判定反应是否属于一级反应，也可以通过 $t_{1/2}$ 与 $t_{1/3}$ 的比值来进行检查。对于一级反应

$$\frac{t_{1/2}}{t_{1/3}} \approx 1.70,$$

而零级反应和二级反应则分别为 1.50 和 2.00。

如果能测得两个以上的不同温度时的 k 值，则可根据阿仑尼乌斯方程的积分形式：

$$\ln k = -\frac{E_a}{RT} + 常数, \tag{2.20-6}$$

作 $\ln k$-$\dfrac{1}{T}$ 图，可得一直线，从直线斜率求算反应活化能 E_a。

三、仪器与试剂

玻璃真空系统 1 套：包括机械泵，油扩散泵，复合真空计，U 形汞压计，反应器及电炉，样品管，贮气瓶，热电偶，测温电位差计，温度自动控制器，停表。

液氮，环戊烯。

四、实验步骤

1. 仪器装置如图 2.20-1 所示。汞压计与反应器之间有一段"死空间"，它所处的温度

较反应温度低,反应器排出的高温气体将在此冷却,随反应的进行,汞压计汞位发生变化,此"死空间"的体积也将随之改变。为了减小"死空间"反应体积的影响,连接汞压计和反应器之间的管线应尽量短,通常使连接管的体积只占反应器体积的 2~4%。

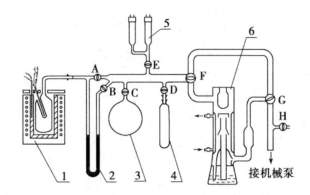

图 2.20-1 环戊烯气相热分解实验装置图

1. 电炉;2. U 形汞压计;3. 贮气瓶;4. 样品管;5. 复合真空规;6. 三级油扩散泵

本实验所用反应器容积约 500 mL,由硬质玻璃做成。测温热电偶插在反应器中心的玻璃套管中。电炉内壁为厚壁铜管做成,外用硅酸铝纤维保温。控温电偶插在铜管壁的孔中,用 XCT-191 型动圈式温度指示调节仪配合 ZK-50 型可控硅电压调整器实现 PID 控制(参阅本实验附录),控温精度可达±0.5℃。

2. 选择在 500~550℃之间进行实验,可取三个温度,每次变动 10℃。调节恒温加热系统,把电炉调到预定温度,让温度保持稳定。在样品管中加入适量的环戊烯。

3. 除旋塞 D 外,所有旋塞均打开。按照真空技术操作要求(见§5.3),使系统真空度达 0.013 3 Pa(10^{-4} mmHg)。确定系统不漏气后,关旋塞 A,B 和 C,用液氮冷冻样品管使环戊烯固化,然后打开 D,将样品中的空气抽走。关闭 D,移去液氮(抽气时不要移走液氮),使固体熔化并释放出溶解在环戊烯中的气体。重复一次脱气操作,使环戊烯中溶解的气体脱除较完全。

4. 待环戊烯已恢复到室温后,关旋塞 E 及 F,开 C 和 D,让贮气瓶充满环戊烯蒸气。然后关 D,准备进行反应。

5. 开旋塞 A,并注意观察压力计的变化,到接近预定压力(此压力不会超过室温下环戊烯的饱和蒸气压)即关 A 和 C,同时启动停表,开始记录时间和压力。反应初期每半分钟记一次压力,以后即可适当延长间隔时间,直到实验完毕。

6. 开旋塞 A,F 和 G,让反应废气先经机械泵抽走,再用油扩散泵将系统抽至 0.013 3 Pa。关 F 开 C,重做此温度下不同起始压强 p_0 的分解实验。在实验中,还应注意记录 $t_{1/4}$,$t_{1/3}$,$t_{1/2}$ 的值。

调整炉温,按上述步骤,再测两个温度下的分解实验。

7. 实验全部结束后,抽出废气,停反应炉和油扩散泵电源,按真空操作要求,停止真空机组工作。

注意事项:

1. 高真空系统全是玻璃制造,操作时稍不小心或发生错误,就会引起严重后果,要熟悉高真空的获得和测量。实验前要检查活塞的润滑情况,实验中每旋转一个活塞都要慎重考虑。旋转活塞要略微向里用力,缓慢转动。

2. 实验过程中应注意温度的控制。

五、数据处理

将测得数据记录于表 2.20 - 1 中。

表 2.20 - 1 实验数据

室温:＿＿＿＿＿＿＿ 湿度:＿＿＿＿＿＿＿ 气压:＿＿＿＿＿＿＿

实验温度℃	t/s	
	p/Pa	
	$\ln(2p_0-p)$	
实验温度℃	t/s	
	p/Pa	
	$\ln(2p_0-p)$	
实验温度℃	t/s	
	p/Pa	
	$\ln(2p_0-p)$	

1. 以 p 对 t 作图,外推至 $t=0$,求 p_0 值。

2. 以 $\ln(2p_0-p)$ 对 t 作图,从直线斜率求速率常数 k。

3. 以 $\ln k$ 对 $\frac{1}{T}$ 作图,求环戊烯热分解反应活化能。

4. 结合计算公式,进行误差分析。

六、讨论

1. 由于简单的气相反应较容易探明其反应机理,因此它在发展动力学理论的过程中起过重要作用。

2. 单分子气相反应(主要是分解和异构化)是通过分子间碰撞而活化:

$$A+A \underset{k_2}{\overset{k_1}{\rightleftharpoons}} A^* + A,$$

$$A^* \xrightarrow{k_3} 产物。$$

按稳态近似法处理可得:

$$-\frac{d[A]}{dt} = \frac{k_1 k_3 [A]^2}{k_3 + k_2 [A]}。$$

当 $k_3 < k_2[A]$ 时,$-\dfrac{d[A]}{dt} = k[A]$ 为一级反应,这在 $[A]$ 大,即气相压力足够大时,或 k_3 很小时为然。

当 $k_3 > k_2[A]$ 时,$-\dfrac{d[A]}{dt} = k_1[A]^2$ 为二级反应,这在气相压力很小,或双分子的活化成为反应的控制步骤时为然。

3. 如果没有液氮,也可不必进行样品的固化脱气,只需小心抽去样品上面的空气即可。

七、思考题

1. 为什么要使连接管的体积只占反应器体积的 2～4%？如果"死空间"体积为反应器体积的 1/30，估算其对 p_0 所引起的误差，其结果说明什么问题？

2. 本实验要求抽至较高的真空，目的是什么？应注意什么？

3. 反应器和贮气瓶的大小对实验有何影响？

4. 如果反应物在室温下的蒸气压很低，如何使反应器中获得较高的反应物蒸气压？

5. 本实验可否用反应完全后 $p=2p_0$ 的关系求 p_0？

八、附录：电炉温度控制

电炉温度常用热电偶为变换器，动圈式温度指示调节仪为控制器（见图 2.20-2）从而实现自动控制。在调节仪刻度板下方有一个可以左右移动的给定针，给定针上固定一个检测线圈。测量指针上固定一铝旗。当电炉温度低于给定值较多时，铝旗在检测线圈之外，由检测器控制的晶体管振荡器处于振荡状态，这时输出最大，通过检波和功率放大后，使继电器吸合，或使连续输出起调节作用的电流达最大值；当温度高于给定值时，铝旗完全进入检测线圈，这样由于隔断了检测线圈两半之间的磁耦合，减小了检测线圈的电感量，使振荡器停振，这时输出甚小，促使继电器释放，或者使连续输出的调节电流降低到零。因此在振荡器—放大器基础上附加各种形式的反馈和控制电路，可以得到不同的调节动作。例如，XCT-101 型动圈式温度指示调节仪配上交流接触器，即可实现断续二位式控制；XCT-191 型配上 ZK-50 型可控硅电压调整器及可控硅元件，即可实现比例、积分和微分（简称 PID）控制（接线图见图 2.20-3）。

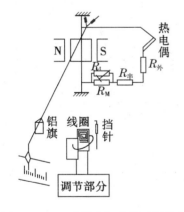

图 2.20-2 动圈式温度指示调节仪

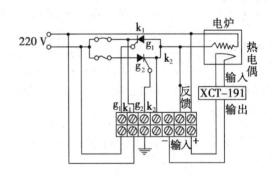

图 2.20-3 ZK-50 用于电炉温度控制接线图

所谓 PID 控制，是指在过渡时间（被控体系受到扰动后恢复到设定值所需时间）内，能按偏差信号的变化规律，自动地调节通过加热器的电流，故又称自动调流。当偏差信号一开始很大时，加热电流也很大；当偏差信号逐渐变小时，加热电流会按比例相应地降低，这就是所谓比例调节规律，它有效地克服了二位控制引起的温度波动。但当被控体系温度达设定值时，偏差为零，加热电流也将为零，就不能补偿体系向环境的热耗散，体系温度必然下降。因此需在此基础上加上积分调节规律。当过渡时间将近结束时，尽管偏差信号极小，但因其在前期有偏差信号的积累,故仍会产生一个足够大的加热电流,保持体系与环境间的热平衡。如在比例、积分调节的基础上再加上微分调节规律,那么在过渡时间一开始,就能输出一个较比例调节大得多的加热电流,使体系温度迅速回升,缩短过渡时间。这种加热电流具有按微分指数曲线降低的规律,随着时间的增长,加热电流会逐渐降低,控制过程随即从微分调节过渡到比例、积分调节规律。加上微分调节后,能有效地控制热惰性大的体系。

目前国内已生产有不少类型的控温仪器,但在实验室中也可根据需要购买必要的仪表和元件自己组装。

参考文献

1. J. M. White. Physical Chemistry Laboratory Experiments. Prentice-Hall,1975
2. S. R. Smith, A. S. Gordon, J. Phys. chem. 1961,65,1124
3. M. Uchiyama. J. Phys. chem. 1964, 68,1878.
4. 罗澄源等. 物理化学实验(第二版).北京:高等教育出版社,1984
5. 北京大学化学系物理化学教研室.物理化学实验.北京:北京大学出版社,1985

实验 2.21　丙酮碘化反应动力学

一、目的

1. 理解初始浓度和隔离法测定反应级数、速率常数的方法。
2. 进一步掌握分光光度计的使用方法。

二、基本原理

酸催化的丙酮碘化反应是一个复杂反应,初始阶段反应为

$$CH_3-\underset{\underset{O}{\|}}{C}-CH_3 + I_2 \xrightarrow{H^+} CH_3-\underset{\underset{O}{\|}}{C}-CH_2I + H^+ + I^-, \qquad (2.21-1)$$

该反应能不断产生 H^+,它反过来又起催化作用,故是一个自动催化反应。其速率方程可表示为

$$v = -\frac{dc(I_2)}{dt} = kc^p(丙)c^r(H^+)c^q(I_2), \qquad (2.21-2)$$

式中:$c(丙)$,$c(I_2)$,$c(H^+)$分别为丙酮、碘及盐酸的浓度($mol \cdot L^{-1}$);k 为速率常数;p,q,r分别为丙酮、碘和氢离子的反应级数。

实验证实在丙酮和酸大大过量的情况下,丙酮碘化反应对碘是零级反应,即 q 为零,并且此时丙酮和酸的浓度可以认为保持不变。

对(2.21-2)式积分得

$$\int_{c_0(I_2)}^{c(I_2)} dc(I_2) = -\int_0^t kc^p(丙)c^r(H^+)dt,$$

$$c(I_2) - c_0(I_2) = -kc^p(丙)c^r(H^+)t。 \qquad (2.21-3)$$

由(2.21-3)式可见,若能测得反应进程中,不同时刻 t 碘的浓度 $c(I_2)$,以 $c(I_2)$对 t 作

图应为一直线,直线的斜率的负值就是反应速率。

由于反应并不停留在一元碘化丙酮上,还会继续反应下去。故采用初始速率法,测量开始一段的反应速率。

为了确定反应级数 p,当丙酮初始浓度不同,而碘离子、氢离子初始浓度分别相同时,则有

$$v = kc^p(丙)c^r(H^+)c^q(I_2),$$

取对数得

$$\lg v = p\lg c(丙) + \lg(kc^r(H^+)c^q(I_2))。 \quad (2.21-4)$$

由此可见以 $\lg v$ 对 $\lg c(丙)$ 作图,应得一直线,直线的斜率就是 p。也可仅做两次丙酮初始浓度不同的实验,求得 p 值。根据 $(2.21-4)$ 式有

$$\lg \frac{v_2}{v_1} = p\lg \frac{c_2(丙)}{c_1(丙)},$$

$$p = \left(\lg \frac{v_2}{v_1}\right) / \lg \frac{c_2(丙)}{c_1(丙)}。 \quad (2.21-5)$$

同理,当丙酮、碘的初始浓度分别相同,而酸的浓度不同时,可得出

$$\lg v = r\lg c(H^+) + \lg(kc^p(丙)c^q(I_2))。 \quad (2.21-6)$$

由此可见以 $\lg v$ 对 $\lg c(H^+)$ 作图,应得一直线,直线的斜率就是 r。也可仅做两次酸的浓度不同的实验求得 r 值。根据 $(2.21-6)$ 式有

$$\lg \frac{v_2}{v_1} = p\lg \frac{c_2(H^+)}{c_1(H^+)},$$

$$p = \left(\lg \frac{v_2}{v_1}\right) / \lg \frac{c_2(H^+)}{c_1(H^+)}。 \quad (2.21-7)$$

反应体系中除碘以外,其余各物质在可见光区均无明显吸收,因此可用分光光度法直接观察碘浓度的变化。碘的最大吸收波长虽然在紫外区。但在可见光区仍有较强的吸收。吸光度测定可由 72 型(或 721 型)分光光度计完成。

由比尔(Beer)定律知,对于指定波长的入射光,入射光强 I_0,透射光强 I 以及碘浓度间有以下关系式:

$$透光率 \ T = \frac{I}{I_0},$$

$$A = \lg T = -k'lc(I_2), \quad (2.21-8)$$

式中:A 为吸光度;l 为样品池的光径长度;k' 为吸收系数;T 为透光率。$k'l$ 可由测定已知浓度碘液的吸光度求得。

由 $(2.21-3)$,$(2.21-8)$ 式可得:

$$\frac{A_t - A_0}{k'l} = kc^p(丙)c(H^+)t, \quad (2.21-9)$$

A_t 为时间 t 时体系的吸光度。

以 $\frac{A_t}{k'l}$ 对 t 作图所得直线的斜率就是反应速率。

三、仪器与试剂

带恒温装置的 72 型分光光度计 1 台,超级恒温槽 1 台,停表 1 块,容量瓶(50 mL)7 个,

移液管(5,10 mL)各 3 支。

　　0.01 mol·L^{-1}标准碘溶液(含 2%KI),1 mol·L^{-1}标准 HCl 溶液,2 mol·L^{-1}标准丙酮溶液。(此三种溶液均用 A.R.试剂配制,均需准确标定。)

四、实验步骤

　　1. 将分光光度计波长调到 500 nm 处,然后将恒温用的恒温夹套(见图 2.21-1)接恒温槽输出的恒温水,并放入暗箱中。把恒温槽调到 25℃。

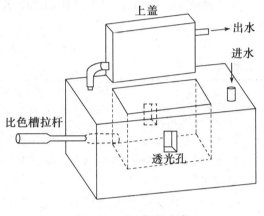

图 2.21-1　恒温夹套

　　2. 将装有蒸馏水的比色皿(光径长为 2.0 cm)放到恒温夹套内,将光路闸门放在"黑"点处,将微电计电源开关旋到"开"处,调节零位调节器,将光点准确调到透光率标尺的零点,然后闸门放在"红"点处,调节光量调节器,使微电计光点处于透光率为"100"的位置上。反复调整"0"点和"100"点。

　　3. 求 $k'l$ 值。在 50 mL 容量瓶中配制 0.001 mol·L^{-1}碘溶液。用少量的碘溶液洗比色皿二次,再注入 0.001 mol·L^{-1}碘溶液,测其透光率 T。更换碘溶液再重复测定二次,取其平均值,求 $k'l$ 值。

　　4. 测定丙酮碘化反应的速率常数。用移液管分别吸取 0.01 mol·L^{-1}标准碘溶液 10 mL,10 mL,10 mL,5 mL,注入已编号(1~4 号)的 4 只干净的 50 mL 容量瓶中,另取一支移液管分别向 1~4 号容量瓶内加入 1 mol·L^{-1}标准 HCl 溶液 5 mL,5 mL,10 mL,5 mL(注意依瓶号顺序),再分别注入适量的蒸馏水,盖上瓶盖,置于恒温槽中恒温。再取 50 mL 干净的容量瓶,取少量 2 mol·L^{-1}标准丙酮溶液清洗二次,然后注入约 50 mL 标准丙酮溶液,置于恒温槽中恒温。再取 50 mL 干净的容量瓶,装满蒸馏水,置于恒温槽中恒温。

　　待达到恒温后(恒温时间不能少于 10 min),用移液管取已恒温的丙酮溶液 10 mL 迅速加入 1 号容量瓶,当丙酮溶液加到一半时开动停表计时。用已恒温的蒸馏水将此混合液稀释至刻度,迅速摇匀,用此混合溶液将干净的比色皿清洗多次,然后把此溶液注入比色皿(上述操作要迅速进行),测定不同时间的透光率。每隔 2 min 测定透光率一次,直到取得 10~12 个数据为止。如果透光率变化较大,则改为每隔 1 min 记录一次。在测定过程中用蒸馏水多次校正透光率"0"点和"100"点。

　　然后用移液管分别取 5 mL,10 mL,10 mL 的标准丙酮溶液(已恒温的),分别注入 2 号,3 号,4 号容量瓶,用上述方法分别测定不同浓度的溶液在不同时间的透光率。

　　上述溶液的配制如表 2.21-1 所示。

表 2.21 - 1　溶液的配制

容量瓶号	标准碘溶液 （mL）	标准 HCl 溶液 （mL）	标准丙酮溶液 （mL）	蒸馏水 （mL）
1 号	10	5	10	25
2 号	10	5	5	30
3 号	10	10	10	20
4 号	5	5	10	30

注意事项：

1. 碘液见光分解，所以从溶液配制到测量应尽量迅速。

2. 因只测定反应开始一段时间的透光率，故反应液混合后应迅速进行测定。

3. 计算 k 时要用到丙酮和酸溶液的初始浓度，因此实验中所用的丙酮及酸溶液的浓度一定要配准。

4. 温度对实验结果影响很大，应把反应温度准确控制在实验温度的 ±0.1℃ 范围之内。

五、数据处理

1. 求 $k'l$

将测得数据填于表 2.21 - 2，并用（2.21 - 7）式计算 $k'l$ 值。

表 2.21 - 2　实验数据

$c(I_2) = $ _____

序号	吸光度	平均值	$k'l$
1			
2			
3			

2. 混合溶液的时间—吸光度填于表 2.21 - 3。

表 2.21 - 3　混合溶液的时间—吸光度

恒温温度：_____

1 号	时间/min	
	吸光度 A	
2 号	时间/min	
	吸光度 A	
3 号	时间/min	
	吸光度 A	
4 号	时间/min	
	吸光度 A	

3. 混合溶液的丙酮、盐酸、碘的初始浓度填于表 2.21 - 4。

表 2.21－4　混合溶液的丙酮、盐酸、碘的初始浓度

序号	$c(丙)/mol \cdot L^{-1}$	$c(H^+)/mol \cdot L^{-1}$	$c(I_2)/mol \cdot L^{-1}$
1 号			
2 号			
3 号			
4 号			

4. 以 A 对 t 作图,求出斜率。

5. 计算反应级数 p,r 和 q。

6. 计算各次实验的 k 及 $\bar{k}$。

7. 文献值:

(1) $p=1,q=0,r=1$。

(2) 反应速率常数见表 2.21－5。

表 2.21－5　反应速率常数

$t/℃$	0	25	27	35
$10^5 k/(L \cdot mol^{-1} \cdot s^{-1})$	0.115	2.86	3.60	8.80
$10^3 k/(L \cdot mol^{-1} \cdot min^{-1})$	0.69	1.72	2.16	5.28

8. 结合计算公式,进行误差分析。

六、讨论

1. 根据动力学实验结果可对丙酮碘化这一复杂反应的机理作如下推测:

$$CH_3-\overset{\overset{\displaystyle O}{\|}}{C}-CH_3 + H^+ \underset{k_{-1}}{\overset{k_1}{\rightleftharpoons}} (CH_3-\overset{\overset{\displaystyle OH}{\|}}{C}-CH_3)^+, \qquad (2.21-10)$$
$$(A) \qquad\qquad (B)$$

$$(CH_3-\overset{\overset{\displaystyle OH}{\|}}{C}-CH_3)^+ \underset{k_{-2}}{\overset{k_2}{\rightleftharpoons}} CH_3-\overset{\overset{\displaystyle OH}{|}}{C}=CH_2 + H^+, \qquad (2.21-11)$$
$$(B) \qquad\qquad (D)$$

$$CH_3-\overset{\overset{\displaystyle OH}{|}}{C}=CH_2 + I_2 \overset{k_3}{\longrightarrow} CH_3-\overset{\overset{\displaystyle O}{\|}}{C}-CH_2I + I^- + H^+。 \qquad (2.21-12)$$
$$(D) \qquad\qquad (E)$$

因为丙酮是很弱的碱,所以方程(2.21－11)生成的中间体 B 很少,故有

$$c(B)=K_1 c(A) c(H^+) \qquad \left(K_1=\frac{k_1}{k_{-1}}\right)。 \qquad (2.21-13)$$

烯醇式 D 和产物 E 的反应速率方程是

$$\frac{dc(D)}{dt}=k_2 c(B)-(k_{-2} c(H^+)+k_3 c(I_2)) \cdot c(D), \qquad (2.21-14)$$

$$\frac{dc(E)}{dt}=k_3 c(D) c(I_2)。 \qquad (2.21-15)$$

合并(2.21-13),(2.21-14),(2.21-15)三式,并应用稳定态条件,令$\dfrac{dc(D)}{dt}=0$,得到

$$\frac{dc(E)}{dt}=\frac{K_1k_2k_3c(A)c(H^+)c(I_2)}{k_{-2}c(H^+)+k_3c(I_2)}。 \tag{2.21-16}$$

若烯醇式 D 与碘的反应速率比烯醇式 D 与氢离子的反应速率大得多,即 $k_3\gg k_{-2}c(H^+)$,则(2.21-16)式可取以下简单的形式:

$$\frac{dc(E)}{dl}=K_1k_2c(A)c(H^+)。 \tag{2.21-17}$$

令 $k=K_1k_2$,则(2.21-17)式表示为:

$$\frac{dc(E)}{dt}=kc(A)c(H^+), \tag{2.21-18}$$

(2.21-18)式与实验测得结果完全一致,因此上述机理可能是正确的。

2. 有的教科书以溴水为反应物,但由于溴的挥发性和毒性,所以一般多选用碘进行丙酮卤化反应动力学的测定。

七、思考题

1. 在本实验中,将丙酮溶液加入含有碘、盐酸的容量瓶时并不立即开始计时,而注入比色皿时才开始计时,这样做是否可以? 为什么?

2. 本实验中,将丙酮和酸的浓度视为常数,而实际上是变化的。能否估计出这样会给反应速率常数测量值带来多大误差?

3. 若本实验中原始碘浓度不准确,对实验结果是否有影响? 为什么?

4. 影响本实验结果精确度的主要因素有哪些?

八、附录:72 型光电分光光度计

1. 原理和构造

在光的激发下,物质中的原子和分子往往与光相互作用产生对光的吸收效应。实验证明,对一定波长的光,不同物质有不同的吸收能力。比尔(Beer)定律指出,对一定波长的光,溶液中某一物质的浓度与该物质对光的吸收能力互成比例,用数学形式表达为:

$$I=I_0 10^{-\varepsilon cl},$$

或

$$\lg\left(\frac{I}{I_0}\right)_\lambda=-\varepsilon_\lambda cl。$$

令

$$A=\lg\left(\frac{I_0}{I}\right)_\lambda,$$

所以

$$A=\varepsilon_\lambda cl,$$

式中:A 为单色光波长为 λ 时的吸光度,又称光密度;I_0 为入射光的强度;I 为透射光的强度;I/I_0 为透光率;ε_λ 为吸收系数,又称消光系数,与吸收光的物质的性质有关;c 为溶液浓度;l 为溶液层的厚度。

从上式可以看出,当入射光的吸收系数 ε_λ 和溶液厚度 l 不变时,透光率随溶液浓度而变化。因此把透过溶液的光线通过测光机构中的光电转换器,将光能转换为电能就可以在测光机构的指示器上读出相应的透光率或光密度,从而推算出溶液的浓度。

　　72 型光电分光光度计就是根据以上理论设计制造的,可在可见光范围内作分光光度分析法应用。

　　该仪器的光路系统如图 2.21-2 所示。钨丝灯泡作为光源 1,通过光狭缝 2 由反射镜 3 反射,经透镜 4 成平行光,进入棱镜 5 色散成各种波长的单色光,由可转动的反射镜 6 反射,其中一束光通过透镜 7 而聚光于狭缝 8 获得单色光,经比色皿 9 与光量调节器 10 到达光电池 11,光电池产生的电流由微电计 12 得到光的强弱讯号,从而可以测得溶液中吸光物质的透光率或光密度值。

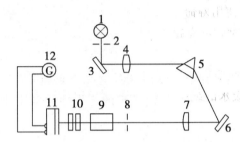

图 2.21-2　72 型光电分光光度计光路系统示意图
1. 光源;2. 进光狭缝;3. 反射镜;4. 透镜;5. 棱镜;6. 反射镜;7. 透镜;
8. 出光狭缝;9. 比色皿;10. 光量调节器;11. 光电池;12. 微电计

2. 使用方法

　　(1) 在仪器未接通电源前,应先检查供电电源与仪器标注电压是否相符,然后再接通电源。

　　(2) 把单色光器的光路闸门拨到"黑"点位置,打开微电计的开关,指示光点即出现在标尺上,用零位调节器将光点准确调到透光率标尺的"0"位上。

　　(3) 打开稳压器及单色光器的电源开关,把光路闸门拨到"红"点上,按顺时针方向调节光量调节器,使微电计的指示光点达到标尺上限附近。10 min 后,待硒光电池趋于稳定后再开始使用仪器。

　　(4) 将光路闸门重新拨到"黑"点位置,再一次校正微电计的指示光点于"0"位,立即打开光路闸门。

　　(5) 打开比色皿暗箱盖取出比色皿架,将四只比色皿中的一只装入空白溶液或蒸馏水,其余三只装未知溶液,把已放入比色皿的比色皿架重新放入暗箱内,正确地放置于定位装置上,盖好暗箱盖。为了便于工作,装空白溶液或蒸馏水的比色皿应放在比色皿架的第一格内,以便在光源打开时,空白溶液即正对在光路上。

　　(6) 用波长调节器调至所需波长,轻轻旋动光量调节器,把指示光点准确地调于透光率"100"的读数上(此时空白溶液正在光路上)。

　　(7) 上项操作完成后,将比色皿定位装置的拉杆轻轻拉出一格,使第二格比色皿内的未知溶液进入光路,此时微电计标尺上所指的读数即为该溶液的透光率或光密度。然后按同法测定另两个未知液。

　　(8) 为了选择测定某一溶液所需的波长,可用不同的波长作该溶液的吸收光谱曲线,从曲线上选择最合适的波长(一般采用吸收度最大的波长)来进行这一溶液的测定工作。

　　(9) 用本仪器进行比色分析时,可先配制一系列浓度的标准溶液,测出它们的光密度,以浓度为横坐标,光密度为纵坐标,绘成该溶液的标准曲线。这样,在进行未知溶液的多次测定时,非常方便。

（10）仪器使用时,应关闭光路闸门来核对微电计的"0"点位置。

（11）测定时应尽量在光密度值为 0.1～0.65 的范围内进行,这样可以得到较高的准确度。

3. 注意事项

（1）在被测溶液的色度不太强的情况下,尽量采用较低的单色光器光源电压(5.5 V),这样可以延长光源灯泡的使用寿命。

（2）仪器的连续使用时间不应超过 2 h。若需继续使用,最好间歇 30 min 后再继续使用。

（3）每次使用比色皿完毕后,应用蒸馏水洗净擦干,存放于比色皿的盒子内。擦拭比色皿透光面,需用细软而又吸水的绒布或镜头纸,切忌用其他的布或纸,以免影响它的透光率。

参考文献

1. F. Daniels, R. A. Alberty, J. W. Williams, C. D. Cornwell, P. Bender, J. E. Harriman. Experimental Physical Chemistry. 7th edn. . New York ;McGraw-Hill, Inc. ,1975
2. N. Thon (Ed.), Tables of Chemical kinetics. Homogeneous Reactions, NBS Circular 510, U. S. Government Printing Office,1951:304
3. 东北师范大学等校. 物理化学实验(第二版). 北京:高等教育出版社,1998
4. 何玉尊等. 物理化学实验. 成都:四川大学出版社,1993
5. 复旦大学等. 物理化学实验(第二版). 北京:高等教育出版社,1993

实验 2.22　甲酸氧化动力学

一、目的

1. 验证甲酸溴氧化反应动力学方程式,测定反应速率常数、活化能。
2. 学会用电子电位差计测量电动势,学习反应动力学的研究方法。

二、基本原理

在水溶液中,甲酸被溴氧化的化学计量式为

$$HCOOH + Br_2 \longrightarrow 2H^+ + 2Br^- + CO_2 。$$

由于 CO_2 在酸性溶液中的溶解度很小,且达到恒定的饱和浓度,所以 CO_2 对反应的影响可以不考虑,此时反应速率与反应物 HCOOH 和 Br_2 的浓度及产物 H^+,Br^- 的浓度有关,反应的速率方程具有如下形式:

$$-\frac{d[Br_2]}{dt} = k[HCOOH]^a[Br_2]^b[H^+]^c(1 + K[Br^-])^d 。 \qquad (2.22-1)$$

并通过实验测得,$a = b = 1, c = d = -1$,即此反应的速率方程为

$$-\frac{d[Br_2]}{dt} = k\frac{[HCOOH][Br_2]}{[H^+](1 + K[Br^-])} 。 \qquad (2.22-2)$$

(2.22-1)式及(2.22-2)式中 k, K 均为常数。本实验的目的之一就是验证此反应速率方程式。

在实验中可以使 $HCOOH, H^+$ 及 Br^- 的浓度远远大于 Br_2 的浓度,则在反应过程中,前三个组分的浓度可视为常数。由(2.22-1)式可得

$$-\frac{d[Br_2]}{dt}=k_p[Br_2]^b, \qquad (2.22-3)$$

其中

$$k_p=k[HCOOH]^a[H^+]^c(1+K[Br^-])^d。 \qquad (2.22-4)$$

若 $b=1$,则(2.22-3)式可化为

$$-\frac{d[Br_2]}{dt}=k_p[Br_2],$$

积分得

$$\ln[Br_2]=-k_pt+C_1, \qquad (2.22-5)$$

式中 C_1 为不定积分常数。

在本实验中 Br_2 的浓度可用电动势法测定。在反应溶液中存在 Br_2 及 Br^-,插入铂极,构成 $Pt|Br_2,Br^-$ 电极,此电极与参比电极(饱和甘汞电极)构成可逆电池时,电池表达式为

$$Hg|Hg_2Cl_2(s)|KCl(饱和溶液)||Br^-,Br_2|Pt,$$

其电池电动势为

$$E=E(Br_2,Br^-)-E(甘汞)$$
$$=E^{\ominus}(Br_2,Br^-)+\frac{RT}{2F}\ln\frac{a(Br_2)}{(a(Br^-))^2}+E(甘汞)。 \qquad (2.22-6)$$

在反应过程中,由于 Br^-,H^+ 浓度变化不大,溶液的离子强度变化不大,可以认为 $a(Br^-)$ 基本不变,且 $a(Br_2)\approx[Br_2]$,则

$$E=\frac{RT}{2F}\ln[Br_2]+C_2, \qquad (2.22-7)$$

式中 C_2 为常数。

将(2.22-5)式与(2.22-7)式合并,可得

$$E=-\frac{RT}{2F}k_pt+C_3, \qquad (2.22-8)$$

式中 C_3 为常数。

由(2.22-8)式可知,当甲酸氧化反应速率对溴为一级时,此电池电动势 E 与时间 t 成直线关系。由此直线的斜率 dE/dt 可计算反应速率常数 k_p,即

$$\frac{dE}{dt}=-\frac{RT}{2F}k_p,$$

所以

$$k_p=-\frac{2F}{RT}\cdot\frac{dE}{dt}。 \qquad (2.22-9)$$

上述电池的电动势约为 0.8 V,而反应过程中电动势的变化只有 30 mV 左右。为了提高测量精确度而采用图 2.22-1 所示的连接方法。图中用蓄电池或干电池串接 $1\ k\Omega$ 的多圈电位器,于其中分出

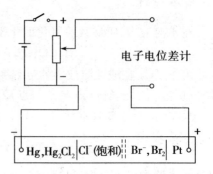

图 2.22-1 测电池电动势变化的接线图

一恒定电压与反应电池同极串联,使被测电池电动势对消掉一部分。调整电位器使对消后剩下约 50 mV,用电子电位差计自动记录电势的变化。

根据(2.22－4)式,在上述 Br_2 浓度的条件下,保持过量的 H^+ 和 Br^- 离子浓度不变,用不同浓度 HCOOH 反应的 k_p 可求出级数 a 值。

$$\begin{cases} k_p' = k[HCOOH]'^a[H^+]^c(1+K[Br^-])^d, \\ k_p'' = k[HCOOH]''^a[H^+]^c(1+K[Br^-])^d, \end{cases}$$

解联立方程得级数 a 的表示式为

$$a = \frac{\ln(k_p'/k_p'')}{\ln([HCOOH]'/[HCOOH]'')}。 \qquad (2.22-10)$$

用类似的方法也可求对 H^+ 的级数 c。

根据(2.22－4)式,若 $d=-1$ 时,在 $[HCOOH]$,$[H^+]$ 一定的条件下,

$$k_p = k[HCOOH]^a[H^+]^c(1+K[Br^-])^d$$
$$= k_1(1+K[Br^-])^{-1},$$

整理,可得

$$\frac{1}{k_p} = \frac{1}{k_1} + \frac{K}{k_1}[Br^-], \qquad (2.22-11)$$

其中

$$k_1 = k[HCOOH]^a[H^+]^c。 \qquad (2.22-12)$$

因此,若根据实验测定所得 $1/k_p$ 值与 $[Br^-]$ 成直线关系,就证明了 $d=-1$。而且由直线的斜率与截距可计算(2.22－1)式中的 k_p 及 K 值。

反应速率常数 k 与温度 T 的关系可用阿仑尼乌斯方程表示,即

$$\frac{\mathrm{d}\ln k}{\mathrm{d}T} = \frac{E_a}{RT^2}。 \qquad (2.22-13)$$

若 k_1,k_2 分别为温度 T_1,T_2 时的反应速率常数,从 T_1 到 T_2 积分得到

$$\ln\frac{k_2}{k_1} = \frac{E_a}{R}\left(\frac{T_2-T_1}{T_1 T_2}\right), \qquad (2.22-14)$$

式中 E_a 为活化能。只要测得两个温度下的反应速率常数,便可由(2.22－14)式算出活化能 E_a。

实验中反应物 Br_2 由 KBr_2O_3 与 KBr 在酸性溶液中反应而得,即

$$KBrO_3 + 5KBr + 6H^+ \longrightarrow 3Br_2 + 3H_2O + 6K^+。$$

三、仪器与试剂

LM-14-Y(t)中型台式自动平衡记录仪 1 台,超级恒温水浴 1 套,夹套反应器 1 个,电动搅拌器 1 台,铂电极(铂丝或铂片)1 支,饱和甘汞电极 1 支,1 kΩ 多圈电位器 1 个,干电池(1.5 V)1 个,单刀开关 1 个。

2.000 mol·L^{-1} HCOOH 溶液,2.000 mol·L^{-1} HCl 溶液,1.000 mol·L^{-1} KBr 溶液,溴贮备液(含 $0.010\,0$ mol·L^{-1} $KBrO_3$ 及 $0.050\,0$ mol·L^{-1} KBr),浓硝酸。

四、实验步骤

1. 把超级恒温水浴调到 30.0℃,使恒温水在反应器夹套中循环。铂丝或铂片电极先用热的浓硝酸浸泡数分钟,再用水冲洗。按图 2.22－2 装好盐桥、电极和搅拌器。

2. 将 2.000 mol·L^{-1} 的 HCl 溶液及同样浓度的甲酸溶液的试剂瓶放入超级恒温槽中

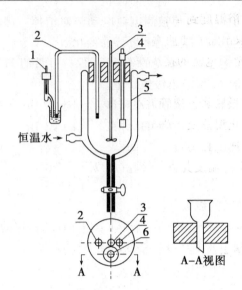

图 2.22－2 反应器装配图

1. 甘汞电极；2. 盐桥；3. 电动搅拌器；4. 铂电极；5. 恒温夹套反应器；6. 加料漏斗

恒温。

3. 按表 2.22－1 规定体积用移液管将蒸馏水、1.000 mol·L^{-1} KBr 溶液和溴贮备液加入干的夹套反应器内。开动电动搅拌器，恒温 10 min。

表 2.22－1 各次实验反应液配比

编号	蒸馏水 (mL)	1.000 mol·L^{-1} KBr(mL)	溴贮备液 (mL)	2.000 mol·L^{-1} HCl(mL)	2.000 mol·L^{-1} HCOOH(mL)
1	75	10	5	5	5
2	72.5	10	5	5	7.5
3	70	10	5	5	10
4	70	10	5	10	5
5	65	10	5	15	5
6	80	5	5	5	5
7	65	20	5	5	5
8	55	30	5	5	5

4. 接通自动记录仪电源，量程选用 50 mV 挡，走纸速度选 60 cm·h^{-1}。用移液管按表 2.22－1 中规定的体积将已恒温的 2.000 mol·L^{-1} HCl 溶液加入反应器中。待溶液开始呈现黄色时，调节多圈电位器，使自动记录仪画出溴生成曲线。当记录纸上画出 4～5 cm 直线时，将记录笔调至纸上"95"标线处。

5. 立即加入规定体积的已恒温好的 2.000 mol·L^{-1} HCOOH 溶液。观察电动势随时间的变化，当记录笔靠近记录纸左端时，即可停止实验。

6. 取下橡皮塞，将溶液放出。用蒸馏水冲洗电极、反应器、盐桥及搅拌棒后，放尽反应器中的水。改变反应液配比，重复实验步骤 2～6，进行表 2.22－1 中编号 1～8 各种配比实验。

7. 调节超级恒温水浴温度到 40.0℃,反应液配比按表 2.22 - 1 中编号 1 进行实验。

8. 全部实验完毕,取出盐桥使两端各浸在饱和氯化钾烧杯中。反应器中装蒸馏水,使铂电极浸在水中。最后把干电池的接线断开。

注意事项:

1. 配制溶液用的容量瓶和移液管需经校准。所配溶液的浓度使用前应进行标定。

2. 实验过程中为防止溴蒸发损失,塞子盖严。

3. 实验中应连续匀速搅拌,转速不宜过快。

4. 保持温度恒定,反应温度允许在 ±0.1℃ 范围内波动。

五、数据处理

计算各种反应物及产物在反应液中的起始浓度,列入表 2.22 - 2 中。

表 2.22 - 2 反应物及产物在反应液中的起始浓度

室温:_____   湿度:_____   气压:_____

编号	温度 (℃)	[HCOOH] (mol·L^{-1})	[HCl] (mol·L^{-1})	[KBr] (mol·L^{-1})	[Br$_2$] (mol·L^{-1})
1	30.0				
2	30.0				
3	30.0				
4	30.0				
5	30.0				
6	30.0				
7	30.0				
8	30.0				
9	40.0				

1. 由记录纸上的 E-t 线,计算各次实验的 dE/dt,再按(2.22 - 9)式计算各次实验的 k_p 值。

2. 根据 30.0℃ 时编号 1,2,3 实验的 k_p 值按(2.22 - 10)式计算 a 的平均值。以编号 1,4,5 实验结果用类似方法计算 c 的平均值。

3. 以编号 1,6,7,8 实验结果 $1/k_p$ 对 [Br$^-$] 作图,按(2.22 - 11)及(2.22 - 12)式计算 30.0℃ 时的 k 及 K 值。

4. 由 30.0℃ 及 40.0℃ 下编号 1 的实验结果,按(2.22 - 14)式求活化能 E_a。

5. 文献值:活化能 E_a 的文献值为 60 ± 8 kJ·mol^{-1}。

6. 结合计算公式,进行误差分析。

六、讨论

1. 实验前可按反应开始时的浓度计算溴电极和饱和甘汞电极组成电池的电动势,然后再算出当 Br$_2$ 消耗了 90% 后的电动势,用于确定这一过程的电势变化大概是多少。

2. 注意保持电极表面清洁。必须用电位差计或高输入阻抗的记录仪、数字电压表或电子管毫伏表测量电池电动势,不宜使用一般毫伏表,以免电极极化。

3. 如果没有恒温夹套反应器,可将 500 mL 三颈圆底烧瓶浸没在恒温槽中,烧瓶中插入双液饱和甘汞电极和铂电极即可使用。

4. 溴是有色物质,因此可用光度计法测定反应速率。

七、思考题

1. 如果甲酸氧化反应对溴不是一级,是否仍能采用本实验提出的方法测定反应速率常数?

2. 为什么用记录仪或直流电子管毫伏表进行测量时要把电池电动势对消掉一部分,而用电位差计或数字电压表时则可不必这样做?

3. 在配溶液时,如发生下列错误,在实验过程中反应器中溶液和记录纸上会出现什么现象?

(1) 没有加甲酸或溴水;

(2) 没有加盐酸或溴化钾。

八、附录:自动平衡记录仪

较常见的自动平衡记录仪有电子电位差计与电子自动平衡电桥两种,它们的原理示意图如图 2.22-3 及图 2.22-4 所示。前者是直接测量电位差的,后者是直接测量电阻的。

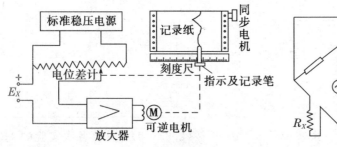
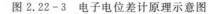
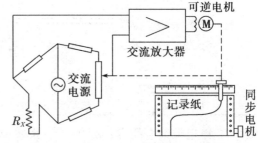

图 2.22-3　电子电位差计原理示意图　　　　　图 2.22-4　电子自动平衡电桥原理示意图

下面主要介绍电子电位差计的原理及使用。标准稳压电源在电位差计的滑线电阻上提供一个标准参考电压,被测电位差 E_x 与电位差计反向串联后接到放大器输入端。如果被测电位差未被滑线电阻引出的部分参考电压补偿,则会产生一个失衡电压信号,并被放大器放大。放大器的输出驱动可逆电机旋转,其旋转方向决定于失衡电压的正负向。可逆电机的转轴通过一组线轮同步地带动电位差计上的滑动触点和显示系统的记录笔。当滑动触点滑到从滑线电阻上引出的电位差补偿了被测电位差时,失衡电压消失,可逆电机停止旋转,滑动触点停止移动,从滑线电阻引出的电位差被同步移动的记录笔指示和记录下来。由于记录纸被另一组同步电机系统拖动,其速度恒定时,记录纸的纵向就成为时间轴。横向为以毫伏为单位的电位差轴。故电子电位差计可自动记录被测电位差随时间变化的曲线。

LM-14-Y(t)中型台式自动平衡记录仪简介:

此型号记录仪是用来测量记录电压讯号的仪表,其特点为反映速度快(0.5 秒满幅)、量程范围广(1 mV~2 V,分 11 挡)、走纸速度选择挡数多(4.8 cm·h^{-1}~60 cm·min^{-1}分 13

挡),还可外接脉冲信号控制驱动记录纸,实现同步记录。此仪表记录误差为±0.5%,走纸精度为±1%。LM-14-Y(t)264 型记录仪为双笔记录,可同时记录两个电位差讯号,其外形如图 2.22-5 及图 2.22-6 所示。

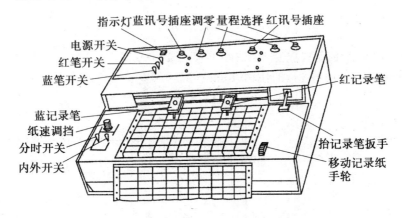

图 2.22-5　LM-14-Y(t)中型记录仪外形图

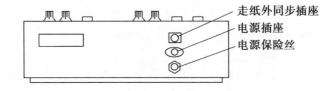

图 2.22-6　LM-14-Y(t)中型记录仪背面图

操作方法:

1. 将 220 V 电源线接在仪表背面电源插座上。把讯号引线插头插入红、蓝讯号插座(记录一个讯号时可只插一个)。装好记录纸。

2. 打开电源开关。将输入讯号线短路,打开记录笔开关。估计所测讯号的大小和零点的位置。把量程选择旋钮转到适当位置,调节零位电位器使记录笔移至要求的零位。

3. 接上所测讯号。调节分时开关及纸速调挡旋钮,选择所需走纸速度(刻度以内挡刻度为准)。将走纸的内外开关扳至"内",此时可见记录纸开始移动。

4. 取下记录笔的塑料套,按下抬笔扳手,即可正常工作。

本仪表可用外部讯号控制记录纸速度,操作方法见该仪表使用说明书。

参考文献

1. Smith,R. H.,A Kinetic Experiment Using Potentiometri Determination of Reactant Concentration. J. Chem. Educ,Vol,50, No. 6, pp. 441~443,1973.

2. 吴肇亮,蔺五正等. 物理化学实验. 东营:石油大学出版社,1993

3. Smith,R. H.,Rate Constants for the Oxidation of Formate and Oxalate by Agureous Bromine,Aust. J. Chem,Vol. 25, PP. 2503~2506,1972

4. 罗澄源等. 物理化学实验(第三版).北京:高等教育出版社,1979

5. 吴子生,严忠. 物理化学实验指导书. 长春:东北师范大学出版社,1995

实验 2.23 过渡金属配离子的离解速率

一、目的

1. 用分光光度法测定过渡金属配离子的离解速率常数。
2. 掌握 751 型分光光度计的使用方法。

二、基本原理

过渡金属离子 Cu^{2+} 及 Co^{2+} 等与邻非啰啉-[1,10]形成配离子在不考虑水分子时简写为 $[ML]^{2+}$,当有其他离子如 Hg^{2+} 存在时会离解,与 Hg^{2+} 离子反应形成更稳定的 $[HgL]^{2+}$ 配离子,其过程可用下列简式表示:

$$[ML]^{2+} \rightleftharpoons M^{2+} + L \qquad (慢), \qquad (2.23-1)$$

$$Hg^{2+} + L \rightleftharpoons [HgL]^{2+} \qquad (快), \qquad (2.23-2)$$

反应的总方程式为

$$[ML]^{2+} + Hg^{2+} \rightleftharpoons [HgL]^{2+} + M^{2+}。 \qquad (2.23-3)$$

由于第二步是快反应,因而整个反应的速率由第一步决定,即由 $[ML]^{2+}$ 配离子的离解速率所决定。

如果 $[ML]^{2+}$ 配离子的离解反应为一级反应,则由(2.23-1)式可得其速率方程为

$$-\frac{d[(ML)^{2+}]}{dt} = k[(ML)^{2+}],$$

积分得

$$\ln \frac{[(ML)^{2+}]_0}{[(ML)^{2+}]_t} = kt, \qquad (2.23-4)$$

式中:$[(ML)^{2+}]_0$ 为过渡金属配离子的起始浓度;$[(ML)^{2+}]_t$ 为过渡金属配离子在 t 时刻的浓度;k 为离解反应的速率常数。

一切可以用来测知配离子浓度的物理方法,原则上都能作为测定离解常数 k 的依据。但在各种方法中,用紫外分光光度法来确定配离子的浓度最为理想。

配位体 L、配离子 $[ML]^{2+}$ 及 $[HgL]^{2+}$ 在紫外光区都有一定的吸收光谱,因而可用分光光度法测定反应中溶液光密度的变化,从而确定它们的浓度。

由比尔定律得知,光密度 E 与试样 i 的吸光系数 ε_i、浓度 c_i 及光程 l 的关系为:

$$E = \sum_i (\varepsilon_i c_i) l。 \qquad (2.23-5)$$

本实验中由于光的吸收涉及到配位体邻非啰啉-[1,10]的隔离电子,在配位体与金属离子配合时,电子能级被微扰而移动了吸收光谱,不同的金属离子移动的能量不同,所以在同一波长下,不同金属配合物的吸光系数是不同的。

为保证形成 1:1 的配离子,在制备配离子时,配位体的浓度比金属离子的浓度小得多,这样在离解反应体系中,没有多余的配位体 L。另外,金属离子在紫外区的吸收很弱,这样,反应体系的光密度可以认为只由 $[ML]^{2+}$ 和 $[HgL]^{2+}$ 的浓度来确定。由(2.23-3)式,按化学式计量关系,有

$$[(HgL)^{2+}]_t = [(ML)^{2+}]_0 - [(ML)^{2+}]_t, \qquad (2.23-6)$$

式中$[(HgL)^{2+}]_t$为$[HgL]^{2+}$配离子在t时刻的浓度。

将(2.23-6)式代入(2.23-5)式可得反应在任一时刻t时溶液的光密度,即

$$E_t = \{\varepsilon_1[(ML)^{2+}]_t + \varepsilon_2[(MgL)^{2+}]_t\} \cdot l$$
$$= \{\varepsilon_1[(ML)^{2+}]_t + \varepsilon_2[(ML)^{2+}]_0 - \varepsilon_2[(ML)^{2+}]_t\} \cdot l, \qquad (2.23-7)$$

式中:ε_1为$[ML]^{2+}$配离子溶液的吸光系数;ε_2为$[HgL]^{2+}$配离子溶液的吸光系数。

如果反应进行到底,即$t \to \infty$时,则$[(ML)^{2+}]_\infty = 0$,(2.23-6)式变为

$$[(HgL)^{2+}]_\infty = [(ML)^{2+}]_0, \qquad (2.23-8)$$

此时测得的溶液的光密度为E_∞,则

$$E_\infty = \{\varepsilon_1[(ML)^{2+}]_\infty + \varepsilon_2[(MgL)^{2+}]_\infty\} \cdot l$$
$$= \varepsilon_2[(MgL)^{2+}]_\infty \cdot l$$
$$= \varepsilon_2[(ML)^{2+}]_0 \cdot l。 \qquad (2.23-9)$$

由(2.23-7)式和(2.23-9)式联立,解之得

$$[(ML)^{2+}]_t = \frac{E_t - E_\infty}{(\varepsilon_1 - \varepsilon_2) \cdot l} \qquad (a_1 \neq a_2)。 \qquad (2.23-10)$$

由于$E_0 = \varepsilon_1[(ML)^{2+}]_0 \cdot l$,代入(2.23-9)式并整理得

$$[(ML)^{2+}]_0 = \frac{E_0 - E_\infty}{(\varepsilon_1 - \varepsilon_2) \cdot l} \qquad (a_1 \neq a_2)。 \qquad (2.23-11)$$

将(2.23-10),(2.23-11)式代入(2.23-4)式,并整理得

$$\ln\left(\frac{E_0 - E_\infty}{E_t - E_\infty}\right) = kt,$$

即有

$$-\ln(E_t - E_\infty) = kt - \ln(E_0 - E_\infty)。 \qquad (2.23-12)$$

对于同一体系,$E_0 - E_\infty$为常数。以$-\ln(E_t - E_\infty)$对t作图,如果是直线,则可验证配离子离解反应是一级的,该直线的斜率便是过渡金属配离子离解反应的反应速率常数k。

k值的大小,表征过渡金属配离子的稳定性。k值越大,配离子的稳定性越差;反之,k值越小,配离子的稳定性越好。从结构化学配位场理论的学习可知,根据配合物中心离子的大小,电荷数和 d 电子的结构,可从理论上讨论其稳定性。

本实验以 751 型分光光度计为分析手段,在同温度下测定$[CuL]^{2+}$及$[CoL]^{2+}$配离子的离解速率常数,并进行比较。

测定中,可供选择的参比液原则上有空气、蒸馏水、配离子$[ML]^{2+}$与水为 1:1 的溶液,以及$[ML]^{2+}$与Hg^{2+}进行离解反应达平衡的溶液。在离解进行时,光密度变化差值约 0.1,若参比液以 0 为满度值,在用水或空气作参比液时,当紫外光通过样品液相对水和空气将有很大的光密度值。在 751 型光度计刻度盘上光密度值变化集中在 1.5～1.4 之间,此段刻度划分精度较低,为 0.1,若换挡又不便于操作。实验最好采用$[ML]^{2+}$与水为 1:1 的溶液或反应体系的平衡液作为参比液,这时样品液与这二种参比液的光密度值较接近,实测时光密度值变化范围在 0.15～0,精度为 0.01。

按习惯,参比液一般取光密度值为 0 值作为满度值,但本实验是测同一样品反应中光密度值的差值($E_t - E_\infty$),所以参比液也可取其他值作为满度(取 0.3 或 0.5),对实验结果并无

影响,只要注意读数精度及以方便读数为原则。

三、仪器与试剂

751 型(紫外—可见)分光光度计 1 台(配有注射孔及小漏斗的暗盒盖 1 个,装置如图 2.23-1),停表 1 块,烧杯(100 mL)4 只,容量瓶(100,50 mL)各 3 只,注射器(2 mL)3 支,移液管(25 mL)4 支。

0.002 mol·L^{-1} Cu(NO_3)$_2$ 溶液(A. R.),0.002 mol·L^{-1} Co(NO_3)$_2$ 溶液(A. R.),0.000 2 mol·L^{-1} 邻非啰啉-[1,10]溶液(A. R.)(配制时可加热 60~70℃ 以加速溶解),0.01 mol·L^{-1} Hg(NO_3)$_2$ 溶液(A. R.)(先加几滴稀硝酸使硝酸汞溶解,然后再加水稀释)。

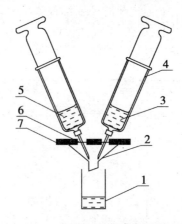

图 2.23-1　751 型分光光度计暗盒盖构造及实验装置简图

1. 比色皿;2. 小漏斗;3. [CuL]$^{2+}$(或[CoL]$^{2+}$)溶液;4. 注射器;
5. Hg(NO_3)$_2$ 溶液;6. 橡胶薄膜;7. 塑料板

四、实验步骤

1. 配离子及配位体溶液吸收光谱的测定

分别移取 25 mL,0.002 mol·L^{-1} Cu(NO_3)$_2$ 溶液和 25 mL,0.000 2 mol·L^{-1} 邻非啰啉-[1,10]溶液于 100 mL 的容量瓶中,用蒸馏水稀释至刻度,摇匀,放置 5 min,让其完全配合后,注入光程为 1 cm 的石英比色皿中,以蒸馏水为参比液,在波长为 230~310 nm 间测定 [CuL]$^{2+}$ 配离子溶液的吸收光谱。

用同样的方法分别测定[CoL]$^{2+}$ 配离子、[HgL]$^{2+}$ 配离子溶液和 0.000 05 mol·L^{-1} 配位体溶液的吸收光谱。

2. [CuL]$^{2+}$ 和[CoL]$^{2+}$ 配离子离解速率常数的测定

(1) 分别移取 25 mL,0.002 mol·L^{-1} Cu(NO_3)$_2$ 溶液和 25 mL,0.000 2 mol·L^{-1} 配位体溶液于 50 mL 的容量瓶中,摇匀,使其配合 5 min。

(2) 向光程为 1 cm 的石英比色皿中注入步骤 1 中配得的[CuL]$^{2+}$ 配离子溶液,根据它的吸收光谱图把波长调到合适的数值,调节 751 型分光光度计的狭缝,使光密度 $E \approx 0.5$。

(3) 将一只光程为 1 cm 的空白石英比色皿推入光路中,用 2 支注射器分别吸取 2 mL 操作步骤 2(1)中配得的[CuL]$^{2+}$ 配离子溶液及 0.01 mol·L^{-1} Hg(NO_3)$_2$ 溶液,同时注入空比色皿中。当各注入一半溶液时开始计时,以后每隔 10 秒记录光密度一次,约记录 10 次,经 5 min 后测定溶液的 E_∞。

（4）用同样的方法测定 $[CoL]^{2+}$ 配离子溶液。

注意事项：

（1）所有溶液要新配制。

（2）反应进行很快,配合物溶液与硝酸汞溶液要快速、充分地混合,光密度的测定要快速、准确。必要时可事先进行练习。

五、数据处理

1. 作 $[CuL]^{2+}$,$[CoL]^{2+}$,$[HgL]^{2+}$ 配离子及配位体溶液的吸收光谱。

将实验数据填入表 2.23 – 1 中。

表 2.23 – 1　溶液的 E 与 λ 的关系

实验温度：_____

样品 光密度 波长 / nm	$[CuL]^{2+}$	$[CoL]^{2+}$	$[HgL]^{2+}$	L
230				
240				
250				
⋮				
310				

根据表中的数据绘制 E-λ 曲线。

2. 求配离子离解速率常数

（1）求 $[CuL]^{2+}$ 配离子离解速率常数。

将 $[CuL]^{2+}$ 配离子溶液的 $-\ln(E_t - E_\infty)$ 与 t 关系填入表 2.23 – 2。

表 2.23 – 2　$[CuL]^{2+}$ 配离子溶液的 $-\ln(E_t - E_\infty)$ 与 t 关系

实验使用波长：_____　　温度：_____　　$E_\infty =$ _____

时间/s	10	20	30	40	50	60	70	80	90	100
E_t										
$E_t - E_\infty$										
$-\ln(E_t - E_\infty)$										

作 $-\ln(E_t - E_\infty)$-t 图,得一直线,求直线的斜率,从而求得 $[CuL]^{2+}$ 配离子的离解速率常数 k。

（2）求 $[CoL]^{2+}$ 配离子的离解速率常数。

方法同上。

（3）比较上述两种配离子的 k 值。

（4）结合计算公式,进行误差分析。

六、讨论

1. 配合物的稳定性一般与中心离子的大小、电荷的多少与 d 电子结构有关。电荷越大,或离子半径越小,配位体结合较紧,离解速率慢。Co^{2+} 和 Cu^{2+} 具有相同的电荷,离子半径分别为 0.082 nm 和 0.072 nm,用半径—电荷法则判断离解速率应有 $Co^{2+}>Cu^{2+}$,而实验结果却是 $Cu^{2+}>Co^{2+}$,说明过渡金属配离子中 d 电子结构是不可忽略的因素。略去配位的水分子,离解反应可写为:

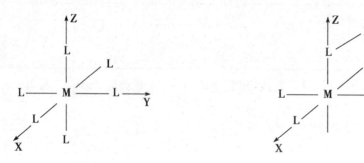

$$(A)\qquad (B)\qquad\qquad (C)$$

$$(D)$$

M^{2+} 为过渡金属,其 d 轨道的几何构型在自由金属状态中,能量是简并的。但由于金属—配位体键的形成,不仅降低了所组成金属-配位体系统的位能,而且引起金属离子 d 轨道的分裂(简并性的排除)。总裂距可由量子力学微扰理论给出:

$$10Dq=\frac{5e\mu a^4}{r^6},$$

式中:e 为电子电荷;μ 为配位体偶极矩;a 为 d 轨道离核距;r 为配位体距金属离子距离。

一个已知配合物的稳定性与实际占有分裂能级的电子数有密切关系,Cu^{2+} 和 Co^{2+} 有不同数目的 d 轨道电子,可以根据各配合物选择电子及占有的方式,算出过渡金属配合物的有效晶体场稳定化能(CFSE)。

图 2.23 - 2　正八面体配合物的几何构型　　　图 2.23 - 3　正方棱锥体的几何构型

过渡金属离子完全被配位时,形成八面体配合物,(A)的几何构型如图 2.23 - 2,四个水分子及配位体邻非啰啉-[1,10]的双基位于 x,y,z 轴两侧并与原点距离相同。反应 k_1 中,它的离解产物(B)的几何构型是低晶体场的正方棱锥体如图 2.23 - 3(L′为双基配位体的双基),以上二种配合物均可根据晶体场分裂情况分别算出它们的有效晶体场稳定化能(CFSE),此时反应 k_1 的活化能(CFAE)低限可以用正八面体晶场稳定化能减去正方棱锥体晶场稳定化能得出。整个历程中,离解速率由 k_1 所控制,因此可以从 k_1 反应所得活化能低限比较不同过渡金属配离子离解常数的大小(见表 2.23-3)。

表 2.23-3　离解时晶场稳定化能(CFSE)及活化能(CFAE)

金属离子	构型	正八面体配合物晶体场稳定化能 CFSE(Dq)	正方棱锥体晶体场稳定化能 CFSE(Dq)	反应活化能 CFAE(Dq)	实际离解情况
Co^{2+}	D^7	18	19.14	-1.14	较快
Cu^{2+}	D^9	6	9.14	-3.14	非常快

实验结果证明了晶体场理论的解释。

2. 对此实验,还有一些问题有待深入研究,如:(1)溶液 pH 对离解的影响;(2)形成配离子时,各试剂用量比例对离解的影响;(3)其他离子存在时对离解的影响;(4)不同取代基团对配离子离解的影响等。另外,可根据实际情况,设计更高效的恒温装置,以达到较好的实验效果。

七、思考题

1. 为什么要使配位体的浓度远比金属离子的浓度小?
2. 溶液的紫外光谱是何种物质产生的?
3. 影响本实验结果的主要因素有哪些?怎样控制实验条件,以提高实验的准确度?

八、附录:751 型分光光度计

用 751 型分光光度计可测定物质在紫外光区,可见光区及近红外光区的吸收光谱,借此可对许多物质进行定性及定量分析。

1. 751 型分光光度计的工作原理

由光源发射出来的连续辐射光,经单色光器色散成一定波长的单色光后,从出射狭缝射出,通过标准溶液照射在光电管上。将此时的透光率 T 定为 100%(光密度 $E=0$),然后用改变狭缝宽度或测量系统灵敏度的方法使零点指示电表指零。再令同样波长的单色光通过待测溶液,若其对光有吸收,则光能将减小,转动读数电位器以改变补偿电压,使电表再次指零,此时读数电位计的指示值即为待测溶液的透光率(读数刻度盘上,上行为透光率 T 值,下行为光密度 E 值)。

2. 仪器的结构

751 型分光光度计的结构可用图 2.23-4 表示:

751 型分光光度计主要由光学系统和电子系统两大部分组成。

(1)光学系统

光学系统如图 2.23-5 所示,它采用单光束自准式光路,在波长为 200~230 nm 范围内使用氢弧灯为光源,在波长为 320~1 000 nm 范围内使用钨丝白炽灯泡为光源。

由光源 1 或 3 发出的连续辐射光依次经聚光凹面镜 2、平面反射镜 4 反射后,经狭缝 5 落在球面准直物镜 7 的焦面上,再经其反射成为一束平行光照射到背面镀铝的石英棱镜 8

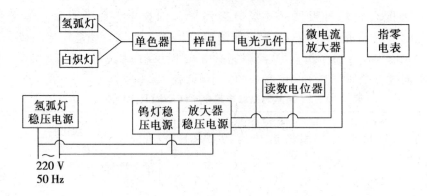

图 2.23-4 751 型分光光度计结构简图

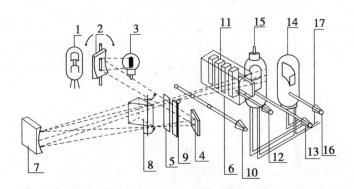

图 2.23-5 751 型分光光度计光学系统

1. 氢弧灯；2. 凹面聚光镜；3. 钨丝灯；4. 平面反射镜；5. 弯面狭缝；6. 比色皿架；7. 球面准直物镜；
8. 石英棱镜；9. 石英聚光镜；10. 滤光片架；11. 比色皿；12. 比色皿架拉杆；13. 暗电流控制闸；
14. 紫敏光管；15. 红敏光管；16. 光电管滑动架；17. 接放大器接线

上(入射角在最小偏向角)。入射光穿过石英棱镜，被棱镜底面所反射，再穿过棱镜时，发生色散，色散后的光经准直镜 7 反射，便聚于出射狭缝 5 的 S_2 上(为减少谱线通过棱镜后的弯曲，改善分辨能力，消除杂散光对测量结果的影响，在出射狭缝后装有滤光片架 10，架上装有 365 nm 及 580 nm 波长的滤光片各一片及一个无滤光片的圆孔)。光线通过滤光片后进入试样室，室内装有比色皿架 6(架中可置比色皿四只)，当光部分被试样吸收后，剩下部分再照射到光电管的阴极上。

(2) 电学系统

751 型分光光度计采用紫敏 GD-5 和 GD-6 真空光电管作为光的接收元件，并把光能转变成电能。其中 GD-5 为锑铯阴极面，对紫光灵敏，使用波长为 200～625 nm；GD-6 为银氧铯阴极面，对红光灵敏，使用波长为 625～1 000 nm。

751 型分光光度计电学系统包括放大器测量系统，钨灯稳压电源和氢灯稳压电源三大部分：

① 放大器测量系统

光电管受光后产生的电流流经一高值电阻。由于采用了高值电阻，因而可使数量很小的光电流形成一个比较大的电压降。751 型分光光度计通过测量这一电压降，从而间接地测定产生的光电流。

为了测定高值电阻的电压降,在电路中采用了电势差计的工作原理,即使一个精密电位器上的电压与光电管上输出的电压进行比较,当放大器的输出零位计(100 μA 电表)指零时,读数电位器的转角(即透光率、光密度盘)便能作为一个待测电压的量度,为提高电位计的灵敏度,采用一个高放大倍数的直流放大器。由于高值电阻的阻值高达 2×10^3 MΩ,因而要求第一级放大管不仅要栅流小,且需稳定、放大性能好。

② 钨灯稳压电源

该稳压电源系统全部采用半导体器件及集成稳压器件。

供给暗电流灵敏度电势差计补偿系统工作的二组 6 V 及供给放大器工作的 ±12 V 稳压电子线路均采用二级硅稳压管的并联式电压结构,后一级用 2PW₇C 具有温度补偿稳压管的标准稳压管,以得到稳定的电压输出。

供给钨灯工作的稳压系统采用放大单元具有较高倍数的 WA715B 型硅集成稳压器件为核心所组成的串联式稳压线路,使其具有较好的电压调整率,较高的输出稳定性能,所以工作电压在 198～240 V 范围内,该稳压系统的输出电压能满足主机的要求,使本机正常工作,并确保其稳定性及精度。

③ 氢灯稳压电源

氢灯稳压电源是用以点燃氢弧灯的一组独立的电源装置,当工作电压在 198～240 V 时,在连接氢灯后,输出电流可稳定在 0.1% 精度内,使主机正常工作。

这部分分为灯丝加热、高压直流电、稳流主回路及高压触发四个部分,它们是由半导体器件及集成稳压器件组成。当电源开关按"↓"方向按下后,高压直流电、灯丝加热及稳流主回路立即开始工作,在氢灯的正极及负极间形成较高的电势差。待氢灯灯丝加热数秒钟后,由于温度逐渐升高,灯内呈离子态的氢气的数目增加到一定程度,即形成电离击穿起弧,发出能量较高的紫外辐射光谱。此时灯丝加热系统的 D406 可控硅二极管上的触发极由于受到主回路中电流的影响,发生了触发电压的相应改变,而立即截止,便切断了氢灯丝的加热电流。在高压系统及稳流主回路中,由于氢灯的起辉而形成了电流,此电流的平衡稳定是由集成稳压器件 W715B 控制的。改变电位器 W401 的中心电势,能选择所需的氢灯工作电流。当氢灯的起辉电压偏高而不易点燃时(在接通电源开关数秒钟后蓝色指示灯不亮),可按下"⚡"按钮,即能引入更高的直流电压,以加速起辉。当蓝色指示灯亮及电流表指示值约 300 mA 时,即证明氢灯已起辉工作。

3. 751 型分光光度计的使用

(1) 在检查整机的连接线路后,接通电源预热 20 min。

(2) 将暗电流闸门控制拉杆拉到"关"的位置上。

(3) 将选择开关旋至"校正"位置。

(4) 将波长刻度盘旋至所需波长位置。

(5) 选择所需波长的光电管及光源。手柄推入为紫敏光电管(波长为 200～625 nm),手柄拉出为红敏光电管(波长为 625～1 000 nm)。同时,根据使用的波长选用相应的光源灯(波长为 200～320 nm 选用氢弧灯,波长为 320～1 000 nm 选用钨灯)。根据需要,可将相应的滤光片推入光路中,以减少杂散光(在通常情况下可不使用滤光片)。

(6) 根据使用波长选择比色皿:使用波长在 350 nm 以上的可用玻璃比色皿;波长在

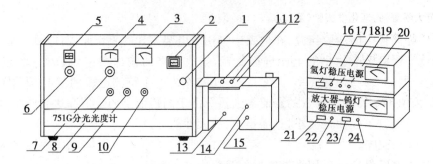

图 2.23-6 751 型分光光度计面板图

1. 狭缝选择钮；2. 狭缝宽度读数盘；3. 电表；4. 测量读数刻度盘；5. 波长刻度盘；6. 波长选择旋钮；

7. 读数电位器旋钮；8. 选择开关；9. 灵敏度旋钮；10. 暗电流调节旋钮；11. 样品注入孔；12. 自制暗盒盖；

13. 比色皿架拉杆；14. 光门钮；15. 光电管选择钮；16. 氢灯电源开关；17. 交流电指示灯；18. 氢灯指示灯；

19. 复位开关；20. 电流表；21. 电源开关；22. 电源指示灯；23. 钨灯开关；24. 钨灯指示灯

350 nm 以下的应使用石英比色皿。

(7) 调节暗电流旋钮，使电表指零。为得到较高的准确度，每测量一次应进行一次暗电流校正。

(8) 把灵敏度旋钮调节在适当的位置上，一般可将旋钮按顺时针方向转动约 3 周（此时读数刻度盘转动 1% 透光率，电表指针可偏转约 3 小格）。

(9) 移动比色皿架拉杆，把标准溶液移入光路。

(10) 调节读数电位器旋钮，使透光率为 100%。

(11) 把选择开关扳到"×1"位置。

(12) 拉开暗电流闸门，使单色光射经试样后，再射到光电管上。

(13) 调节狭缝，使电表大致指零，再细致调节灵敏度旋钮，使电表准确指零。

(14) 移动比色皿架拉杆，将试液推入光路中，此时电表指针偏离零位。

(15) 旋转读数电位器旋钮，使电表重新准确指零。

(16) 待平衡后，即将暗电流闸门关上，以保护光电管。

(17) 从读数刻度盘上读取透光率或光密度值。当选择开关放在"×1"位置时，透光率范围为 0～100%，相应的光密度值范围为 ∞～0，透光率或光密度数值可直接从刻度盘上读取，当试液浓度太大，其透光率值小于 10% 或光密度大于 1.0，不能正确读取数据时，可把选择开关放到"×0.1"的位置上，以得到准确的读数，此时所读取的透光率值应为"×0.1"，光密度值应"+1.0"，即为试液的实际测量值。可用同样方法测量使用同一标准溶液的其他试样。

在测量过程中，必须经常用标准溶液校准仪器的 100% 透光率。

(18) 测定完毕，使仪器恢复使用前状态。

参考文献

1. John M. White. Physical Chemistry Laboratory Experiments. 1975:274

2. G. Brumfitt, J. Chem. Educ. 46, 250(1969).

3. Horace D. Crockford. etc.. Laboratory Mannal of Physical Chemistry. 1975

4. 东北师范大学等.物理化学实验(第二版).北京:高等教育出版社,1998

5. 吴子生,严忠.物理化学实验指导书.长春:东北师范大学出版社,1995

6. 钱三鸿,吕颐康译.物理化学实验.北京:人民教育出版社,1982

实验 2.24　催化剂活性的测定——甲醇分解

一、目的

1. 测定氧化锌催化剂对甲醇分解反应的催化活性。了解制备条件对催化剂活性的影响。

2. 熟悉动力学实验中流动法的特点和关键,掌握流动法测量催化剂活性的实验方法。

3. 掌握流速计,流量计,稳压管等的原理和使用。

二、基本原理

催化剂的活性,是指催化剂在某一确定的反应条件下所进行催化反应的产率、转化率或指有催化剂存在时反应速率增加的程度。通常,由于非催化反应的速率可以忽略不计,故催化剂的活性仅取决于催化反应的速率。严格地讲,催化剂活性是对在某一确定条件下所进行的具体反应而言的,离开了具体的反应条件,任何定量的催化剂活性比较都是毫无意义的。根据需要选择的催化剂,其适宜的反应条件应由实验来选择。因此,我们根据生产上的需要,既要研制高效率的催化剂,又要从实验中选择催化剂所适宜的反应条件,作为扩大生产时确定工艺条件的依据。

同一种催化剂,常可通过许多不同的途径来制取。例如要制取某金属氧化物催化剂,可以直接利用其硝酸盐、碳酸盐、有机酸盐的干法灼烧分解来制得,也可以将其溶液沉淀成氢氧化物再进一步热分解得到;可以在制得金属氧化物后直接加工成型,也可以将其沉积在惰性载体上得到载体催化剂。从不同途径制取的某一金属氧化物催化剂,用经典化学分析法常不能加以区别。但它们的催化活性却可能相差悬殊。这往往与它们的活性表面结构有关。

催化反应可以分为均相催化和复相催化。本实验是研究固相氧化锌催化剂对气相甲醇的复相催化分解反应。

制备大部分复相催化剂,都必须将催化剂放在特定温度下进行灼烧处理,这样才能使它处于活性的中间过渡态,而催化剂活性表面形成时的这种温度和灼烧的时间往往是影响其活性的重要因素。各种催化剂其最合适的灼烧温度与时间,必须由实验确定。

对于复相催化反应,由于实际反应在固体催化剂表面上进行,因此催化剂的比表面大小,往往又起着主要作用。工业上常用单位质量或单位体积的催化剂对反应物的转化百分率来表示催化剂活性。这种表示活性的方法虽然并不确切,然而十分直观,故经常采用。

测定催化剂活性的实验装置可大致分为静态法和流动法两类。静态法是将反应物和催化剂放入一封闭容器中,测量体系的组成与反应时间关系的实验方法。流动法是指反应物不断稳定地流过反应器,并在其中发生反应,离开反应器后即有产物混杂其间。然后设法分离和分析产物。流动法的许多优点是静态法所无法做到的。如容易模拟大规模的生产工艺、便于对反应体系进行自动控制、反应效率高以及产物质量稳定等。在石油炼制、石油化工和基本有机合成等现代化工业生产中,已普遍采用流动法进行生产。由于在工业连续生产中,使用的装置与条件和流动法比较类似,因此,在探讨反应速率,研究反应机理的动力学实验及催化剂活性测定的实验中,流动法使用较广。

但是,流动法本身也有不少麻烦。首先要产生和控制稳定的气流,气流速度既不能太大,也不能太小。因为太大反应进行不完全;太小则有气流扩散的影响,产生副反应。其次,要长时间控制整个反应系统各处的实验条件(温度、压力、浓度等)不变,也颇为困难。最后,流动法实验数据的处理也较静态法麻烦。

流动法的关键是要产生和控制稳定的流态。如流态不稳定,则实验结果不具有任何意义。流动法的另一个关键是要在整个实验时间内控制整个反应系统各部分实验条件(温度、压力等)稳定不变。

为了满足流动条件,必须等速加料,常用饱和蒸气带出法,即用稳定流速的惰性气体通过恒温的液体,使惰性气体为液体的饱和蒸气所饱和。由于在一定温度时液体的饱和蒸气压恒定,因此控制气体的流速和液体的温度就能使反应物等速注入反应器。

流动法按催化剂是否流动又可分为固定床和流化床,而流动的流态情况又可分为气相和液相,常压和高压。ZnO 催化剂对甲醇分解反应所用的是最简单的气相、常压、固定床的流动法。

甲醇可由 CO 和 H_2 作原料合成,反应式如下:

$$CO + 2H_2 \rightleftharpoons CH_3OH,$$

这是一个可逆反应,反应速率很慢,关键是要找到优良的催化剂,但按正向反应进行实验需要在高压下进行,而且还有生成 CH_4 等的副反应,对实验不利。按催化剂的特点,凡是对正向反应是优良的催化剂,对逆向反应也同样是优良的催化剂,而甲醇的分解反应可在常压下进行,因此在选择催化剂的(活性)实验中往往利用甲醇的催化分解反应,即

$$CH_3OH(g) \xrightarrow[300\sim400\,^\circ\mathrm{C}]{ZnO \text{ 催化剂}} CO(g) + 2H_2(g).$$

这种为了便于实验的进行,用逆向反应来评价用于正向反应催化剂的性能是催化实验中常用的方法。

本实验用单位质量的 ZnO 催化剂在一定的实验条件下,使 100 g 甲醇中所分解掉的甲醇克数来表示催化剂的活性。以恒定的甲醇蒸气送入系统,由于反应物和产物可经冷凝而分离,所以催化剂活性愈大,则由甲醇分解所生成的氢气和一氧化碳愈多。因此只要测量流动的气流经过催化剂、捕集器(其作用是将未分解掉的甲醇蒸气在器内冷凝成液体而除去)后的体积增量,便可比较催化剂活性的大小。

三、仪器与试剂

ZnO 催化剂:取 80 g ZnO(A. R.)加 20 g 皂土(作粘结剂)和约 50 mL 蒸馏水研压混合使均匀,成型弄碎,过筛,取粒度约 1.5 mm(12~14 目)的筛分,在 383.2 K 烘箱内烘 2~3 h,分成两份,分别放入 573 K 和 773 K 的马弗炉中焙烧 2 h,取出放入真空干燥器内备用。

甲醇(A. R.),KOH(C. P.),食盐,碎冰。

四、实验步骤

1. 按图 2.24-1 所示连接仪器,并做好下列准备工作。

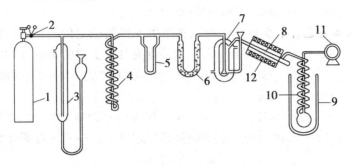

图 2.24-1　实验装置简图

1. 氮气钢瓶;2. 减压阀;3. 石蜡油稳压管;4. 缓冲管;5. 毛细管流速计;6. 干燥管(内装 KOH);7. 液体挥发器;
8. 反应管(用硬质玻璃制成,与水平线约成 15°仰角);9. 杜瓦瓶(内储细冰和食盐混匀制成的冰盐冷剂,一般可冷至 −12℃);
10. 捕集器;11. 湿式流量计(记录 N_2 及 H_2,CO 的体积);12. 管式电炉

　　(1) 用量筒向各液体挥发器(本实验中为保证甲醇蒸气饱和,共串联三个液体挥发器)内加入甲醇至充满 2/3 的量。

　　(2) 向杜瓦瓶内加食盐及碎冰的混合物作为冷却剂。

　　(3) 调节超级恒温槽温度到 40℃±0.1℃,打开循环水的出口,使恒温水沿挥发器夹套进行循环。

　　(4) 调节湿式气体流量计至水平位置,并检查计内液面。

　　2. 检查整个系统有无漏气,其方法如下:小心开启 N_2 气钢瓶的减压阀,使用小股 N_2 气流通过系统(毛细管流速计上出现压力差)。这时把湿式气体流量计和捕集器间的异管闭死,若毛细管流速计上的压力差逐渐变小直至为零,则表示系统不漏气,否则要分段检查,直至无漏。

　　3. 检漏后,缓缓开启 N_2 气钢瓶的减压阀,调节稳压管内液面的高度,并使气泡不断地从支管经石蜡油逸出,其速度约为每秒 1 个(这时稳压管才起到稳压作用)。根据已校正毛细管的流速计校正曲线,使 N_2 气流速度稳定为每分钟 50 mL,准确读下这时毛细管流速计上的压力差读数,作为下面测量时判断流速是否稳定为某数值的依据。每次测定过程中,自始至终都需要保持 N_2 气流速的稳定,这是本实验成败的关键之一。

　　4. 测定

　　(1) 空白曲线的测定

　　通电加热并调节电炉温度为 573±2 K,在反应管中不放催化剂,调节 N_2 气流为 50 mL·min^{-1},稳定后,每 5 min 读湿式气体流量计一次,共计 40 min,以流量读数 $V(N_2)$(L) 对时间 t(min) 作图,得图 2.24-2 上直线 I。重复测定空白曲线,使二次测定结果重复为止。

　　(2) 样品活性的测定

　　称取存放在真空干燥器内、粒度为 1.5 mm 左右、经 573 K 焙烧的 ZnO 催化剂约 2 g 装入反应管内(管两端填放玻璃布,催化剂放在其中。装催化剂时应沿壁轻轻倒入,并把反应管加以转动和震动以装匀,但不宜重震以免催化剂破碎而阻塞气流),装妥后记下催化剂层在反应管内的位置,在插入到电炉中时,催化剂层应在电炉的等温区内。然后接好管道并检漏,打开电炉电源并调节电炉温度到 573 ± 2 K,调节 N_2 气的流速,使与空白试验(50 mL·min^{-1})时相同(由毛细管流速计的压力差来指示),同样每隔 5 min 读一次湿式气体流量计(即 $V(N_2+H_2+CO)$)共 40 min,其 $V\text{-}t$ 的直线即图 2.24-2 上直线Ⅱ。换去反应管中的催化剂,重测 573 K 焙烧的 ZnO 催化剂活性,至两次测定结果一致。

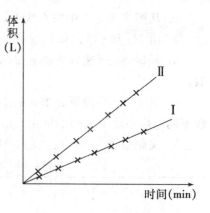

图 2.24-2 流量和时间关系

同法,在 N_2 流速为 50 mL·min^{-1} 的条件下,对经 773 K 焙烧的 ZnO 催化剂进行活性测定。

实验结束后应切断电源和关掉 N_2 气钢瓶并把减压阀内余气放掉。

注意事项:

1. 系统必须不漏气。

2. N_2 的流速在实验过程中需保持稳定。

3. 在对比不同焙烧温度下制得的催化剂活性时,实验条件(如装样,催化剂在电炉中的位置等)需尽量相同。

4. 在通入 N_2 前,不要打开干燥管上通向液体挥发器的活塞,以防甲醇蒸气或甲醇液体流至装有 KOH 的干燥管,堵塞通路。

5. 在实验前需检查湿式流量计的水平和水位,并预先使其运转数圈,使水与气体饱和后方可进行计量。

6. 实验结束后,需用夹子使挥发器不与反应管和干燥管相通,以免因炉温下降甲醇被倒吸入反应管内。

7. 甲醇对人体有毒,严重的可导致失明,实验时必须严防甲醇泄漏。另外,尾气中含有 CO_2,H_2,少量甲醇蒸气,必须排放至室外或下水道中。

五、数据处理

将测得数据记录于表 2.24-1 中。

表 2.24-1 实验数据

室温:_____   大气压:_____   毛细管流速计压力差:_____

恒温槽温度:_____   催化剂质量:_____

时间/min	湿式流量计体积示值 $V(N_2)$/L	湿式流量计体积示值 V/L
0		
5		
10		
⋮		
40		

1. 从图 2.24 - 2 中的直线 I，II 算出催化反应后增加的 H_2 和 CO 总体积量。

2. 由 H_2 和 CO 总体积量算得催化反应分解掉的甲醇克数。

3. 根据 N_2 流速和甲醇在 40℃ 时的饱和蒸气压，算出 40 min 内通入反应管的甲醇克数。

4. 以 100 g 甲醇所分解掉的克数来表示实验条件下单位质量 ZnO 催化剂的活性；并比较不同灼烧温度下制得的催化剂活性。

5. 文献值：用 $ZnCO_3$ 加皂土制备的催化剂活性列于表 2.24 - 2。

表 2.24 - 2　$ZnCO_3$ 加皂土制备的催化剂活性

焙烧温度/K	N_2 流速/mL·min^{-1}	活性
573	50	26 ± 3
573	70	17 ± 2
773	50	16 ± 2
773	70	10 ± 2

注：活性用单位质量 ZnO 催化剂在一定实验条件下，使 100 g 甲醇中所分解掉的甲醇克数来表示。

6. 结合计算公式，进行误差分析。

六、讨论

1. 毛细管流速计中的毛细管要选择适当，对于一定的气体流速有一定的压差。如毛细管孔径过大，则会因压差过小而误差过大，使结果发生偏差。

2. 稳压管中液面的高度要适当，气泡经石蜡油层逸至大气，其速度应控制在每秒钟 1 个为宜，过少或过多会造成 N_2 气流速不稳。在实验过程中应随时注意毛细管流速计的高度以调节之。

3. 要获得稳定的加料速度，对于挥发性的液体常可采用液体挥发器来达到。其原理是当流速为 v_1 的载气（如 N_2）流经挥发性液体（如甲醇），就被该挥发性的蒸气所饱和。由于液体的挥发，使气流速度由 v_1 增加到 v_2（此即挥发器出口的流速），那这一流速的增值（$\Delta v = v_2 - v_1$）和 v_2 之比在数值上等于挥发性液体蒸气在载气中所占的分数，即

$$\frac{\Delta v}{v_2} = \frac{p_S}{p_A},$$

式中：p_A 为大气压；p_S 为实验温度下挥发性液体的蒸气压。因此，只要控制合宜的温度和载气流速就可以得到稳定的加料速度。

七、思考题

1. 毛细管流速计和湿式流量计二者有何异同？

2. 为什么实验时必须严格控制 N_2 流速稳定于同一数值？如果空白测定和样品测定时 N_2 的流速不同，对实验结果有何影响？

3. 欲得较低温度，氯化钠和冰应以怎样的比例混合？

4. 催化剂流失对实验结果有何影响？如何防止催化剂流失？

5. 试设计测定合成氨铁催化剂活性的装置。

八、附录

（一）毛细管流量计及其标定

毛细管流量计也称锐孔流量计,其原理如图 2.24 - 3 所示。当气体流过毛细管(或锐孔)时,阻力增大,线速度增加(即动能增加),其压力降低(即位能减小)。这样气体在毛细管前后就有压力差$(p_1 - p_2)$,借 U 形压力计两侧的液面差 Δh 显示出来。若 Δh 恒定,表示气体的流量(或流速)稳定。

气体流量与 U 形管两边液面差 Δh 的定量关系为:

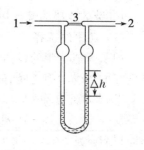

图 2.24 - 3　毛细管流量计
1. 入口;2. 出口;3. 毛细管

$$V = S\omega = S\mu \sqrt{2g\Delta h},$$

式中:V 为气体流量(以单位时间内通过的气体体积表示);ω 为气体通过毛细管(锐孔)时的线速度($m \cdot s^{-1}$);S 为毛细管(锐孔)的截面积;μ 为校正系数;g 为重力加速度;Δh 为 U 形管液面差。

当毛细管的长度与半径之比大于 100 时(或锐孔足够小),流量 V 和液面差 Δh 之间有线性关系

$$V = f \frac{\Delta h d}{\eta},$$

式中:d 为流量计中所盛液体的密度;η 为气体的黏度系数;f 为毛细管的特性系数$(f = \frac{\pi r^2}{8L}$,r 为毛细管半径,L 为毛细管长度)。

当流量计的毛细管及所盛液体一定时,对不同的气体而言,V 和 Δh 将有不同的线性关系。就是对同一种气体,当换了毛细管后,V 与 Δh 的直线关系也与原来的不同。

通常流量计的流量与液面差的关系不是由上式计算得到,而是通过标定出来的,对于测量范围较小($100\ mL \cdot min^{-1}$)的流量计,可用皂膜流量计标定,方法简便,准确性好。标定时为使气体所受阻力一致,流量计应和反应体系连在一起。皂膜流量计是由有刻度的玻璃管与装有皂液的橡皮小球所组成。用橡皮管把流量计入口和毛细管流量计气路出口相连,开始时先以所用的气体把空气置换干净。待流速稳定后(Δh 不变),挤一下橡皮小球,使皂液面高过入气口,则出一气泡,在气流推动下,气泡向上移动。用秒表测一下气泡移动一定刻度的时间,即可算出气体的流量。如气泡由 0 移动到 10 mL 时,需 15 s 时间,则流量为:

$$Q = \frac{60}{15} \times 10\ mL \cdot min^{-1} = 40\ mL \cdot min^{-1}。$$

每点重复测定 3 次,然后由调节阀改变气体流速,继续测定,至少测定 5 个以上的点,画出 V-Δh 曲线,注明标定时的温度压力。

使用皂膜流量计时,管内只允许有一个皂泡通过。一定要注意管壁的清洁与湿润,否则皂膜会半途破裂。

皂液可以用普通肥皂溶解后配制,也可以用一般洗涤剂来配制,浓度要适中,效果才会好。

（二）管式电炉的制作与使用

常压流动法研究催化反应所用的加热器,如管式电炉、坩埚电炉等,其中最常用的是管

式电炉,在没有现成合适的情况下必须自制电炉。下面着重对自制电炉时应该掌握的重点作简要介绍。

1. 管式电炉的设计与制作

(1) 功率的选择

炉子所能达到的最高温度和电热丝的功率有关。在中等保温的情况下,炉子所达到的温度和电热丝功率之间有以下经验关系:

① 当炉温在 300℃以下,每 100 cm² 加热面积所需功率为 20 W。

② 炉温在 300~700℃时,每增加 100℃,每 100 cm² 加热面积需再增加 20 W。例如加热面积为 100 cm² 时,使炉温达到 700℃,就需要用 100 W 功率的电热丝。

(2) 电热丝的选取

常用的电热丝是镍铬丝。选定了炉子所需的功率后,可根据下列公式计算通过电热丝的额定电流

$$I = \frac{W}{E},$$

式中:I 为电流强度(A);W 为电炉的功率(W);E 为电源电压(V)(实验室电源电压约为 200 V)。

一定粗细的镍铬丝的额定电流值列于表 2.24 - 3。

表 2.24 - 3 各种直径的镍铬丝的电流值

镍铬丝直径/mm	0.1	0.15	0.2	0.3	0.4	0.5	0.6	0.8	1.0
最大通过电流/A	0.7	1.0	1.3	2.0	3.0	4.2	5.5	8.2	11.0

例如要求做一个功率为 100 W 的电炉,根据上面的公式,可知允许通过的额定电流为:

$$I = \frac{100}{200} \text{ A} = 0.5 \text{ A},$$

从上表中可以看出若选用直径为 0.1 mm 的镍铬丝就可以满足要求。

(3) 电热丝电阻的确定

已知电热丝的额定电流以后,再根据下式

$$R = \frac{E}{I}$$

就可以计算出所需要的电热丝电阻值。还是举上述例子,已知电热丝的额定电流为 0.5 A,则电热丝电阻值应为

$$R = \frac{E}{I} = \frac{200}{0.5} \text{ } \Omega = 400 \text{ } \Omega。$$

(4) 电热丝长度的确定(不考虑温度对电阻的影响)

一定直径的镍铬丝,其单位长度的电阻值一定,见表 2.24 - 4。

表 2.24 - 4 不同直径镍铬丝每米长所具有的电阻(Ω)(20℃)

镍铬丝直径/mm	0.2	0.3	0.4	0.5	0.6	0.8	1.0
电阻值/Ω·m⁻¹	34.6	13.9	8.76	5.48	3.46	2.62	1.38

例如:直径为 0.2 mm 的镍铬丝,电阻为 200 Ω,则镍铬丝的长度为:

$$l = \frac{电阻}{单位长度电阻} = \frac{200}{34.6} \text{ m} = 5.7 \text{ m}。$$

例　有一个管式电炉,加热面积为 400 cm²,要求达到的最高温度为 600℃,试问应选用粗细多大、长度多少的镍铬丝?

解　① 先确定所需功率

$$20 \times 4 \text{ W} + 3 \times 20 \times 4 \text{ W} = 320 \text{ W}。$$

② 电热丝允许通过的额定电流

$$I = \frac{W}{E} = \frac{320}{200} \text{ A} = 1.6 \text{ A}。$$

③ 电热丝直径,查表可知约为 0.3 mm。

④ 电热丝单位长度的电阻值,查表可知为 13.9 $\Omega \cdot \text{m}^{-1}$。

⑤ 电热丝总电阻

$$R = \frac{E}{I} = \frac{200}{1.6} \text{ } \Omega = 125 \text{ } \Omega。$$

⑥ 电热丝长度为 $\frac{125}{13.9}$ m=9 m。

因此必须选用 9 m 长的直径为 0.3 mm 的镍铬丝。

应当说明,上面的计算没有考虑到炉子升温速度问题。实际上为了提高工作效率,希望炉子升温速度要快。加快升温速度的办法是加大电流量。如果考虑这一要求,则必须把算出的功率值额外地增大 20% 左右。

(5) 电炉的制作

催化反应用的管式炉是由电热丝以一定标准绕在直径为 3.5～5 cm、长为 50～70 cm 的管子上,将整个管子装在金属壳内,壳中填满保温材料(氧化镁或硅藻土)而制成的。炉管可根据使用温度的不同选取以下材料

硬质玻璃管(北京或沈阳)　　　　　(500℃)

铁管　　　　　　　　　　　　　　(900℃)

石英管　　　　　　　　　　　　　(1 200℃)

实验室常用铁管或紫铜管,外包以 1～1.5 mm 厚的优质石棉纸(这种石棉纸在强烈煤气灯火焰上灼烧数分钟后冷却,手摸不碎成粉)。石棉纸用水润湿,均匀地使其与管子贴紧,晾干后绕以电热丝。丝的两端以较粗的铁丝牢牢固定于管上,再用铜片夹子固定。电热丝应绕紧。

电炉丝的绕法直接影响恒温区的长度。绕电炉丝的原则是中间疏两端密。

下面介绍一种绕法:

电热丝直径 0.71 cm,紫铜管直径 4 cm。具体绕法是将炉管等分为二,其中左半部按表 2.24－5 间距绕电热丝,右半部与之对称。共为 90 圈,电阻为 40 Ω。绕完后包上一层石棉纸,干燥后放入炉壳内,再用保温材料填紧,将电热丝的两端分别接到炉壳的接线柱上。

表 2.24－5　圈间距离与圈数的关系

圈间距离/cm	0.4	0.5	0.6	0.7	0.8	1.0
圈数	10	9	8	7	6	5

炉壳与炉管的半径比约为 5:1。根据炉子使用的最高温度,这个比值可以适当增减。一般要求炉壳表面温度不要超过 60℃。

性能较好的管式炉应具备恒温区长,升温快,散热慢的特点。

2. 管式电炉的使用

在使用电炉之前应熟悉炉子的两种性能:① 输入电压或电流与炉温的关系;② 炉温的分布。前者决定所希望到的温度下需要通多大的电流或电压,在此基础上温度调节器才能发挥应有的作用;后者决定催化剂床所在的位置。

(1)炉温与输入电流或电压关系的测定

将炉管两端用石棉灰封住,在它的一端插入高温用的水银温度计或热电偶,其位置应恰好落在反应管的正中。接上电源并用调压变压器调节电流为 1 A,每隔半小时记下温度。待所观察的温度经较长时间不变或改变很小(2℃以内)时,可认为已达到最高的平衡温度(要注意电压的变动),增大电流为 1.5 A,重复以上操作,记下最高平衡温度,依次测定当电流为 1.8 A,2.0 A,2.2 A 时所相应的最高平衡温度,这样就可画出电流与炉温的关系。

(2)炉温分布的测定

当电流不变时,炉温的分布总是两端低、中间高,催化剂应放在炉管中温度稳定分布区。由于散热的原因,电炉稳温区的长度总是随温度的升高而缩短。寻找所希望温度下的稳温区的长短及所在处,方法如下:

根据电炉温度与输入电流曲线,找出所需温度对应的电流,并用控制器调节温度。稳定之后,将温度计或热电偶从反应管正中处慢慢移开,当发现温度变化超过 2℃ 时,停止移动。记下温度变化的位置及范围,并在炉子的外面做一记号。炉子正中的另一边,温度分布应当是相互对称的,但由于炉管的位置,电热丝本身的均匀性及绝缘情况等,温度的分布往往就不对称,因此仍需测定。

参考文献

1. B. H. 多尔郭夫. 有机化学中的催化作用. 北京:人民教育出版社,1963
2. 董迫传,郑新生. 物理化学实验指导. 郑州:河南大学出版社,1997
3. 顾良证等. 物理化学实验. 南京:江苏科学技术出版社,1986
4. 复旦大学等. 物理化学实验. 北京:人民教育出版社,1980

实验 2.25 脉冲式微型催化反应器评价催化剂活性

一、目的

1. 了解脉冲式微型催化反应器的装置特点。

2. 通过异丙醇脱水反应催化剂活性的测定,掌握用脉冲式微型催化反应器评价固体颗粒催化剂活性的一般方法。

二、基本原理

脉冲催化技术是研究催化剂及其反应动力学特性的微量技术之一。其基本特点是将微型催化反应器与气相色谱仪联合使用,而反应物以脉冲方式进样。由于微型催化反应器所用的催化剂和反应物的数量都很少,在反应过程中催化反应的转化率控制在很低水平,因此就有可能消除催化剂床层内温度和浓度分布的不均匀性；而且由于实验所用的催化剂都是很小的颗粒，所以在微型催化反应器中比较容易排除扩散、传热等物理因素对动力学研究的干扰。由于反应原料需要量很少，例如，脉冲式进样时，一般一个脉冲的气体反应物仅有 0.5 到几个毫升，液体反应物仅为 0.5 到几个微升，所以在实验时可用超高纯和同位素等稀贵原料。

除此之外，微型反应器具有操作简单、容易控制、获得数据快等特点，对新型催化剂的开发和催化机理的探索十分有利。

当然，催化反应器微型化以后，催化反应产物的分离和分析就很困难，在这方面色谱技术的应用发挥了很大的作用。鉴于色谱法具有分离效率高、检出灵敏度高以及分析速度快等特点，将色谱技术和微型催化反应器相配合，不但使催化反应器的微型化成为可能，而且使催化反应的研究结果准确、精密，操作易于自动化，从而打开了催化反应研究的新局面。

脉冲式微型催化反应器间断地通过进样六通阀或微量注入器以脉冲形式供给反应物，因此操作比较方便。由于每一脉冲的供料量很少，催化反应的转化率很低，而且在两个脉冲之间催化剂的表面被不断流过的气体所活化，因此催化剂在反应前总是处于新鲜状态。应用脉冲式微型催化反应器很容易获得催化剂的初活性数据，往往可以利用少量催化剂和少量反应物在数分钟或数十分钟内完成一次催化剂的初活性评价，因此脉冲式微型催化反应器常用于新催化剂的开发和筛选。此外，由于脉冲式进样的不连续性，因此利用脉冲式微型催化反应器可以逐个分析脉冲在催化剂上的反应情况，跟踪催化剂在反应过程中所发生的变化，更可以研究毒物对催化剂的影响，并由此推断催化剂活性中心的性质、数量和强度，为研究催化剂的吸附特性以及催化反应机理提供有力的依据。

但由于脉冲式微型催化反应器在使用的催化剂颗粒上以及在进料形式上与工业生产时的条件不一致，有时会得出与其他催化反应器不一致的结果，所以在使用脉冲式微型催化反应器所获得的数据时，必须注意分析。

应用脉冲式微型催化反应器评价催化剂的活性时，有一套简单实用的反应装置是关键。这种装置主要由两部分组成。第一部分为微型催化反应器，它包括一支能控制温度的微型催化反应管和一支样品汽化器，反应样品可由此样品汽化器通过微量注射器脉冲注入，然后通过反应管内的催化剂层进行催化反应。第二部分是尾气分离分析器，这部分可由一般的单气路气相色谱仪承担。这两部分按一定的顺序配合，有些部件可以利用原气相色谱仪的组件安装，如连接反应管的样品汽化器可用一般色谱仪的汽化器改装。反应管为内径约 4 mm，长约 200 mm 的硬质玻璃管或不锈钢管，在此反应管内可以按需要装入一定量的催化剂，并保持催化剂层平整、均匀。反应管的拆装要方便，以便能迅速有效地更换催化剂品种。反应管温度的保持和控制可以通过管式电炉和高温控制器达到。

考虑到脉冲式微型催化反应器在催化研究中的重要用途，本实验作为催化研究方法的一种入门训练，应用脉冲式微型催化反应器测定氧化铝催化剂对异丙醇脱水反应的催化活性，使学生了解脉冲式微型反应装置的结构特点和操作要求，掌握应用脉冲式微型催化反应器评价固体颗粒催化剂活性的一般方法。异丙醇脱水反应可表示为：

$$\begin{array}{c} H_3C \\ \diagdown \\ CHOH \xrightarrow{Al_2O_3} CH_3-CH=CH_2 + H_2O \\ \diagup \\ H_3C \end{array}$$

异丙醇脉冲进入催化反应器,在氧化铝催化剂的催化下进行脱水反应,反应产物流经色谱柱分离,并由热导检测器检测,在记录仪上记录出各物质的色谱峰,比较外标物异丙醇的峰面积与反应剩余的异丙醇峰面积,就可以求出异丙醇脱水反应的转化率,以转化率的高低来判断催化剂的活性大小。

三、仪器与试剂

按图 2.25-1 组装脉冲式微型催化反应器装置。该装置较为简单,特别适用于反应物为液体,以微量注入器为供料装置的情况。在组装时,各种部件的性能要良好,安装的次序要正确,流程要合理,管道要保证不漏气。

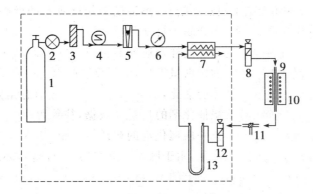

图 2.25-1 脉冲式微型催化反应器装置

1. 载气钢瓶;2. 减压阀;3. 干燥管;4. 稳压阀;5. 转子流量计;6. 压力表;7. 热导检测器;8. 汽化器(1);
9. 反应器;10. 管状电炉;11. 三通阀;12. 汽化器(2);13. 色谱柱(虚线部分为常用气相色谱仪的组成部件)

整套脉冲式微型催化反应器装置,除了样品汽化器(1)8、反应器 9、管状电炉 10 和三通阀 11 以外,其余部分都是常用气相色谱仪的组成部件,因此脉冲式微型催化反应器可用气相色谱仪改装,样品汽化器(1)8 与气相色谱仪中的汽化器构造一样。反应器 9 为内径 4 mm、长 200 mm 的硬质玻璃管(或不锈钢管),管内装入 40~60 目氧化铝催化剂 0.1~0.5 g 并置于管状电炉内加热,电炉用高温控制器控制,用热电偶测量反应区域的温度,要求催化剂装载平整均匀,温度控制恒定。

脉冲式微型催化反应器应包括下列仪器设备:

氢气钢瓶及减压阀各 1 个,气相色谱仪(100 型或 102-G 型)1 台,样品汽化器 1 个,反应管 1 支,可控硅温度控制器(WZK 型)1 台,管状电炉(或金属块炉)1 台,数字直读式温度电势计(PY8-2 型)1 台,热电偶(镍铬-镍硅)1 副,三通阀 1 只,微量注入器(0~10 μL)1 支。

氧化铝催化剂(40~60 目),氢气(作载气用),401 有机担体(填充色谱柱用),异丙醇(A.R.)。

四、实验步骤

1. 按气相色谱分析的要求在色谱柱中装入 401 有机担体(柱长 2 m)。

2. 在反应器中装入催化剂,并将各部分按图次序装接,要求管道尽量紧凑,装置严密不漏气。

3. 先将三通阀放在放空位置,开启氢气钢瓶,控制氢气流量 40~100 mL·min^{-1},接通电炉,升温到 450℃,加热处理催化剂 2 h。

4. 将三通阀转向色谱分析位置,重新调节氢气流量,控制流量为 40 mL·min^{-1},降低电炉温度,并使其恒定控制于 300±1℃。

同时调节气相色谱仪,使其处于正常工作状态,色谱柱柱温为 115℃,热导检测器 120℃。

调节样品汽化器温度,使其恒定在 120℃。

5. 用微量注入器于样品汽化器(1)准确注入异丙醇 1~5 μL。异丙醇经催化剂层进行脱水反应,载气将反应产物丙烯、水以及未反应的异丙醇一起带入色谱柱和热导检测器。色谱记录仪上将依次出现丙烯、水和异丙醇色谱峰。

6. 以相同的脉冲间隔时间(如 5 min)重复注入异丙醇样品,直至获得在此温度下异丙醇脱水反应的稳定色谱峰。

7. 由样品汽化器(2)用微量注入器准确注入异丙醇。此时异丙醇不经反应器而直接进入色谱柱和热导检测器,在色谱记录仪上出现异丙醇色谱峰,此色谱峰作为测定催化反应结果的外标。要求外标峰的面积与反应后残留的异丙醇的色谱峰面积接近。这一点可通过控制注入异丙醇的量来达到。

8. 升高反应温度到 320℃,350℃,分别待温度恒定,重复 5,6,7 操作,可测得不同反应温度时的催化剂初活性。

注意事项:

1. 氧化铝催化剂要按规定粉碎和筛分至一定的粒度,将催化剂装入反应管时,要保证催化剂床层平整均匀,当气体通过催化剂层时,要没有沟流。反应管的加热控温要恒定,并要严格按催化剂预处理程序作好预处理。

2. 在测定过程中,要求气流平稳控制自如,色谱仪操作稳定正常。

3. 注意微量注入器的熟练操作,保持每次进样量一致,在某一温度和流量下转化率的测定应连续测定几次,以便取得稳定的实验结果。

五、数据处理

1. 测定在不同反应温度下未反应的异丙醇和相应的外标异丙醇的色谱峰峰面积。

2. 计算异丙醇脱水反应的转化率:

$$Y = \frac{V_0 - V}{V_0} \times 100\%,$$

式中:Y 为转化率;V_0 为反应前注入的异丙醇量(一个脉冲);V 为反应后残留的异丙醇体积(同样为一个脉冲)。

而 V 又可根据下式计算

$$V = \frac{S}{S'/V'},$$

式中:S 为反应后残留的异丙醇色谱峰峰面积;S' 为外标异丙醇的色谱峰峰面积;V' 为外标异丙醇的体积。

3. 文献值。本实验所得结果为比较值,无统一的文献数据。这是由于操作条件的可变因素很多,即使是同种类同一型号的催化剂,测试所得的结果也可能不一致。因此只能在同种实验条件下比较催化剂的催化效率,作为筛选催化剂的参考。

例如,比较两种自制 α-Al_2O_3 对异丙醇脱水反应的催化性能,测试条件及结果如下:

催化剂用量 0.6 g(40~60 目),预处理温度 450℃,预处理时间 2 h,色谱柱长 2 m(401 有机担体),载气流量 40 mL·min^{-1},柱温 115℃,热导检测器温度 120℃,样品汽化器温度 120℃,热导工作电流 150 mA,记录纸速度 1 200 mm·h^{-1},异丙醇进样量 2 μL。

测试异丙醇外标及反应后异丙醇的峰面积,并求出转化率。

一号样品 α-Al_2O_3 异丙醇转化率 23.6%;

二号样品 α-Al_2O_3 异丙醇转化率 30.2%。

4. 结合计算公式,进行误差分析。

六、讨论

1. 如果实验的转化率太高,影响催化效果的比较时,可以在催化剂中混入一定量的惰性物质,减少催化剂的用量,从而得出比较正确的结果。

2. 催化反应产物的分析,可以用热导检测器,也可以用氢焰检测器。当用热导作为检测器时,载气也可以用氮气。

3. 为使温度的控制更加有效,可以安装一套金属块炉。金属块炉是由整块金属(如不锈钢、铜或铝)制成的块状炉,在此金属块上有加热孔和反应管孔。在加热孔中安装电热丝。以供加热之用,反应管置于反应管孔中被加热,另外还设有热电偶测温孔。由于整块金属有较大的热容,金属的传热系数也比较大。因此这种金属块炉对于维持较宽的恒温区域、严格控制反应区的温度都有好处。

4. 在建立一套合适的脉冲式微型催化反应器后,根据反应气体和催化剂的不同,可以测试不同催化反应体系催化剂的活性。如评价 Ni-Al_2O_3 催化剂对苯加氢催化反应的活性;评价 HY 分子筛-Al_2O_3 对异丙苯裂解反应的活性等。

七、思考题

1. 进行催化剂活性评价时,反应条件的选择为什么重要?

2. 脉冲式微型催化反应器有什么特点?

3. 怎样用外标法对反应尾气定量? 要注意什么问题?

参考文献

1. R. J. Kokes, H. Tobin and P. H. Emmett. J. Am. Chem. Soc., 1955,22(77):5860
2. 东北师范大学等. 物理化学实验(第二版). 北京:高等教育出版社,1998
3. 吴子生,严忠. 物理化学实验指导书. 长春:东北师范大学出版社,1995
4. 复旦大学等. 物理化学实验(上册). 北京:人民教育出版社,1980

实验 2.26　黏度法测定高聚物摩尔质量

一、目的

1. 测定线型高聚物聚乙烯醇的摩尔质量的平均值。
2. 掌握测量原理和乌氏黏度计的使用方法。

二 、基本原理

摩尔质量是表征化合物特征的基本参数之一,在高聚物的研究中,摩尔质量是一个不可缺少的数据。因为它不仅反映了高聚物分子的大小,并且直接关系到高聚物的物理性能。高聚物是由单体分子经加聚或缩聚过程合成,并非每个分子的大小都相同,即聚合度不一定相同,而一般高聚物是摩尔质量不等的大分子混合物,摩尔质量常在 $10^3 \sim 10^7$ 数量级之间,通常所测的高聚物摩尔质量是一个统计平均值。

测定高聚物摩尔质量的方法很多,其中以黏度法最常用。因为黏度法设备简单,操作方便,有相当好的精度。但黏度法不是测定摩尔质量绝对值的实验方法,因为在此法中所用的黏度与摩尔质量的经验方程式,要用其他方法来确定。因高聚物、溶剂、分子量范围、温度等不同,就有不同的经验方程式。

高聚物在稀溶液中的黏度是它在流动过程所存在的内摩擦的反映,这种流动过程中的内摩擦主要有:溶剂分子之间的内摩擦;高聚物分子与溶剂分子间的内摩擦;以及高聚物分子间的内摩擦。其中溶剂分子之间内摩擦又称为纯溶剂的黏度,以 η_0 表示。三种内摩擦的总和称为高聚物溶液的黏度,以 η 表示。在 C. G. S 制中黏度的单位为泊(P,1 P＝1 dyn・s・cm^{-2})。在国际单位制(SI)中,黏度的单位为 Pa・s,1 P＝0.1 Pa・s。实践证明,在同一温度下,高聚物溶液的黏度一般要比纯溶剂的黏度大些,即有 $\eta > \eta_0$,黏度增加的分数叫增比黏度 η_{sp},按定义有

$$\eta_{sp} = \frac{\eta - \eta_0}{\eta_0} = \frac{\eta}{\eta_0} - 1 = \eta_r - 1, \tag{2.26-1}$$

式中 $\eta_r = \dfrac{\eta}{\eta_0}$ 称之为相对黏度,它指明溶液黏度对溶剂黏度的相对值,仍是整个溶液的黏度行为,η_{sp} 则反映出扣除了溶剂分子间的内摩擦以后仅留下纯溶剂与高聚分子之间,以及高聚物分子之间的内摩擦效应。但溶液的浓度可大可小,显然,浓度愈大,黏度也就愈大,为了便于比较,取在单位浓度下所显示出的黏度,从而引入比浓黏度的概念,以 η_{sp}/c 表示。把 $\ln\eta_r/c$ 定义为比浓对数黏度。因为 η_r 和 η_{sp} 是无因次量,η_{sp}/c 和 $\ln\eta_r/c$ 的单位由浓度 c 的单位而定,通常采用 $g \cdot mL^{-1}$。为了进一步消除高聚物分子间内摩擦的作用,必须将溶液无限稀释,使得每个高聚物分子彼此相隔极远,其相互干扰可以忽略不计,这时溶液所呈现出的黏度行为主要就反映了高聚物与溶剂分子之间的内摩擦。当浓度 c 趋近零时,比浓黏度趋近于一个极限值,即

$$\lim_{c \to 0} \frac{\eta_{sp}}{c} = [\eta], \tag{2.26-2}$$

$[\eta]$ 主要反映了高聚物分子与溶剂分子之间的内摩擦作用,称之为高聚物溶液的特性黏度。

如果高聚物摩尔质量愈大,则它与溶剂间的接触表面也愈大,因此摩擦就愈大,表现出的黏度也大,$[\eta]$和高聚物的特性有关。其数值可通过实验求得。因为根据实验,在足够稀的溶液中有

$$\frac{\eta_{sp}}{c} = [\eta] + k[\eta]^2 c, \qquad (2.26-3)$$

$$\frac{\ln\eta_r}{c} = [\eta] - \beta[\eta]^2 c。 \qquad (2.26-4)$$

这样以 $\dfrac{\eta_{sp}}{c}$ 及 $\dfrac{\ln\eta_r}{c}$ 对 c 作图得两根直线,这两根直线在纵坐标轴上相交于同一点(如图 2.26-1),可求出$[\eta]$数值,$[\eta]$ 的单位是浓度单位的倒数。

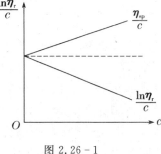

图 2.26-1

由溶液的特性黏度$[\eta]$还无法直接获得高聚物摩尔质量的数据,目前常用半经验的麦克非线性方程来求得,即

$$[\eta] = KM^\alpha, \qquad (2.26-5)$$

式中:M 为高聚物相对分子质量的平均值;K 为比例常数;α 是与高聚物在溶液中的形态有关的经验参数。K 和 α 均与温度、高聚物性质、溶剂等因素有关,也和分子量大小有关。K值受温度的影响较明显,而 α 值主要取决于高分子线团在某温度下,某溶剂中舒展的程度。当温度和体系确定时,它们是常数,可通过其他方法(例如渗透压法、光散射法等)确定,亦可由文献中查得,实验证明,α 值一般在 $0.5 \sim 1.7$ 之间,聚乙烯醇的水溶液在 25℃时 $\alpha = 0.76$,$K = 2 \times 10^{-2}$;在 30℃时,$\alpha = 0.64$,$K = 6.66 \times 10^{-2}$。

由上述可以看出高聚物相对分子质量的测定最后归结为溶液特征黏度$[\eta]$的测定。而黏度的测定可以按照液体流经毛细管的速度来进行,根据泊塞勒(Poiseuille)公式

$$\eta = \frac{\pi r^4 t h g \rho}{8lV}, \qquad (2.26-6)$$

式中:V 为流经毛细管液体的体积;r 为毛细管半径;ρ 为液体密度;l 为毛细管的长度;t 为流出时间;h 为作用于毛细管中溶液的平均液柱高度;g 为重力加速度。这时,对于同一黏度计来说 h, r, l, V 是常数,则上式有

$$\eta = K'\rho t。 \qquad (2.26-7)$$

用同一黏度计在相同条件下测定两个黏度时,它们的黏度之比就等于密度和流出时间之比,通常测定是在高聚物的稀溶液下进行($c < 10^{-2}$ g·mL^{-1}),溶液的密度 ρ 与纯溶剂的密度 ρ_0 可视为相等,则溶液的相对黏度就可表示为

$$\eta_r = \frac{\eta}{\eta_0} = \frac{K'\rho t}{K'\rho_0 t} \approx \frac{t}{t_0}, \qquad (2.26-8)$$

式中:t 为溶液的流出时间;t_0 为纯溶剂的流出时间。

由此可见,由黏度法测高聚物摩尔质量。最基础的测定是 t_0, t, c,实验的成败和准确度取决于测量液体在毛细管中的流出时间的准确度、配制溶液浓度的准确度、恒温槽的控温精度、垂直安装黏度计的正确程度以及外界的震动等因素。

三、仪器与试剂

恒温槽 1 套,乌氏黏度计 1 支,秒表 1 块,容量瓶(100 mL)1 个,移液管(5、10 mL)2 支,

烧杯(100 mL)1 个,玻璃砂漏斗(3 号)1 个。

聚乙烯醇,正丁醇(A.R.)。

四、操作步骤

1. 配制高聚物溶液

称取 0.5 g 聚乙烯醇(相对分子质量大的少称些,小的多称些,使测定时最浓溶液和最稀溶液与溶剂的相对黏度在 2.0~1.2 之间),放入 100 mL 烧杯中,注入约 60 mL 的蒸馏水,稍加热使溶解。待冷至室温,加入 2 滴正丁醇(去泡剂),并移入 100 mL 容量瓶中,加水至刻度。如果溶液中有固体杂质,用 3 号玻璃砂漏斗过滤后待用。过滤时不能用滤纸,以免纤维混入。一般高聚物不易溶解,往往要几小时至 1~2 天时间(溶液在实验前已配好)。

2. 安装黏度计

所用黏度计必须洁净,有时微量的灰尘、油污等会产生局部的堵塞现象,影响溶液在毛细管中的流速,而导致较大的误差。所以做实验之前,应该彻底洗净,放在烘箱中干燥。本实验采取乌氏黏度计,它的最大优点是溶液的体积对测定没有影响,所以可以在黏度计内采取逐渐稀释的方法,得到的不同浓度的溶液。它的构造如图 2.26-2。在侧管 C 上端套一软胶管,并用夹子夹紧使之不漏气。调节恒温槽至 25.00±0.05℃。把黏度计垂直放入恒温槽中,使 G 球完全浸没在水中,放置位置要合适,便于观察液体的流动情况。恒温槽的搅拌马达的搅拌速度应调节合适,不致产生剧烈震动,影响测定的结果。

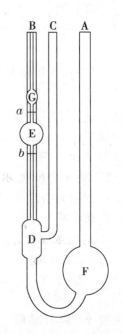

图 2.26-2 乌氏黏度计

3. 溶剂流出时间 t_0 的测定

用移液管取 10 mL 蒸馏水由 A 注入黏度计中。待恒温后,利用吸球由 B 处将溶剂经毛细管吸入球 E 和球 G 中(注意:液体不准吸到吸球内),然后除去吸球,使管 B 与大气相通并打开侧管 C 之夹子,让溶剂依靠重力自由流下。当液面达到刻度线 a 时,立刻按停表开始记时,当液面下降到刻度线 b 时,再按停表,记录溶剂流经毛细管的时间 t_0。重复三次,每次相差不应超过 0.2 s,取其平均值。如果相差过大,则应检查毛细管有无堵塞现象,查看恒温槽温度是否合适。

4. 溶液流出时间 t 的测定

取 10 mL 配制好的聚乙烯醇溶液加入黏度计中,浓度为 c_1,用吸球将溶液反复抽吸到球 G 内几次,使混合均匀(聚乙烯醇是一种起泡剂,搅拌抽吸混合时,容易起泡,不易混合均匀;溶液中分散的微小气泡好像杂质微粒,容易局部堵塞毛细管,所以应注意抽吸速度)。用上述方法测定流出时间三次,每次相差不超过 0.4 s,求其平均值 t_1,然后加入 3 mL 蒸馏水,浓度变为 c_2,重复上述操作,测定流出时间 t_2,同样,依次加入 5,5,5,10 mL 蒸馏水,使溶液浓度变为 c_3,c_4,c_5,c_6,测定流出时间 t_3,t_4,t_5,t_6。最后一次如果溶液太多,可在均匀混合后倒出一部分。由于浓度的计算由稀释得来,故所加蒸馏水的体积必须准确,每次加水后,都要用吸球来回抽气,使溶液混合均匀。

实验完毕,黏度计应充分洗涤,然后用洁净的蒸馏水浸泡或倒置使其晾干。为除掉灰尘的影响,所使用的试剂瓶、黏度计应扣在钟罩内,移液管也应用塑料薄膜覆盖,切勿用纤维材料。

五、数据处理

1. 按表 2.26-1 记录并计算各种数据。

表 2.26-1 实验数据与处理结果

		流出时间				η_r	η_{sp}	$\dfrac{\eta_{sp}}{c}$	$\ln\eta_r$	$\dfrac{\ln\eta_r}{c}$
		测量值			平均值					
		1	2	3						
溶剂					$t_0=$					
溶液	$c_1=$				$t_1=$					
	$c_2=$				$t_2=$					
	$c_3=$				$t_3=$					
	$c_4=$				$t_4=$					
	$c_5=$				$t_5=$					
	$c_6=$				$t_6=$					

2. 作 $\dfrac{\eta_{sp}}{c}$-c 图和 $\dfrac{\ln\eta_r}{c}$-c 图,并外推至 $c=0$,从截距求出 $[\eta]$ 值。

3. 由 $[\eta]=KM^\alpha$ 求出聚乙烯醇的相对分子质量 M_r。

4. 结合计算公式,进行误差分析。

注意事项:

1. 溶液浓度的选择

随着溶液浓度的增加,聚合物分子链之间的距离逐渐缩短,因而分子链间作用力增大。当溶液浓度超过一定限度时,高聚物溶液的 $\dfrac{\eta_{sp}}{c}$ 或 $\dfrac{\ln\eta_r}{c}$ 与 c 的关系不成线性。因此测定时最浓溶液和最稀溶液与溶剂的相对黏度在 2.0~1.2 之间。

2. 溶剂的选择

高聚物的溶剂有良溶剂和不良溶剂两种。在良溶剂中,分子舒展松懈,α 较大,溶液的 $[\eta]$ 也较大。在不良溶剂中,分子团聚紧密,则 α 较小。α 是与高聚物在溶液中的形态有关的经验参数。高聚物分子在良性溶剂中易伸展,在不良溶剂中则不易伸展而团聚。一般而言,同一高聚物从良溶剂到不良溶剂组成溶液,α 可在 1.7~0.5 之间变化。K 和 α 均与温度、高聚物性质、溶剂等因素有关,也与摩尔质量大小有关。K 值受温度的影响较明显,而 α 值主要取决于高分子线团在某温度下,某溶剂中舒展的程度。在选择溶剂时,要注意考虑溶解度、价格、来源、沸点、毒性、分解性和回收等方面的因素。

3. 毛细管黏度计的选择

常用毛细管黏度计有乌氏和奥式两种,本实验采用乌氏黏度计。其中毛细管的直径和长度,以及 E 球体积的选择,应根据所用溶剂的黏度而定,使溶剂流出时间在 100 s 以上,但毛细管直径不宜小于 0.5 mm,否则测定时容易阻塞。

4. 恒温槽

温度波动直接影响溶液黏度的测定,国家规定用黏度法测定相对分子质量的恒温槽的温度波动为±0.05℃。

5. 黏度测定中异常现象的近似处理

在特性黏度测定过程中,有时并非操作不慎而出现如图 2.26-3 的异常现象,这是高聚物本身的结构及其在溶液中的形态所致,目前尚不能清楚地解释产生这些反常现象的原因。因此出现异常现象时,以 $\dfrac{\eta_{sp}}{c}-c$ 曲线的截距求 $[\eta]$ 值。

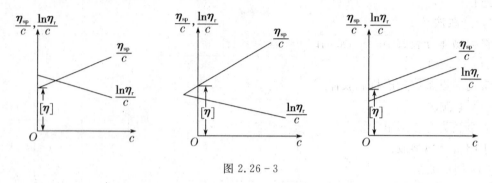

图 2.26-3

六、思考题

1. 三管黏度计有何优点,本实验可否用双管黏度计?
2. 影响黏度准确测量的因素是什么?
3. 特性黏度 $[\eta]$ 就是溶液无限稀释时的比浓黏度,它和纯溶剂的黏度 η_0 是否一样? 为什么要用 $[\eta]$ 来测求高聚物的分子量?

参考文献

1. 复旦大学等.物理化学实验(上册).北京:人民教育出版社,1979
2. 东北师范大学等.物理化学实验.北京:高等教育出版社,1989
3. 广西师范大学.物理化学实验(第三版).桂林:广西师范大学出版社,1991
4. 北京大物理化学教研室.物理化学实验(第三版).北京:北京大学出版社,1985

实验 2.27　溶胶的制备、纯化及聚沉值的测定

一、目的

1. 利用不同的方法制备胶体溶液,并将其纯化。
2. 测量所制备的 $Fe(OH)_3$ 溶胶的聚沉值,从实验结果判断胶体带何种电荷。

二、基本原理

胶体分散体系,是指分散相的大小,大约在 $1\sim100$ nm 之间的分散体系。习惯上,将溶胶分为亲液溶胶和憎液溶胶两种。亲液溶胶指分散相和分散介质之间,有很好的亲和力、很

强的溶剂化作用,因此,将这类大块分散相,放在分散介质中,往往会自动散开,它们固-液间没有明显的界面,当溶剂和溶质分离后,很容易再恢复原来的高分子溶液状态,从这个意义上,是可逆体系属于热力学稳定体系,与普通溶液一样。对于憎液溶胶,分散相与分散介质之间,亲和力弱,由于高度分散性和巨大的相界面,使它具有热力学不稳定性,分离以后的分散相和分散介质只有通过一定的物理和化学方法才能使它恢复原来状态,即为不可逆体系。综上所述,将亲液溶胶称为高分子溶液,而将憎液溶胶简称为溶胶更能反映出它们的热力学性质,这也是目前命名胶体体系的趋势。要制备粒子大小在溶胶范围内的体系,通常有两个基本途径:

1. 分散法

将大物体分裂成小颗粒,常用的分散法有:

(1) 机械研磨法

常用的设备有球磨机和胶体磨等,它与一般的研钵和球磨比较可以磨成更细的粒子。

(2) 电弧法

以金属为电极通电产生电弧,金属受高热变成蒸气,并在液体中凝聚成胶体质点,主要是用于制备金属溶胶。

(3) 超声波法

它是通过高频高压交流电对石英片产生同频机械震荡,当此高频机械波传入容器以后,即产生同频率的疏密交替波。利用超声波场的空化作用,将物质撕碎成细小的质点。它适用于分散硬度低的物质或制备乳状液。

(4) 胶溶法或化学法

它是把暂时聚集在一起的胶体粒子加一些胶溶剂重新分开而成溶胶。许多刚形成的沉淀,如 $Fe(OH)_3$ 沉淀,加入少量的稀的 $FeCl_3$ 溶液,经过搅拌后,沉淀就转化为红棕色的 $Fe(OH)_3$ 溶胶,$FeCl_3$ 称为胶溶剂,这种作用称为胶溶作用(peptization)。

2. 凝聚法

把物质的分子或离子聚合成胶体大小的质点。基本原则是将真溶液以适当的方法沉淀下来,与分散法相比,此法不仅在能量上有利,而且可以制得高分散的胶体。

(1) 更换溶剂法

是利用一种物质在不同溶剂中,溶解度相差悬殊的特性来制备。例如,将松香的酒精溶液滴入水中,由于松香在水中溶解度很低,溶质就从溶液中析出胶粒,形成松香水溶胶。

(2) 化学反应法

利用各种化学反应生成不溶性产物,在这种不溶性化合物从饱和溶液中析出的过程当中,控制析晶过程,使之停留在胶粒大小的阶段。凡生成不溶物的复分解、水解、氧化还原等反应,皆可用来制备溶胶。本实验是利用水解法制备 $Fe(OH)_3$ 溶胶,其反应为

$$FeCl_3 + 3H_2O \longrightarrow Fe(OH)_3 + 3HCl,$$

聚集在溶液表面上的 $Fe(OH)_3$ 分子与 HCl 又起反应

$$Fe(OH)_3 + HCl \longrightarrow FeOCl + 2H_2O,$$

而 FOCl 离解成 FeO^+ 和 Cl^- 离子。$Fe(OH)_3$ 溶胶是典型带正电的溶胶,其结构可用下式表示:

$$\{ [Fe(OH)_3]_m \, nFeO^+ \, (n-x)Cl^- \}^{x+} \cdot xCl^- 。$$

　　胶体稳定的原因是胶体表面带有电荷以及胶粒表面溶剂化层的存在。憎液胶体的稳定性主要决定于胶粒表面电荷之多少。憎液溶胶在加入电解质后能聚沉。起决定作用的主要是与胶粒荷电荷相反的离子。一般说来,反离子的聚沉能力是

三价＞二价＞一价,

但不成简单的比例。聚沉能力的大小通常用聚沉值表示,聚沉值是使溶胶发生聚沉时需要电解质的最小浓度值,其单位为 $mol \cdot L^{-1}$。正常电解质的聚沉值与胶粒电荷相反的离子的价数 6 次方成反比。

三价∶二价∶一价＝100∶10∶1,

这个比例叫叔采-哈迪规则,这个规则告诉我们与溶胶电荷相反的离子价数越高它的聚沉能力就越强。不论是具有正电荷的或负电荷的溶胶,这个规则都适用。

三、仪器与试剂

　　烧杯(200,800 mL)各 1 只,量筒(100 mL)1 个,移液管(1,10 mL)各 2 支,棕色小口瓶(150～200 mL)1 个,锥形瓶(50 mL)3 个,特大号试管(100～150 mL)1 支,试管 12 支。

　　$FeCl_3$ 溶液(质量分数 10%),$AgNO_3$ 溶液(质量分数 1%),KCNS 溶液(质量分数 1%),0.5 $mol \cdot L^{-1}$ KCl,0.01 $mol \cdot L^{-1}$ K_2SO_4,0.001 $mol \cdot L^{-1}$ $K_3Fe(CN)_6$,硝化纤维,酒精,乙醚,已制好的半透膜。

四、操作步骤

1. 用水解法制备 $Fe(OH)_3$ 溶胶

　　在 200 mL 烧杯中加入 95 mL 蒸馏水,加热煮沸,慢慢地滴入 5 mL 质量分数为 10% $FeCl_3$ 溶液,并不断搅拌,加完后继续煮沸数分钟。由于水解结果,故得到深红棕色的 $Fe(OH)_3$ 溶胶,在冷却时无颜色变化。化学法所得到的溶胶,都带有电解质,而电解质浓度过高,会影响溶胶的稳定,要使溶胶稳定,必须纯化。

2. 火棉胶系半透膜的制备(本部分可由实验室准备)

　　这类半透膜可用硝化纤维的酒精-乙醚溶液制成,极易燃,操作时必须远离火焰,保持室内通风良好。半透膜孔径由溶液成分决定。硝化纤维含量和乙醚含量较高则孔较细,反之酒精较多其孔较粗。火棉胶系半透膜的配方如表 2.27-1 所示。

表 2.27-1　火棉胶制造半透膜配方

火棉胶成分	细孔隔膜	中等孔隔膜	粗孔隔膜
硝化纤维	6 g	4 g	2 g
酒精	95% 25 mL	25 mL	90% 50 mL
乙醚	75 mL	50 mL	50 mL

　　选择一个 500 mL 的短颈烧瓶,内壁必须光滑,充分洗净后烘干。并冷却,在瓶中倒入 30 mL 的 6% 火棉胶溶液(溶剂为 1∶3 乙醇-乙醚液),小心转动烧瓶,使火棉胶粘附在烧瓶上形成均匀薄层,倒出多余的火棉胶于回收瓶中。倒置烧瓶于铁圈上,仍不断旋转,让剩余的火棉胶液流尽,并让乙醚蒸发,可用电吹风冷风吹,以加快蒸发,直至嗅不出乙醚气味为止,如此时用手指轻轻接触火棉胶膜而不粘着,则可再用电吹风热风吹 5 min。然后加水入

瓶内至满(注意加水不宜太早,因若乙醚未蒸发完,则加水后膜呈白色而不适用,但亦不可太迟,使膜变干硬后不易取出),浸膜于水中约几分钟,剩余在膜上的乙醇即被溶去。倒去瓶内之水,用刀再在瓶口剥开一部分膜,在此膜和瓶壁间灌水至满,膜即脱离瓶壁,轻轻取出即成膜袋,将膜袋灌水而悬空,袋中之水应能逐渐渗出。本实验要求水渗出速度不小于每小时 4 mL,否则不符合要求而需重新制备,检验袋里是否有漏洞,若有漏洞,只须擦干有洞的部分,用玻璃棒蘸火棉胶少许,轻轻接触漏洞,即可补好。制好的半透膜,不用时需在水中保存,否则袋发脆易裂,且渗析能力减弱。

3. 溶胶的纯化

把制得的 $Fe(OH)_3$ 溶胶,置于半透膜袋内,用线拴住袋口,置于 800 mL 烧杯内,烧杯内加蒸馏水 300 mL,保持温度 $60 \sim 70℃$ 之间,进行热渗析。每半小时换一次水,并取 1 mL 检验其中 Cl^- 和 Fe^{3+}(检验时分别用质量分数为 1% $AgNO_3$ 溶液及质量分数为 1% $KCNS$ 溶液),直至不能检查出 Cl^- 和 Fe^{3+} 为止。也可通过测溶胶的电导率的方法,来判断溶胶纯化的程度。纯化好的 $Fe(OH)_3$ 溶胶其电导在 10^{-5} Ω^{-1} 左右。

4. 不同电解质的聚沉值的测量

用 10 mL 移液管在三个干净的 50 mL 锥形瓶中各注入 10 mL 前面用水解法制备的 $Fe(OH)_3$ 溶胶,然后在每个瓶中用滴定管一滴一滴地慢慢加入 0.5 $mol \cdot L^{-1}$ KCl,0.01 $mol \cdot L^{-1}$ K_2SO_4,0.001 $mol \cdot L^{-1}$ $K_3Fe(CN)_6$ 溶液,不断摇动。每加一滴要充分摇晃,至少 1 min 内溶液不出现混浊才可以加第二滴电解质溶液。因溶胶开始聚集时,胶粒数目的变化只能通过显微镜才能看到,而达到肉眼能看到的混浊现象不是立即发生的,所以要等一段间后才能加第 2 滴。

注意:在开始有明显聚沉物出现时,即停止加入电解质。

五、数据处理

1. 记下每次滴加电解质所用的毫升数,并计算聚沉值的大小。说明溶胶带什么电?与理论值比较,说明什么问题?

2. 将各电解质产生聚沉时的体积列于表 2.27 - 2 中。

表 2.27 - 2　电解质产生聚沉时的体积

电解质	电解质浓度	所用电解质溶液的体积
KCl		
K_2SO_4		
$K_3Fe(CN)_6$		

详细观察实验中各个现象,记录这些现象和数据,把数据填入表中。

3. 把各电解质的临界聚沉浓度作一简单比较,是否符合叔采-哈迪规则。

4. 判断溶胶带电情况,进一步写出胶团结构。指出电泳方向。

5. 结合计算公式,进行误差分析。

六、讨论

1. 要制备稳定的憎液胶体,还必须足两个条件:

（1）分散相在介质中的溶度很小。

（2）须有第三者——稳定剂存在。制成的胶体溶液中常有电解质或其他杂质存在，少量的电解质可使胶体质点因吸附离子而带电，因而对稳定是必要的，过量的电解质对胶体的稳定反而有害。而影响其稳定性，因此必须纯化。胶体的纯化与一般低分子物质的提纯不同，因为溶胶的稳定还依赖于电解质（作稳定剂）。用作稳定剂的这部分电解质不能除去，实验中常发现过分地除去电解质常会导致溶胶的聚沉。

2. 一般实验室中简便的纯化方法是在广口瓶内装入溶胶，蒙上玻璃纸，倒悬于盛有蒸馏水的玻璃缸中，经常换水，在室温下保持一周以上即可。溶胶用渗析法纯化时，所需时间较长。一个简单的方法是在制得的 100 mL 溶液中，加入尿素 6.3 g，消除低分子的影响，结果也很好。市场上能得到的还有赛璐玢动物肠衣等。

参考文献

1. 北京大学物理化学教研室. 物理化学实验（第三版）. 北京：北京大学出版社，1985
2. 东北师范大学等. 物理化学实验（第二版）. 北京：高等教育出版社，1989
3. 叶大陆等. 物理化学实验. 广东：中南大学出版社，1985
4. 周祖康，顾惕人，马季铭. 胶体化学基础. 北京：北京大学出版社，1987
5. 李葵英. 界面与胶体的物理化学. 哈尔滨：哈尔滨工业大学出版社，1998

实验 2.28　电　渗

一、目的

1. 用电渗法测定 SiO_2 对水的 ξ 电位。
2. 观察电渗现象，了解电渗法实验技术概要。

二、基本原理

电渗是种胶体常见的电动现象。早在 1809 年，就观察到在电场作用下，水能通过多孔沙土或粘土隔膜的现象（图 2.28-1）。多孔固体在与液体接触的界面处因吸附离子或本身电离而带电荷，分散介质则带相反的电荷。在外电场的作用下，介质将通过多孔固体隔膜，可贯穿隔膜的许多毛细管，而定向移动，这就是电渗现象。电渗与电泳是互补效应。由于液体对多孔固体的相对运动，不发生在固体表面上，而发生在多孔固体表面的吸附层上。这种固体表面吸附层和与之相运动的液体介质间的电位差叫做电动电位或 ξ 电位。因此，通过电渗可以测求 ξ 电位，从而进一步了解多孔固体表面吸附层的性质。

电渗的实验方法原则上是要设法使所要研究的分散相质点固定在静电场中（通以直流电）让能导电的分散介质向某一方向流经刻度毛细管，从而测量出其流量（cm^3）。在测量出（或查出）相同温度下分散介质的特性常数和测量出通过的电流后即可算出 ξ 电位。设电渗发生在一个半径为 r 的毛细管中，又设固体与液体接触界面处的吸附层厚度为 δ（δ 比 r 小许多，因此，双电层内液体的流动可不予考虑），若表面电荷密度为 σ，加于长为 l 的毛细管两端的电势差 U，电位梯度为 $\dfrac{U}{l}$，则界面单位面积上所受的电力为

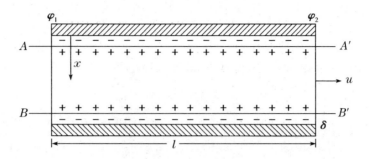

图 2.28-1　毛细管电渗图

$$F = \sigma \frac{U}{l}。$$

当液体在毛细管中流动时,界面单位面积上所受的阻力为

$$f = \eta \frac{\mathrm{d}v}{\mathrm{d}x} = \eta \frac{v}{\delta},$$

式中:v 为电渗速度;η 是液体的黏度。

当液体匀速流动时,$F = f$,

即

$$\sigma \frac{U}{l} = \eta \frac{v}{\delta},$$

$$v = \frac{U\sigma\delta}{l\eta}。 \tag{2.28-1}$$

假设界面处的电荷分布情况类似于一个处在介电常数为 ε 的液体中的平板电容器上的电荷分布,则其电容为

$$C = \frac{Q}{\zeta} = \frac{S\varepsilon}{4\pi\delta},$$

式中:Q 为电荷量;S 为面积。由此可得

$$\sigma = \frac{Q}{S} = \frac{\zeta\varepsilon}{4\pi\delta}。 \tag{2.28-2}$$

将(2.28-2)式代入(2.28-1)式中得

$$v = \frac{U\varepsilon\zeta}{4\pi\eta l}。 \tag{2.28-3}$$

若毛细管的截面积 A,单位时间内流过毛细管的液体量为 V,则

$$V = Av = \frac{A\varepsilon\zeta U}{4\pi\eta l}, \tag{2.28-4}$$

而

$$U = IR = I\rho \frac{l}{A} = I \frac{1}{k} \cdot \frac{l}{A} = \frac{Il}{kA}, \tag{2.28-5}$$

式中:I 为通过二电极间的电流;R 为二电极间的电阻;k 为液体介质的电导率。

将(2.28-5)式代入(2.28-4)式得

$$\zeta = \frac{4\pi\eta k V}{I\varepsilon}。 \tag{2.28-6}$$

用(2.28-6)式计算 ζ 电势,可用实验方法测得 V,k 和 I 值,而 η,ε 值可从手册中查得。式中所有电学量必须用绝对静电单位表示。采用我国法定计量单位时,k 单位为 $\Omega^{-1} \cdot \mathrm{cm}^{-1}$,

I 为 A,液体流量 V 为 $cm^3 \cdot s^{-1}$,η 为 $Pa \cdot s$,ζ 为 V,则(2.28 − 6)式应为

$$\zeta = 300^2 \cdot \frac{40\pi\eta kV}{I\epsilon} = 3.6 \times 10^6 \frac{k\pi\eta V}{I\epsilon}。 \qquad (2.28-7)$$

在上述推导过程中,忽略了毛细管壁的表面电导。事实上,毛细管壁的表面电导不能忽略,所以应将 k 换成 $\left(k + \frac{k_s S}{A}\right)$,其中 S 为毛细管壁的圆周长度,k_s 为毛细管壁单位圆周长度的表面电导。但将(2.28 − 6)式推广应用到粉末固体隔膜时,表面电导校正项很难计算。通常液体介质电导大于浓度为 $0.001\ mol \cdot L^{-1}$ 的 KCl 溶液的电导,并且粉末固体粒度在 $50\ \mu m$ 以上时,表面电导可以忽略不计。本实验中,由于纯水的电导率较低,故采用(2.28 − 6)式或(2.28 − 7)式计算时将引入一些误差。

三、仪器与试剂

电渗仪 1 台,停表 1 块,直流毫安表 1 块,高压直流电源($200 \sim 1\,000\ V$)(也可用 B 电池串联代替)1 台。

石英粉($80 \sim 100$ 目,A.R.)。

四、实验步骤

1. 安装电渗仪

电渗仪的结构如图 2.28 − 2 所示。

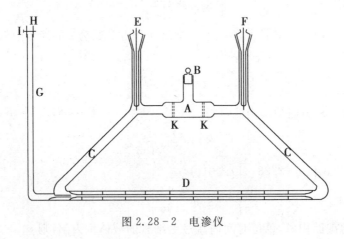

图 2.28 − 2　电渗仪

刻度毛细管 D(可用 1 mL 移液管改制)通过连通管 C 分别与铂丝电极 E,F 相连(为使加于样品两端之电场均匀,最好用二铂片电极)。K 为多孔薄瓷板,A 管内装粉末样品,在毛细管的一端接有另一根尖嘴形的毛细管 G,G 的上端装一段乳胶管 H,乳胶管 H 可用弹簧夹 I 夹紧。通过 G 管可将一个测量流速用的空气泡压入毛细管 D 中。

2. 装入样品

将 $80 \sim 100$ 目的 SiO_2 粉与蒸馏水拌和的糊状物用滴管注入 A 管中,盖上瓶塞 B。水份经 K 滤出,拔去铂电极 E,F,从电极管口注入蒸馏水,至铂丝电极能浸入水中为止。检查不漏水后,插上铂电极。用洗耳球从 G 管压入一小气泡至 D 的一端。夹紧螺夹 I。将整个电渗仪浸入恒温槽($20,25,30\,℃$)中,恒温 10 min 以待测定。

3. 测定 V, I 和 k 值

在电渗仪的两铂丝电极间接上 $200\sim1\,000$ V 的直流电源,中间串一毫安表、耐高压的电源开关 K 和换向开关,如图 2.28–3 所示。调节电源电压,使电渗时,电渗仪毛细管 D 中气泡从一端刻度至另一端刻度行程时间约 20 s 左右。然后正确测定此时间,求出单位时间内毛细管中气泡所移动过的体积,此体积即为液体介质(水)在单位时间内通过 A 室的体积。利用换向开关,可使 E,F 二电极的极性倒向,而使电渗方向倒向。由于电源电压较高,操作时应先切断电源开关,然后改换换向开关,再接上耐高压的电源开关,反复测量正、反向电渗时流量 V 值各 5 次,取平均值,求出液体流量 V 值。同时,在测量时调节电压,保持 I 值恒定,由毫安表读出 I 值。

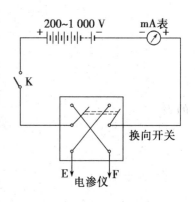

图 2.28–3　电渗仪的换向电路

改变电源电压,使 D 管中气泡行程时间改为 15 s 和 25 s。测下相应的流量 V 和电流 I 值。拆去电渗仪电源,用电导仪测定电渗仪中蒸馏水的电导率 k 值。

注意:由于使用高压电源,操作时应注意安全。

五、数据处理

1. 计算各次测定的 $\dfrac{V}{I}$ 值,并取平均值。

2. 将 $\dfrac{V}{I}$ 的平均值和 k 代入(2.28–7)式,计算 SiO_2 对水的 ξ 电势。

3. 测定时注意水的方向和两个铂电极的极性,从而确定 ξ 电势是正值还是负值。

4. 结合计算公式,进行误差分析。

六、思考题

1. 为什么毛细管 D 中气泡在单位时间内所移动过的体积就是单位时间内流过试样室 A 的液体量?

2. 固体粉末样品颗粒太大,电渗测定结果重演性差,可能的原因是什么?

3. 讨论影响 ξ 电势测定的因素有哪些?

参考文献

1. 复旦大学等. 物理化学实验(上册). 北京:人民教育出版社,1979
2. 东北师范大学等. 物理化学实验(第二版). 北京:高等教育出版社,1989
3. 周祖康,顾惕人,马季铭. 胶体化学基础. 北京:北京大学出版社,1987
4. 李葵英. 界面与胶体的物理化学. 哈尔滨:哈尔滨工业大学出版社,1998

实验 2.29　BET 静态重量法测定固体物质的比表面

一、目的

1. 用 BET 静态重量法测定硅胶对甲醇蒸气的吸附等温线,并计算其比表面。
2. 了解多分子层吸附理论及 BET 公式,掌握测定比表面的原理和方法并熟悉高真空实验技术。

二、基本原理

固体物质比表面的测定已经成为了解物性的重要手段之一,因此,比表面的测定已被广泛应用于科研和生产实际中。测定固体比表面常用的方法是 BET 法。它可分为静态吸附法和动态吸附法。静态吸附法又分为重量法和容量法。重量吸附法是利用测高仪来测量一定的量的吸附剂样品,在不同的吸附压力下吸附气体(吸附质)后,由于重量的变化而引起石英弹簧长度的变化,它能用称的方法显示出吸附量来,并换算成一定单位,用 BET 公式计算比表面。BET 法是基于物理吸附概念,经过一些假设,给出了在恒温条件下吸附量与吸附质的相对压力间的关系式

$$V = \frac{CV_{m}p}{(p_0-p)[1+(C-1)p/p_0]},\qquad(2.29-1)$$

式中:p 为吸附达到平衡时的压力(Pa);p_0 为吸附温度下,吸附质的饱和蒸气压(Pa);V 为平衡压力时,每克吸附剂所吸附的吸附质的量(g/g);V_m 为在每克吸附剂表面上形成一个单分子层所需的吸附质的量(g/g);C 为与温度、吸附热及汽化热有关的常数。(2.29-1)式可以改写为线性形式

$$\frac{p}{V(p_0-p)} = \frac{1}{V_mC} + \frac{C-1}{V_mC}\times\frac{p}{p_0},\qquad(2.29-2)$$

该公式通常只适用于比压(p/p_0)在 0.05~0.36 之间。这是因为比压小于 0.05 时,压力太小建立不起多分子层吸附的平衡,甚至连单分子层物理吸附也还未完全形成;在比压大于 0.36 时,由于毛细管凝聚变得显著起来,因而破坏了吸附平衡。

假设石英弹簧秤空载时吊篮所处的长度为 l_0,加上吸附剂并经过脱气后的长度为 l_1,吸附平衡时的长度为 l_2。则平衡吸附量可表示为

$$V = \frac{k(l_2-l_1)}{k(l_1-l_0)} = \frac{l_2-l_1}{l_1-l_0},\qquad(2.29-3)$$

式中:k 为弹力系数;(l_2-l_1) 为被吸附气体的重量;(l_1-l_0) 为吸附剂的重量。则上式可变为

$$\frac{l_1-l_0}{l_2-l_1}\times\frac{p}{p_0-p} = \frac{1}{V_mC} + \frac{C-1}{V_mC}\times\frac{p}{p_0}。\qquad(2.29-4)$$

作 $\frac{l_1-l_0}{l_2-l_1}\times\frac{p}{p_0-p}$ 对 $\frac{p}{p_0}$ 图得一直线,从直线的斜率 $A=\frac{C-1}{V_mC}$ 和截距 $B=\frac{1}{V_mC}$ 可求得

$$V_m = \frac{1}{A+B},\qquad(2.29-5)$$

根据所求得的 V_m 可利用下式计算吸附剂的比表面 $S_0\,(\mathrm{m^2/g})$：

$$S_0 = \frac{N_A V_m \sigma}{M 10^{20}}, \tag{2.29-6}$$

式中：N_A 为阿佛伽德罗常数；σ 为被吸附气体分子的截面积（本实验用甲醇作吸附质，在 $20\sim25$℃时，甲醇分子的截面积 $\sigma=25\ \mathrm{nm^2}$）；M 为被吸附气体的摩尔质量。

三、仪器与试剂

真空系统一套（包括：玻璃系统、真空机组、复合真空计、加热炉），测高仪一台，超级恒温水浴一台。

甲醇（A.R.），硅胶，高真空活塞油。

四、实验步骤

1. 实验装置

如图（2.29-1）所示，A 为水银气压计，B 为吸附质的样品管，C 为带磨口的玻璃套管，D 为悬挂于套管中的石英弹簧，E 为悬挂于弹簧下端，盛吸附剂的样品筐。抽真空用真空机组，它由机械泵和油扩散泵组成。C 管加热，在脱附活化时用电炉加热。室温下恒温吸附用超级恒温水浴。读取气压计读数用测高仪。

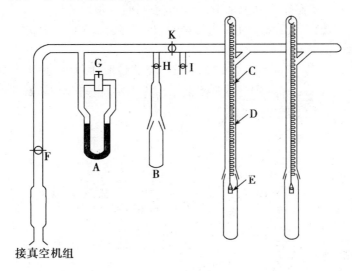

图 2.29-1　重量法测定比表面装置

2. 样品处理

（1）吸附质甲醇的精制

实验前首先测定甲醇的折光率，如不符合标准，则应进行提纯。然后将合格的甲醇装入 B 管，用液氮冷冻使其凝固，打开活塞 H 抽真空，除去溶于其中的不溶性气体杂质，关闭活塞 H，撤走液氮，使甲醇自然融化。再用液氮冷冻，待甲醇凝固后，打开活塞抽真空。如此重复 2~3 次，待用（实验前已处理）。

（2）吸附剂硅胶的处理

将硅胶用分子筛（60~80 目）筛选后，于 120℃下烘烤 2 h，然后放入干燥器中备用（实验前已处理)。

3. 比表面的测定

（1）测定弹簧秤空载时的长度 l_0

测量前检查密封情况,开动机械真空泵,当体系的真空度达 1.33 Pa 时用测高仪测定弹簧秤空载时的长度 l_0。

（2）样品的活化和 l_1 的测定

根据弹簧秤的使用范围和可能的吸附量用台秤称取约 $0.2 \sim 0.3$ g 的硅胶。将装有硅胶的样品筐小心地挂在弹簧秤上,并套上套管。按照"真空获得"与"真空测量"进行操作。关闭活塞 I,旋开活塞 F,K 和 G,对系统进行抽真空。抽至 0.013 Pa(10^{-4} mmHg)左右后(用复合真空泵测量)。用筒式电炉加热到 150℃进行活化 1 h。然后停止加热,撤去加热器,让套管自然冷却至室温关闭活塞 F,G,使系统封闭。在玻璃套管外超级恒温水的循环水恒温。当温度恒定在(20～25℃),用测高仪测定弹簧秤伸长度 l_1。

（3）吸附量和吸附平衡压力的测定

关闭活塞 K 以后,缓慢地旋开活塞 H,使吸附质缓慢地进入系统中。然后关闭活塞 H,缓慢打开活塞 K,如此反复几次,使系统达到预期的压力为止(一般为 $532.8 \sim 666$ Pa)。最后,将活塞 H 关闭,K 打开,每隔数分钟读取一次压力。如在半小时内压力读数不变时,即可认为达到吸附平衡。记下吸附管温度和平衡压力。并用测高仪测定此时弹簧的伸长度 l_2。改变 p 值,重复上述操作。要求至少 4～5 个不同的 p 值。

实验结束后,缓缓打开活塞 G 使压力计两边水银面达到平衡,再缓缓地打开活塞 I 使系统与大气相通,关闭恒温水浴。

注意:在进样时,不能同时打开活塞 H 和 K,应交替地开和关,并要十分缓慢地旋动活塞,否则会造成严重后果。轻则将会把吸附剂吹出样品筐,重则会损坏石英弹簧秤。随意旋开或关闭活塞 G 也会造成重大事故。

五、数据处理

将所得数据列于表 2.29 - 1 中。

1. 由平衡压力 p,并查出吸附温度下甲醇的饱和蒸气压 p_0,计算表中各量。

表 2.29 - 1 实验数据

$l_0 = $ _____ $l_1 = $ _____ $p_0 = $ _____ 吸附温度:_____

平衡压力 p/Pa			l_2/mm	$(l_2 - l_1)$/mm	$\dfrac{l_1 - l_0}{l_2 - l_1} \times \dfrac{p}{p_0 - p}$	$\dfrac{p}{p_0}$
$H_左$	$H_右$	Δh				

2. 用 $\dfrac{l_1 - l_0}{l_2 - l_1} \times \dfrac{p}{p_0 - p}$ 对 $\dfrac{p}{p_0}$ 作图。

3. 由截距和斜率求出 V_m。

4. 由公式(2.29 - 6)求出 S_0。

5. 结合计算公式,进行误差分析。

六、思考题

1. 吸附剂与吸附质为什么要脱气? 如何脱气?

2. 在实验中 $\frac{p}{p_0}$ 值为什么必须控制在 $0.05 \sim 0.36$ 之间?

3. 为什么可用物理吸附现象测定比表面?

4. 分析引进误差的因素有哪几方面? 如何减小误差,以提高精确度?

参考文献

1. 东北师范大学等. 物理化学实验(第二版). 北京:高等教育出版社,1989
2. 天津大学物理化学教研室. 物理化学(下册)(第三版). 北京:高等教育出版社,1992
3. 北京大学物理化学教研室. 物理化学实验(第三版). 北京:北京大学出版社,1985
4. 冯仰婕,邹文樵等. 应用物理化学实验. 北京:高等教育出版社,1990

实验 2.30 溶液表面张力的测定——最大气泡压力法

一、目的

1. 掌握最大气泡压力法测定溶液表面张力的原理和方法。
2. 了解影响表面张力测定的因素。
3. 熟悉利用吉布斯(Gibbs)吸附方程式计算吸附量与浓度的关系的方法。

二、基本原理

表面张力是液体的重要性质之一,液体的表面张力与温度有关,温度愈高,表面张力愈小,到达临界温度时,表面张力趋近于零。液体的表面张力也与液体的浓度有关,在溶剂中加入溶质,表面张力就要发生变化。从热力学观点来看,液体表面缩小导致体系总的吉布斯函数减少,为一自发过程。如欲使液体产生新的表面积 ΔA,就需消耗一定量的功 W,其大小与 ΔA 成正比:$W_r = \sigma \Delta A$,而等温、等压下 $\Delta G = W_r$,如果 $\Delta A = 1 \ m^2$,则 $W_r = \sigma = \Delta G_{表}$,表面在等温下形成 $1 \ m^2$ 的新表面所需的可逆功,即为吉布斯函数的增加,故亦叫比表面吉布斯函数,其单位是 $J \cdot m^{-2}$。从物理学力的角度来看,是作用在单位长度界面上的力,故亦称表面张力,其单位为 $N \cdot m^{-1}$。

表面张力的产生是由于表面分子受力不均衡引起的,当一种物质加入后,对某些液体(包括内部和表面)及固体的表面结构会带来强烈的影响,则必然引起表面张力,即比表面吉布斯函数的改变。根据吉布斯函数最低原理,溶质能降低液体(溶剂)的表面吉布斯函数时,表面层溶质的浓度比内部的大;反之,若使表面吉布斯函数增加,则溶质在表面的浓度比内部的小。这两种现象都叫溶液的表面吸附。显然在指定温度和压力下,溶质的吸附量与溶液的表面张力和溶液的浓度有关。从热力学方法可导出它们之间的关系式,即吉布斯(Gibbs)等温吸附方程式:

$$\Gamma = -\frac{c}{RT}\left(\frac{\partial \sigma}{\partial c}\right)_T, \qquad (2.30-1)$$

式中:Γ 为吸附量(单位为 $mol \cdot m^{-2}$);σ 为比表面吉布斯函数($J \cdot m^{-2}$)或称表面张力($N \cdot m^{-1}$);T 为绝对温度(K);c 为溶液浓度($mol \cdot m^{-3}$);R 为气体常数($8.314 \ J \cdot mol^{-1} \cdot$

K^{-1})。显然,当$(\frac{\partial \sigma}{\partial c})_T < 0$时,$\Gamma > 0$,称为正吸附;当$(\frac{\partial \sigma}{\partial c})_T > 0$时,$\Gamma < 0$,称为负吸附。

溶于溶剂中能使其比表面吉布斯函数 σ 显著降低的物质称为表面活性物质(即产生正吸附的物质);反之,称为表面惰性物质(即产生负吸附的物质)。

通过实验应用吉布斯方程式可作出浓度与吸附量的关系曲线。先测定在同一温度下各种浓度溶液的 σ,绘出 σ-c 曲线,将曲线上某一浓度 c 对应的斜率$(\frac{\mathrm{d}\sigma}{\mathrm{d}c})_T$代入吉布斯公式就可求出吸附量,如图 2.30-1 所示。

测定各平衡浓度下的相应表面张力 σ,作出 σ-c 曲线,如图 2.30-1 所示,并在曲线上指示浓度的 L 点作一切线交纵轴于 N 点,再通过 L 点作一条横轴平行线交纵轴于 M 点,则有如下的关系式:

$$-c_1 \frac{\mathrm{d}\sigma}{\mathrm{d}c} = \overline{MN}, \quad \text{即} \ \Gamma_1 = \frac{\overline{MN}}{RT}。$$

图 2.30-1 σ-c 曲线

由以上方法计算出适当间隔(浓度)所对应的 Γ 值,便可作出 Γ-c 曲线。测量表面张力的方法很多,如毛细管上升法、滴重法、拉环法等,而以最大气泡压力法较方便,应用颇多。其实验的基本原理如下:

如图 2.30-2 将欲测表面张力的液体装于试管 2 中,使毛细管 1 的端口与液体表面相齐,即刚接触液面,液面沿毛细管上升,打开滴液漏斗 6 的玻璃活塞 5,滴液达到缓缓增压目的,此时毛细管 1 内液面上受到一个比管 2 内液面上大的压力,当此压力差稍大于毛细管端产生的气泡内的附加压力时,气泡就冲出毛细管。此压力差 Δp 和气泡内的附加压力 $p_{附}$ 始终维持平衡。压力差 Δp 可由压力计读出。

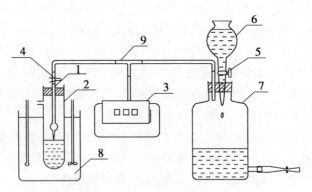

图 2.30-2 表面张力仪装置示意图

1. 玻璃毛细管;2. 带支管试管;3. 数字式微压差测量仪;4. 夹子;5. 玻璃旋塞;

6. 滴液漏斗;7. 磨口瓶;8. 恒温容器;9. T 型管

气泡内的附加压力

$$p_{附} = \frac{2\sigma}{\gamma}, \tag{2.30-2}$$

式中:γ 为气泡的曲率半径;σ 为溶液的表面张力。由于 $\Delta p = p_{附}$,则

$$\sigma = \frac{\gamma}{2} \cdot \Delta p \text{。} \qquad (2.30-3)$$

因为只有气泡半径等于毛细管半径时,气泡的曲率半径最小,产生的附加压力最大,此时压力计上的 Δp 也最大。所以在测得压力计上的最大 Δp 对应的 γ 即为毛细管半径。毛细管半径不易测得,但对同一仪器又是一常数,即 $\frac{\gamma}{2}$ = 常数,设为 K,称作仪器常数。则 (2.30-3)式变为

$$\sigma = K\Delta p \text{。} \qquad (2.30-4)$$

我们用已知表面张力 σ_0 的液体测其最大压力差 Δp_0,则 $K = \dfrac{\sigma_0}{\Delta p_0}$,代回(2.30-4)式可测任何溶液的 σ 值。

三、仪器与试剂

表面张力仪一套(装置见图 2.30-2),恒温水浴。
蒸馏水,无水乙醇(A.R.)。

四、实验步骤

1. 用重量法配制 5%,10%,15%,20%,25%,30%,35%,40% 的乙醇水溶液。

2. 仪器的清洗。将表面张力仪 1,2 用洗液浸泡数分钟后,用自来水及蒸馏水冲洗干净,不要在玻璃面上留有水珠,使毛细管有很好的润湿性。

3. 调节恒温水浴温度为 25℃(或 30℃)。

4. 仪器常数的测定。在减压器中装满水,塞紧塞子。使夹子 4 处于开放状态。在管 2 中注入少量蒸馏水,装好毛细管 1,并使其尖端处刚好与液面接触(多余液体可用吸耳球吸出)。按图 2.30-2 装好夹子,为检查仪器是否漏气,打开滴水增压,在微压差计上有一定压力显示,关闭开关,停 1 min 左右,若微压差计显示的压力值不变,说明仪器不漏气。再打开开关 5 继续滴水增压,空气泡便从毛细管下端逸出,控制使空气泡逸出速度为每分钟 20 个左右,可以观察到,当空气泡刚破坏时,微压差计显示的压力值最大,读取微压差计压力值至少三次,求平均值。由已知蒸馏水的表面张力 σ_0(可查表 2.30-2)及实验测得的压力值 Δp_0 可算出 K 值。

5. 乙醇溶液系列表面张力的测定。先夹上夹子,然后把表面张力仪中的蒸馏水倒掉,用少量待测溶液将内部及毛细管冲洗 2~3 次,然后倒入要测定的乙醇溶液。从最稀溶液开始,依次测较浓的溶液(为什么?)。此后,按照与测量仪器常数的相同操作进行测定。

将乙醇溶液测完后,洗净管子及毛细管,依法重测一次蒸馏水的表面张力,与实验前测的蒸馏水的表面张力值进行比较,并加以分析。

6. 改变恒温水浴温度。按上述步骤测定 35℃ 下乙醇系列表面张力。

7. 如果没有条件而按体积配制的溶液,需要分别测定乙醇溶液的折光率,在工作曲线上查得准确浓度,工作曲线可由实验室提供。

五、数据处理

1. 将实验数据及结果填入表 2.30-1 中。

表 2.30 - 1 实验数据及结果

室温：_____℃，水的表面张力 σ_0：_____

乙醇浓度%	测定次数及平均值				$K=\dfrac{\sigma_0}{\Delta p_0}$	σ	Γ
	1	2	3	平均			
0(纯水)							
…							
…							

2. 按表列和计算的数据画出乙醇的 σ-c 图。

3. 在 σ-c 图上用作切线法求各适当间隔的浓度的 Γ 值。并作出 Γ-c 等温吸附线。

4. 作出 35℃ 时的 Γ-c 等温吸附线并与 25℃ 线比较得出温度影响结论。

5. 结合计算公式，进行误差分析。

六、思考题

1. 表面张力仪的清洁与否对所测数据有何影响？

2. 为什么不能将毛细管插进液体里去？

3. 液体表面张力的大小与哪些因素有关。

4. 气泡如出的很快，对结果各有什么影响？

5. 为什么不需要知道毛细管尖口的半径？

七、附录

（一）水和空气界面上的表面张力

表 2.30 - 2 水和空气界面上的表面张力(J·m^{-2})

温度 ℃	表面张力 $\sigma_0 \times 10^3$	温度 ℃	表面张力 $\sigma_0 \times 10^3$	温度 ℃	表面张力 $\sigma_0 \times 10^3$
0	75.64	19	72.90	30	71.18
5	74.92	20	72.75	35	70.38
10	74.22	21	72.59	40	69.56
11	74.07	22	72.44	45	68.74
12	73.93	23	72.28	50	67.91
13	73.78	24	72.13	55	67.05
14	73.64	25	71.97	60	66.18
15	73.49	26	71.82	70	64.42
16	73.34	27	71.66	80	62.61
17	73.19	28	71.50	90	60.75
18	73.05	29	71.35	100	58.85

（二）DP-AW 精密数字压力计使用方法

1. 前面板按键说明

（1）"单位"键

接通电源,初始状态 kPa 指示灯亮,LED 显示以 kPa 为计量单位的压力值;按一下单位键 mmH_2O 或 mmHg 指示灯亮,LED 显示以 mmH_2O 或 mmHg 为计量单位的压力值。

（2）"采零"键

在测试前必须按一下采零键,使仪表自动扣除传感器零压力值（零点漂移）,LED 显示为"0000",保证显示值为被测介质的实际压力值。

（3）"复位"键

按下此键,可重新启动 CPU,仪表即可返回初始状态。一般用于死机时,在正常测试中,不需按此键。

2. 预压及气密性检查

缓慢加压至满量程,观察数字压力表显示值变化情况,若 1 分钟内显示值稳定,说明传感器及其检测系统无泄露。确认无泄露后,泄压至零,并在全量程反复预压 2~3 次,方可正式测试。

3. 采零

泄压至零,使压力传感器通大气,按一下采零键,此时 LED 显示"0000",以消除仪表系统的零点漂移。

注意:尽管仪表作了精细的补偿,但因传感器本身固有的漂移（如时漂）是无法处理的,因此,每次测试前都必须进行采零操作,以保证所测压力值的准确度。

4. 测试

仪表采零后接通被测量系统,此时仪表显示被测系统的压力值。

5. 关机

实验完毕,先将被测系统泄压后,再关掉电源开关。

为了保证数字压力计、恒温控制仪等精密仪表工作正常,设有专门检测设备的单位和个人,请勿自行打开机盖进行检修,更不许调整和更换元件,否则将无法保证仪表测量的准确度。

橡胶管与管路接口装置、玻璃仪器、数字压力计等相互连接时,接口与橡胶管一定要插牢,以不漏气为原则,保证实验系统的气密性。

参考文献

1. 傅献彩,沈文霞,姚天扬. 物理化学（第四版）. 北京:高等教育出版社,1990
2. 孙尔康,徐维清,邱金恒. 物理化学实验. 南京:南京大学出版社,1997
3. 刘澄蕃,滕弘霓,王世权. 物理化学实验. 北京:化学工业出版社,2002
4. 崔献英,柯燕雄,单绍纯. 物理化学实验. 合肥:中国科学技术大学出版社,2000

实验 2.31　分子磁化率测定

一、目的

1. 测定一些顺磁性物质的摩尔磁化率,推算分子磁矩,推算分子内未成对电子数,判断分子配键的类型。

2. 掌握古埃(Gouy)磁天平测定磁化率的原理和方法。

二、基本原理

1. 摩尔磁化率和分子磁矩

物质在外磁场 H 作用下,由于电子等带电体的运动,会被磁化而感应出一个附加磁场 H',该物质的磁感应强度 B 与外磁场强度关系是

$$B = H_0 + H' = H_0 + 4\pi I, \qquad (2.31-1)$$

式中:I 为物质的磁化强度,与物质在外磁场 H_0 的关系是

$$I = \chi H, \qquad (2.31-2)$$

式中 χ 为无因次量,称为物质的体积磁化率,简称磁化率,表示单位体积内磁场强度的变化,是物质的一种宏观磁性质。化学上常用摩尔磁化率 χ_M 或单位质量磁化率 χ_m 表示磁化程度,它们与 χ 的关系为

$$\chi_m = \frac{\chi}{\rho}, \qquad (2.31-3)$$

$$\chi_M = M \cdot \chi_m = \frac{M\chi}{\rho}, \qquad (2.31-4)$$

式中 M, ρ 为物质的摩尔质量与密度。χ_M 的单位为 $cm^3 \cdot mol^{-1}$,χ_m 的单位为 $cm^3 \cdot g^{-1}$。

物质的原子、分子或离子在外磁场作用下的磁化现象有三种:

第一种,物质本身并不呈现磁性,物质的原子、离子或分子中没有自旋未成对的电子,当它受到外磁场作用时,内部的电子轨道会产生拉摩运动,而产生感应的"分子电流",相应产生一种与外磁场方向相反的感应磁矩。这一电流的附加磁场方向与外磁场相反。这种物质称为反磁性物质,如 Hg,Cu,Bi,它的 χ_m 称为反磁磁化率,用 $\chi_{反}$ 表示,且 $\chi_{反} < 0$。

第二种,物质的原子、离子或分子中存在自旋未成对的电子,它的电子角动量总和不等于零,分子本身具有永久磁矩。由于热运动,永久磁矩的指向在各个方向的几率相等,故该磁矩的统计值为零。但这些杂乱取向的分子磁矩在受到外磁场作用时,其方向总是趋向于与外磁场同方向,所以这种物质称为顺磁性物质,如 Mn,Cr,Pt 等,表现出的顺磁磁化率,用 $\chi_{顺}$ 表示。但它在外磁场作用下内部的电子轨道会产生拉摩运动,而产生与外磁场方向相反的感应磁矩,因此它的 χ_m 是顺磁磁化率 $\chi_{顺}$ 与反磁磁化率 $\chi_{反}$ 之和。因 $|\chi_{顺}| \gg |\chi_{反}|$,所以对于顺磁性物质,可以认为 $\chi_m = \chi_{顺}$,其值大于零,即 $\chi_m > 0$。

第三种,物质被磁化的强度随着外磁场强度的增加而剧烈增强,而且在外磁场消失后其磁性并不消失,呈现出滞后的现象,这种物质称为铁磁性物质。

对于顺磁性物质而言,摩尔顺磁磁化率与分子磁矩 μ 关系可由居里-朗之万公式表示

$$\chi_{\text{顺}} = \frac{N_{\text{A}}\mu^2}{3kT}, \tag{2.31-5}$$

式中：N_{A} 为阿佛伽德罗常数；k 为玻尔兹曼常数；T 为热力学温度。(2.31-5)式将物质的宏观性质($\chi_{\text{顺}}$)与其微观性质 μ 联系起来，可由实验测定磁化率来研究物质内部结构。

分子磁矩 μ 由分子内所包含的未配对电子数 n 的关系如下：

$$\mu = \sqrt{n(n+2)} \cdot \mu_{\text{B}}, \tag{2.31-6}$$

式中 μ_{B} 为玻尔磁子，是磁矩的自然单位。

$$\mu_{\text{B}} = \frac{eh}{4\pi m_e c} = 9.273 \times 10^{-28} \text{焦耳/高斯},$$

μ_{B} 的物理意义是单个自由电子自旋所产生的磁矩。求得 n 值后可以进一步确定原子、分子、离子中的未成对的电子数，对研究它们的电子结构、判断有关配合物分子的配键类型是十分有意义的。

通常认为配合物可分为电价配合物和共价配合物，电价配合物是指中央离子与配位体之间是依靠静电库仑力结合起来的，这种化学键称为电价配键，这时中央离子的电子结构不受配位体的影响，基本上保持自由离子的电子结构。而共价配合物是以中央离子的空的价电子轨道接受配位体的孤对电子形成共价配键，这时中央离子为了尽可能多地成键，往往会发生电子的重排，以腾出更多空的价电子轨道来接受配位体的电子对。

例如 Fe^{2+} 离子在自由离子状态下的外层电子结构为 $3d^6 4s^0 4p^0$，如以它作为中心离子与 6 个 H_2O 配位体形成 $[Fe(H_2O)_6]^{2+}$ 配离子，是电价配合物。其中 Fe^{2+} 离子仍然保持原自由离子状态下的电子层结构，此时 $n=4$，如图 2.31-1。

图 2.31-1 Fe^{2+} 在自由离子状态下的外层电子结构

当 Fe^{2+} 离子与 6 个 CN^- 离子配位体形成 $[Fe(CN)_6]^{4-}$ 配离子时，Fe^{2+} 离子的外电子层结构发生重排，此时 $n=0$，如图 2.31-2。显然，其中 6 个空轨道形成 d^2sp^3 的 6 个杂化轨道，以此来容纳 6 个 CN^- 中 C 原子上的孤对电子，形成 6 个共价配键。

图 2.31-2 Fe^{2+} 外层电子结构的重排

2. 摩尔磁化率的测定

本实验用古埃磁天平测定物质的摩尔磁化率 χ_{M}，其测定原理如图 2.31-3 所示。

一个截面积为 A 的样品管，装入高度为 h，质量为 m 的样品后放入非均匀磁场中。样品管底部位于磁场强度最大之处，即磁极中心线上，此处磁场强度为 H_0。样品最高处磁场强度为零。前已述及，对于顺磁性物质而言，此时产生的附加磁场与原磁场

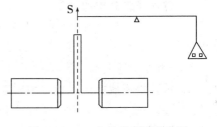

图 2.31-3 古埃磁天平示意图

同向，即物质内磁感应强度增大。沿着样品管的轴心方向 S，存在一磁场强度梯度为 $\partial H/\partial S$，则样品在磁场中受到吸引力 f 为

$$f = \int_{H}^{H_0} (\chi - \chi_空) A H \frac{\partial H}{\partial S} \mathrm{d}S, \qquad (2.31-7)$$

式中：A 为样品截面积；$\chi_空$ 为空气的磁化率；H 为中心的磁场强度；H_0 为样品顶端的磁场强度。并假设 $H_0 = 0$，积分上式得

$$f = \frac{1}{2} \chi H^2 A。 \qquad (2.31-8)$$

在磁天平法中利用平衡砝码的增重来测量 f 值。设 ΔW_0 为空样品管在有磁场和无磁场时的砝码质量增量，ΔW 为装样品后在有磁场和无磁场时的质量增量，则

$$f = (\Delta W - \Delta W_0) g, \qquad (2.31-9)$$

式中 g 为重力加速度。将其代入 $(2.31-8)$ 式可得

$$\frac{1}{2} \chi H^2 A = (\Delta W - \Delta W_0) g,$$

整理得

$$\chi = \frac{2(\Delta W - \Delta W_0) g}{H^2 \cdot A}。 \qquad (2.31-10)$$

由于

$$\chi_M = \frac{M \chi}{\rho}, \qquad \rho = \frac{W}{h \cdot A},$$

则有

$$\chi_M = \frac{2(\Delta W - \Delta W_0) g h M}{W H^2}, \qquad (2.31-11)$$

式中：h 为样品的高度；W 为样品的质量；M 为样品的分子量。

磁场强度可由 CT5 高斯计直接测量，也可用已知磁化率的莫尔氏盐标定。莫尔氏盐的单位质量的磁化率 χ_m 与热力学温度 T 的关系为

$$\chi_m = \frac{9\,500}{T+1} \times 10^{-8}。 \qquad (2.31-12)$$

三、仪器与试剂

古埃磁天平（包括磁极、励磁电源、电光天平等），CT5 型高斯计，玻璃样品管，装样品工具（包括研钵、角匙、小漏斗等）。

莫尔氏盐 $(NH_4)_2SO_4 \cdot FeSO_4 \cdot 6H_2O$，亚铁氰化钾 $K_4[Fe(CN)_6] \cdot 3H_2O$，硫酸亚铁 $FeSO_4 \cdot 7H_2O$。

四、操作步骤

1. 磁场强度分布的测定

(1) 分别在特定励磁电流（$I_1 = 3\,A$，$I_2 = 6\,A$）的条件下，用高斯计，测定从磁场中心起，每提高 1 cm 处的磁场强度，直至离磁场中心线 20 cm 处为止。

(2) 重复上述实验，求各高度处的磁场强度平均值。

2. 用莫尔氏盐标定在特定励磁电流下的磁场强度 H

(1) 取一支清洁、干燥的空样品管，悬挂在天平一端的挂钩上，使样品管的底部在磁极中心连线上。准确称量空样品管。然后将励磁电流电源接通，依次称量电流在 3 A 和 6 A 时的空样品管。接着将电流通至 8 A 然后减小电流，再依次称量电流在 6 A 和 3 A 时的空样品管。将励磁电流降为零时，断开电源开关，再称量一次空样品管。由此可求出空样品管质量 W 及电流在 3 A 和 6 A 时的 W'（重复一次取平均值）。

上述调节电流由小到大、再由大到小的测定方法,是为了抵消实验时磁场剩磁现象的影响。

(2)取下样品管,装入事先研磨好的莫尔氏盐(在装填时要不断将样品管底部敲击木垫,使样品粉末填实),直到样品高度约 15 cm 为止。准确测量样品高度 h。

同上方法,求得在电流为零时的 W 及 3 A,6 A 时的 W' 的平均值。

3. 样品的摩尔磁化率测定

用标定磁场强度的样品管分别装入亚铁氰化钾与硫酸亚铁,同上方法要求测定其 h,W 以及 3 A,6 A 时的 W'。

五、数据处理

1. 分别描绘在特定励磁电流为 3 A 和 6 A 时的磁场强度随着距离磁场中心线高度而变化的分布曲线。

2. 由莫尔氏盐的磁化率和实验数据,计算各特定励磁电流时相应的磁场强度值,并与高斯计测量值进行比较。

3. 由亚铁氰化钾和硫酸亚铁的实验数据,分别计算和讨论在 $I_1 = 3$ A 和 $I_2 = 6$ A 时的 χ_M 和 μ 以及未成对电子数 n。

4. 试讨论亚铁氰化钾和硫酸亚铁中 Fe^{2+} 离子的外电子层结构和配键类型。

5. 结合计算公式,进行误差分析。

六、思考题

1. 简述用古埃磁天平法测定磁化率的基本原理。

2. 在不同的励磁电流下测定的样品摩尔磁化率是否相同?为什么?

3. 从摩尔磁化率如何求算分子内未成对电子数及判断其配键类型?

参考文献

1. 复旦大学等. 物理化学实验(第一版). 北京:高等教育出版社,1980
2. 罗澄源等. 物理化学实验(第一版). 北京:高等教育出版社,1984
3. 何玉尊,龚茂初,陈耀强. 物理化学实验(第三版). 成都:四川大学出版社,1993
4. 广西师范大学等. 基础物理化学实验(第一版). 桂林:广西师范大学出版社,1991
5. 王彩霞,石佩华,潘廷旺. 物理化学实验指导(第一版). 北京:高等教育出版社,1992
6. 戴维·P·休梅尔,[美]卡尔·W·加兰,杰弗里·I·斯坦菲尔德. 物理化学实验(第四版). 北京:化学工业出版社,1990
7. 北京大学化学系物理化学教研室. 物理化学实验(第一版). 北京:北京大学出版社,1985

实验 2.32　苯及其衍生物的紫外光谱测定

一、目的

1. 用紫外分光光度计测定苯及其衍生物的紫外吸收光谱,计算跃迁能。

2. 掌握 751-G 型分光光度计的使用方法。

二、基本原理

原子或分子中的电子(成键电子、反键电子,孤对电子、游离基电子等),当受到光、热、电等的激发,从一个能级转移到另一个能级,称为跃迁。这种跃迁所需要的能量称为跃迁能。原子或分子中电子的跃迁能级与电磁波中某一光子的能量相一致时就会发生能级跃迁,即

$$\Delta E = E_2 - E_1 = h\nu = h\frac{c}{\lambda_{\max}}, \tag{2.32-1}$$

式中:h 为普朗克常数;c 为光速;$\lambda_{\max}$ 为最大吸收波长。

因此,电子激发所对应的光子的能量,可用相对应吸收的光频率 ν 或波长来表示。如果有连续频率的辐射照射于单原子元素的蒸气,就可以得到一系列吸收光谱。这种光谱是不连续的线状光谱。

这是由于分子的 $\Delta E_{转动}$ 比 $\Delta E_{振动}$ 小 $10\sim100$ 倍,$\Delta E_{振动}$ 比 $\Delta E_{电子}$ 约小 10 倍,当发生电子能级之间的跃迁时,不可避免地也要发生振动能级和转动能级之间的跃迁。因此,所得到的分子吸收光谱就不是不连续的线状光谱,而是连续的带状光谱。跃迁的 ΔE 应为其振动能、转动能和电子运动能的变化总和:

$$\Delta E = \Delta E_{转动} + \Delta E_{振动} + \Delta E_{电子}。 \tag{2.32-2}$$

从分子的成键情况来看,与吸收光谱有关的电子主要有三种:① 形成单键的 σ 电子;② 形成复键的 π 电子;③ 非键 n 电子。根据分子轨道理论,三种电子的能级高低次序一般是:

$$(\sigma) < (\pi) < (n) < (\pi^*) < (\sigma^*)。 \tag{2.32-3}$$

分子在大多数有机化合物中,电子总是充填在 n 轨道以下的各个分子轨道中。当受到外来辐射的激发时,处在较低能级的电子就跃迁到较高的能级。由于各个分子轨道之间的能量差不同,各种不同的跃迁所需吸收的能量也不同,见图 2.32-1。

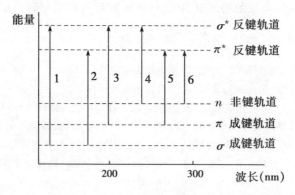

图 2.32-1　各种电子跃迁相应的吸收峰和能量示意图
1. $\sigma\sigma^*$ 跃迁;2. $\sigma\pi^*$ 跃迁;3. $\pi\sigma^*$ 跃迁;4. $n\sigma^*$ 跃迁;5. $\pi\pi^*$ 跃迁;6. $n\pi^*$ 跃迁

当分子中含有 σ 键电子时,σ-σ^* 跃迁需要的能量大,吸收光谱在远紫外区,$\lambda_{最大} <$ 150 nm。一般仪器不易测量。饱和碳氢化合物就属于这一类。然而,当饱和碳氢化合物中含有氧、氮、硫、卤素等杂原子时,由于其中含有孤对电子,因而可发生 n-σ^* 跃迁,其吸收峰向长波方向移动。有些已进入近紫外区,一般紫外分光光度计即可测定。当分子中含有双键、共轭双键、三键、杂原子双键等助色基团时,其中不仅含有孤对电子,而且有 π 键电子,吸

收峰不但向长波方向移动,而且吸收波强度增强。

各种物质分子的能级千差万别,它们内部各种能级之间的间隔也就各异。因此,物质的内部结构决定了它们对不同波长光的选择吸收。如果我们逐渐改变通过某一吸收物质的入射光的波长,并记录该物质在每一波长处的消光度(A)。以吸光度对波长作图,即可得到该物质的吸收光谱。

四、仪器与试剂

TV-1901 双光束紫外可见分光光度计,移液管(2 mL)4 支,微量注射器(500,50 μL)各 2 支,容量瓶(100,10 mL)各 4 个。

无水乙醇(A.R.),苯甲醛(A.R.),苯(A.R.),苯胺(A.R.),氯苯(A.R.)。

五、操作步骤

1. 用 100 mL 容量瓶分别配制 $0.1\ \mathrm{mol\cdot L^{-1}}$ 的苯、氯苯、苯甲醛和苯胺的乙醇溶液。用 10 mL 的容量瓶中,分别取上述配制的溶液,配制浓度为 $2\times10^{-3}\ \mathrm{mol\cdot L^{-1}}$ 的苯和氯苯的乙醇溶液,浓度为 $2\times10^{-4}\ \mathrm{mol\cdot L^{-1}}$ 的苯甲醛和苯胺的乙醇溶液。(注意:配制试样溶液时,浓度尽量接近规定浓度。浓度太高或太低都会使某些吸收峰测不出来,致使测得的紫外光谱不理想。)

2. 接通仪器的电源,预热仪器 30 min。

3. 将待测试样装入 1 cm 的石英比色皿中,盖好比色皿盖,置于光路中(以无水乙醇作参比)。

4. 按照 751-G 型分光光度计说明书在 200～300 nm 波长范围内对各样品进行扫描。

5. 测试完毕后,倒掉试液(指定废液缸中),清洗比色皿,关闭仪器。

6. TV-1901 双光束紫外可见分光光度计的操作系统全部由微机控制,具体的操作步骤,需要在教师的指导下完成,有关操作的详细内容参见仪器说明书。

六、数据处理

由苯、氯苯、苯甲醛和苯胺的消光度与波长曲线。分别找出最大吸收波长及其消光度值。按(2.32-1)式计算各物质的电子跃迁能,根据光谱图判断各物质分子内电子能级发生了什么类型的跃迁?并说明助色基团的作用。

七、思考题

1. 计算摩尔消光度有何作用?
2. 摩尔消光度的大小与哪些因素有关?

参考文献

1. 潘道皑等.物质结构(第一版).北京:人民教育出版社,1982
2. 陈国珍等.紫外—可见光分光光度法(上册)(第一版).北京:原子能出版社,1983
3. 广西师范大学等.基础物理化学实验(第一版).桂林:广西师范大学出版社,1991
4. 清华大学.现代仪器分析(下册)(第一版).北京:清华大学出版社,1983

实验 2.33　偶极矩的测定

一、目的

1. 用溶液法测定乙酸乙酯的偶极矩。了解分子在外电场作用下的极化作用,以及偶极矩与摩尔极化度的关系。

2. 明确溶液法测定偶极矩的原理和计算方法。注意在各个主要公式的推导中的某些近似,分析这些近似的合理性和对实验结果的影响。

3. 熟悉 CC-6 型小电容测定仪的构造原理和使用方法。

二、基本原理

分子电偶极矩(简称偶极矩 μ)是用来描述分子中电荷分布情况的物理量。分子中正、负电荷不重合的分子称为极性分子,分子极性的大小用偶极矩来衡量。偶极矩 μ 是分子正、负电荷中心间的距离 d 与电荷量 q 的乘积

$$\mu = q \cdot d 。 \qquad (2.33-1)$$

偶极矩是向量,化学上规定它的方向为从正电荷到负电荷。因为分子中原子核间距离的数量级是 10^{-10} m,电子电量的数量级是 10^{-20} C,因此偶极矩 SI 单位的数量级是 10^{-30} C·m。

无论是极性分子或非极性分子,在外电场的作用下,均会发生极化。分子极化的大小用分子极化率来量度。通过偶极矩的测定可以了解分子的结构,如分子的电子云的分布、分子的对称性、分子的空间构型等结构特性。

如果在电容器中用电解质填充,电容器两极加以一定的电压后,组成物质的分子将产生极化,极化作用的结果将抵消一部分电容器的外加电压,如图 2.33-1 所示,使电容器的电容量增大。设真空时的电容器的电容为 C_0,当有电介质填充时电容器的电容为 C,则该电介质的介电常数 ε 为

$$\varepsilon = \frac{C}{C_0} 。$$

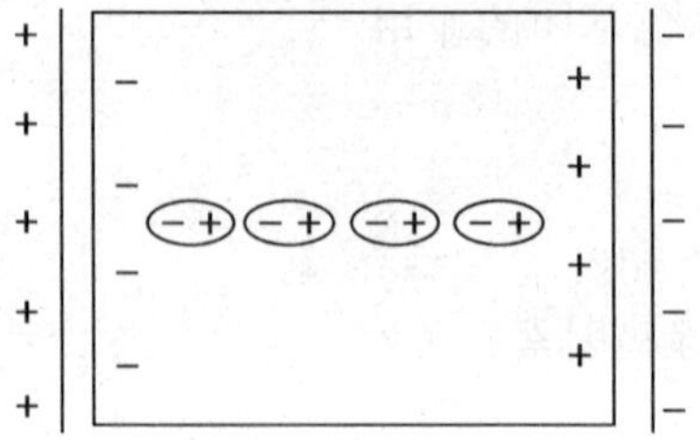

图 2.33-1　电解质在电场作用下极化引起的反向电场

由于真空时的 $\varepsilon = 0$,而空气的 $\varepsilon = 1.000583$,所以物质的介电常数近似表示为

$$\varepsilon = \frac{C}{C_{空气}} 。$$

介电常数反映了物质在外电场作用下的极化情况,它必然与物质的极化率有关,Clausius-Mosotti-Debye 从电磁理论得到了摩尔极化度 P 与介电常数 ε 之间的关系式

$$P = \frac{\varepsilon-1}{\varepsilon+2} \cdot \frac{M}{\rho} = \frac{4}{3}\pi \cdot N \cdot a, \qquad (2.33-2)$$

式中:M 为被测物质分子量;ρ 为被测物质的在温度为 T 时的密度;A 为分子的极化率。

ε 可通过实验测定,而 a 等于定温时单位电场强度下的平均偶极矩。对极性分子有

$$a = a_{原子} + a_{电子} + a_{取向}, \qquad (2.33-3)$$

式中 $a_{原子}$,$a_{电子}$ 和 $a_{取向}$ 分别为原子极化率、电子极化率和取向极化率。

将(2.33-3)式代入(2.33-2)式中有

$$P = \frac{4}{3}\pi \cdot N \cdot a_{原子} + \frac{4}{3}\pi \cdot N \cdot a_{电子} + \frac{4}{3}\pi \cdot N \cdot a_{取向}, \qquad (2.33-4)$$

而 $a_{原子}$ 和 $a_{电子}$ 与温度无关,且

$$P_{取向} = \frac{4}{9}\pi N \frac{\mu^2}{kT} = \frac{4}{3}\pi N a_{取向},$$

所以

$$P = \frac{4}{3}\pi \cdot N \cdot a_{原子} + \frac{4}{3}\pi \cdot N \cdot a_{电子} + \frac{4}{3}\pi \cdot N \cdot \frac{\mu^2}{3kT}。 \qquad (2.33-5)$$

(2.33-5)式为偶极矩测定的基本公式,由此式可知,在测定了 ε 和 ρ,和已知 M 的情况下可计算 P 值,P 对 $1/T$ 的图应为一直线,由直线的斜率可求得 μ,这种方法称为温度法,这种方法适用于温度不太低的气体系统,然而实验上测定气体的介电常数和密度十分困难,甚至无法得到气相状态。

在不存在外电场的情况下,非极性分子因振动运动,正负电荷中心可能发生相对位移而产生瞬时偶极矩,但因偶极矩指向各个方向的机会相同,所以偶极矩的统计值等于零。具有永久偶极矩的极性分子,由于分子的热运动的影响,偶极矩在空间各个方向的取向几率相等,偶极矩的统计结果仍为零,即宏观上测不出其偶极矩。

在外电场的作用下,不论极性分子或非极性分子,分子中的电子与原子核、原子核与原子核之间都会发生相对位移,前一种位移称为电子极化 $P_{电子}$,后一种称为原子极化 $P_{原子}$,统称为诱导极化或变形极化,用摩尔诱导极化度 $P_{诱导}$ 来衡量,即

$$P_{诱导} = P_{电子} + P_{原子},$$

$P_{诱导}$ 与外电场强度成正比,与温度无关。

如果外电场是交流电场,极性分子的极化与交流电场的频率有关。当外电场的频率小于 10^{10} s^{-1} 时,极性分子所产生的摩尔极化度 $P(P_{低频})$ 是取向极化 $P_{取向}$、电子极化 $P_{电子}$ 和原子极化 $P_{原子}$ 的总和,即

$$P = P_{取向} + P_{电子} + P_{原子}。$$

当外电场的频率增加到 $10^{12} \sim 10^{14}$ s^{-1} 中频时(红外频率),极性分子的转向运动已经跟不上电场的交变速度,取向极化消失,即 $P_{取向} = 0$。当电场的频率增加到 10^{15} s^{-1} 以上的高频区时,极性分子的转向运动和原子核与原子核之间都会发生相对运动都跟不上电场的变化,此时极性分子的摩尔极化度等于电子极化度。

因此原则上只要在低频电场下测得极性分子的摩尔极化度 $P_{低频}$,在中频(红外频率)电场下测得极性分子的摩尔极化度 $P_{中频} = P_{诱导}$,两者求差得到极性分子的摩尔取向极化度

$P_{取向}$，极性分子具有永久偶极矩 μ，$P_{取向}$ 与永久偶极矩 μ 的关系为

$$P_{取向} = \frac{4}{3}\pi N \frac{\mu^2}{3kT} = \frac{4}{9}\pi N \frac{\mu^2}{kT},$$

测得 $P_{取向}$ 即可计算出极性分子的永久偶极矩 μ。

根据光的电磁理论，在同一频率的高频电场作用下，透明物质的介电常数 ε 与折光率 n 的关系为

$$\varepsilon = n^2。$$

由于中频的摩尔极化度实验测定较为困难，常用物质对钠光 D 线的摩尔折射度 R_D 代替中频的摩尔极化 $P_{中频}$，即

$$R_D = \frac{n_D^2 - 1}{n_D^2 + 2} \cdot \frac{M}{\rho}, \tag{2.33-6}$$

则

$$\frac{4\pi N}{9kT}\mu^2 = P_{低频} - R_D,$$

$$\mu = \sqrt{\frac{9k}{4\pi N}(P_{低频} - R_D)T} = 0.012\,8\sqrt{(P_{低频} - R_D)T}。 \tag{2.33-7}$$

在频率小于 $10^9\ \mathrm{s}^{-1}$ 的交变电场或静电场中，测定物质的 ε，求出 $P_{低频}$ 再测得物质的 n_D，通过 (2.33-7)式即可计算出 μ，这种方法称为折射法。

无论是温度法还是折射法严格地说都只适用于低温气体状态，并且由于气体系统的介电常数和密度用实验测定十分困难，对某些物质甚至根本无法获得气体状态，为此提出溶液法来克服这一困难，其基本思想是，在无限稀释的非极性溶剂中，溶质分子所处的状态和气体时的极为相近。由于溶液很稀，溶质分子间相互作用近似为零，故可用无限稀释溶液的状态近似代替理想气体状态，此时稀溶液的摩尔极化度具有加和性，即

$$P_{1,2} = x_1 P_1 + x_2 P_2 = \frac{\varepsilon_{1,2} - 1}{\varepsilon_{1,2} + 2} \cdot \frac{M_1 x_1 + M_2 x_2}{\rho_{1,2}}, \tag{2.33-8}$$

式中：$P_{1,2}$ 为溶液的极化度；P_1 为溶剂的极化度；P_2 为溶质的极化度；x 为物质的量分数。

由于溶液很稀，溶液中溶剂对总极化度的贡献 P_1 接近于纯溶剂的摩尔极化度 P_1^0，所以整理(2.33-8)式得

$$P_2 = \frac{P_{1,2} - (1 - x_2)P_1^0}{x_2}。 \tag{2.33-9}$$

由(2.33-9)式可知，测得不同浓度的稀溶液的 $P_{1,2}$ 及纯溶剂的摩尔极化度 P_1^0，以 P_2 对 x_2 作图，外推到 $x_2 = 0$，当 $x_2 = 0$ 时的 P_2 值即为溶质的摩尔极化度 P_2^0，再测得纯溶质的折光率 n_D 及摩尔极化度 P_2 及密度 ρ，由(2.33-6)式计算出 R_D，再用(2.33-7)式计算出溶质的偶极矩，这种方法称为溶液法。

三、仪器与试剂

CC-6 型电容测量仪 1 台，阿贝折光仪 1 台，密度管 1 支，容量瓶(20 mL)5 支，电容池 1 个，干燥器 1 个。

三氯甲烷(A.R.)，环己烷(A.R.)。

四、操作步骤

1. 溶液配制

用称量法配制物质的量分数分别为 0.010 0,0.050 0,0.100 0,0.150 0,0.200 0 的三氯甲烷的环己烷溶液各约 20 mL。操作时应注意防止溶质、溶剂的挥发以及吸收极性较大的水汽,配制好的溶液应立即盖上瓶塞,并放在干燥器中。

2. 折光率的测定

用阿贝折光仪测定三氯甲烷和环己烷的折光率。

3. 密度的测定

用密度管测定纯环己烷纯三氯甲烷及配制的 5 个溶液的密度。

4. 介电常数的测定

用 CC-6 型小电容测定仪测定电容,仪器的电桥原理见图 2.33 - 2,图中 C_x 表示电容池的电容,C_s 表示为可调节标准差动电容器的电容,V_x,V_s 分别为桥路两侧的电压。电桥平衡时有

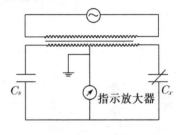

图 2.33 - 2　电桥示意

$$\frac{C_x}{C_s}=\frac{V_s}{V_x}。$$

若 $V_x=V_s$,则当调整 $C_s=C_x$ 时,电桥达到平衡,指示放大器的指数为零,C_s 即为 C_x 的读数。用仪器测定空气、标准样品,环己烷和 5 个溶液的电容。测定时电容池两极间要用吹风机吹干。每个样品至少测定三次,取平均值。由测得电容数据计算纯溶剂及各个溶液的介电常数。

五、数据处理

1. 列表表示所测得的原始数据。
2. 以 P_2 对 x_2 作图,外推求 P_2^0。
3. 由纯溶质的折光率 n_D 计算摩尔折射度 R_D。
4. 计算三氯甲烷的永久偶极矩。
5. 结合计算公式,进行误差分析。

六、思考题

1. 何谓电子极化、原子极化和取向极化? 何谓极化率、摩尔极化度? 摩尔极化度与极化率及偶极矩有何关系? 摩尔极化度与介电常数有何关系? 本实验是如何测求取向摩尔极化度的?

2. 实验是怎样测定电介质的介电常数的? 为什么不能直接用小电容测量仪上的读数 $C_{测}$ 来进行计算?

3. 实验测电容和折光率应注意什么?

参考文献

1. 谢育畅,邵美成. 结构化学(上册),北京:人民教育出版社,1979

2. 何福成,朱正和.结构化学.北京:人民教育出版社,1979

3. 复旦大学等.物理化学实验(上册).北京:高等教育出版社,1989

4. 南开大学化学系物理化学教研室.物理化学实验.天津:南开大学出版社,1991

5. 何玉萼,龚茂初,陈耀强.物理化学实验(第三版).成都:四川大学出版社,1993

6. 罗澄源等.物理化学实验(第二版).北京:高等教育出版社,1984

7. 复旦大学等.物理化学实验(第二版).北京:高等教育出版社 1993

8. 戴维·P·休梅尔［美］卡尔·W·加兰,杰弗里·I·斯坦菲尔德.物理化学实验(第四版).北京:化学工业出版社,1990

9. 北京大学化学系物理化学教研室.物理化学实验.北京:北京大学出版社,1985

10. 王彩霞,石佩华,潘廷旺.物理化学实验指导.北京:高等教育出版社,1992

11. 广西师范大学等.基础物理化学实验.桂林:广西师范大学出版社,1991

实验 2.34　X 射线衍射法测定晶胞常数

一、目的

1. 了解 X 射线衍射仪简单结构及使用方法。

2. 掌握 X 射线粉末法的原理,测出 NaCl 或 NH_4Cl 晶体的点阵形式,晶胞常数以及晶体的密度。

二、基本原理

1. 晶体是由具有一定结构的原子、原子团(或离子团)按一定的周期在三维空间重复排列而成的。互映整个晶体结构的最小平行六面体单元称为晶胞。晶胞的形状及大小可通过夹角 α,β,γ 的三个边长 a,b,c 来描述。因此 α,β,γ 和 a,b,c 称为晶胞常数。

一个立体的晶体结构可以看成是由其最邻近两晶面之间距为 d 的这样一簇平行晶面所组成,也可以看成是由另一簇面间距为 d' 的晶面所组成,……,其数无限。当某一波长的单色 X 射线以一定的方向投射晶体时,晶体内的这些晶面像镜面一样反射入射线而产生衍射。但不是任何的反射都产生衍射。只有那些面间距为 d,与入射的 X 射线的夹角为 θ,且两相邻晶面反射的光程差为波长的整数倍 n 的晶面簇在反射方向的散射波,才会相互叠加而产生衍射,如图 2.34-1 所示。光程差 $\Delta=AB+BC=n\lambda$,而 $AB=BC=d\sin\theta$,所以

$$2d\sin\theta=n\lambda, \tag{2.34-1}$$

上式称为布拉格(Bragg)方程。

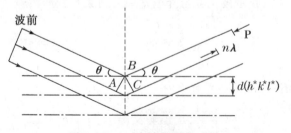

图 2.34-1　点阵晶面的反射

如果样品入射线夹角为 θ,晶体内某一簇晶面符合布拉格方程,那其衍射方向与入射线方向夹角为 2θ,见图 2.34-2。对于多晶体样品,在晶体中存在着各种可能方向的晶面取向,与入射线成 θ 角的面间距为 d 的晶簇面晶体不止一个,而是无穷多个,且分布在以半顶角为 2θ 的圆锥面上,见图 2.34-3,在单色 X 射线照射多晶体时,满足布拉格方程的晶面簇不止一个,而是有多个衍射圆锥相应于不同面间距 d 的晶面簇和不同的 θ 角。当 X 射线衍射仪的计数管和样品绕试样中心轴转动时(试样转动 θ 角,计数管转动 2θ),参看图2.34-3,就可以把满足布拉格方程的所有衍射线记录下来。衍射峰位置 2θ 与晶面间距(即晶胞大小与形状)有关,而衍射线的强度(即峰高)与该晶胞内(原子、离子或分子)的种类、数目以及它们在晶胞中的位置有关。由于任何两种晶体其晶胞形状、大小和内含物质总存在着差异,所以 2θ 和相对光强(I/I_0)可作物相分析的依据。

图 2.34-2　衍射线方向和入射线的夹角　　　图 2.34-3　半顶角为 2θ 的衍射圆锥

2. 晶胞大小的测定。以晶胞常数 $\alpha=\beta=\gamma=90°,a\neq b\neq c$ 的正交系为例,由几何结晶学可推出

$$\frac{1}{a}=\sqrt{\frac{h^{*2}}{a^2}+\frac{k^{*2}}{b^2}+\frac{l^{*2}}{c^2}},\qquad\qquad(2.34-2)$$

式中 h^*,k^*,l^* 为密勒指数(即晶面符号)。

对于四方晶系,因 $a=b\neq c,\alpha=\beta=\gamma=90°$,(2.34-2)式可简化为

$$\frac{1}{a}=\sqrt{\frac{h^{*2}+k^{*2}}{a^2}+\frac{l^{*2}}{c^2}}。\qquad\qquad(2.34-3)$$

对于立方晶系,因 $a=b=c,\alpha=\beta=\gamma=90°$,(2.34-2)式可简化为

$$\frac{1}{d}=\sqrt{\frac{h^{*2}+k^{*2}+l^{*2}}{a^2}}。\qquad\qquad(2.34-4)$$

对于六方,三方,单斜和三斜晶系的晶胞常数、面间距与密勒指数间的关系可参阅有关 X 射线结构分析的书籍。

因为衍射指数 h,k,l 与密勒指数的关系为 $h=nh^*,k=nk^*,l=nl^*$,将(2.34-2),(2.34-3),(2.34-4)式两边乘以 n 整理得:

对于正交系

$$\frac{n}{d}=\sqrt{\frac{h^2}{a^2}+\frac{k^2}{b^2}+\frac{l^2}{c^2}};\qquad\qquad(2.34-2')$$

对于四方晶系

$$\frac{n}{d}=\sqrt{\frac{h^2+k^2}{a^2}+\frac{l^2}{c^2}};\qquad\qquad(2.34-3')$$

对于立方晶系

$$\frac{n}{d} = \sqrt{\frac{h^2 + k^2 + l^2}{a^2}}。 \tag{2.34 - 4'}$$

从衍射谱中各衍射峰所对应的 2θ 角,通过布拉格方程求得的相对应的各 $\frac{n}{d}(=\frac{2\sin\theta}{\lambda})$ 值。因此,若已知入射线的波长 λ,从衍射谱中直接读出各衍射峰的 θ 值,通过布拉格方程(或直接从 *Tables for Conversion of X-ray diffraction Angles to Interplaner Spacing* 的表中查得)可求得所对应的各 n/d 值,如又知道各衍射峰所对应的衍射指数,则立方(或四方或正交)晶胞的晶胞常数就可定出。这一寻找对应各衍射峰指数的步骤称为"指标化"。

对于立方晶系,指标化最简单,由于 h, k, l 为整数,各衍射峰 $(n/d)^2$(或 $\sin^2\theta$)之比,即 $\frac{\left(\frac{n}{d}\right)_1^2}{\left(\frac{n}{d}\right)_1^2} : \frac{\left(\frac{n}{d}\right)_2^2}{\left(\frac{n}{d}\right)_1^2} : \frac{\left(\frac{n}{d}\right)_3^2}{\left(\frac{n}{d}\right)_1^2} : \cdots$,将(2.34 - 1)式代入,得 $\frac{\sin^2\theta_1}{\sin^2\theta_1} : \frac{\sin^2\theta_2}{\sin^2\theta_1} : \frac{\sin^2\theta_3}{\sin^2\theta_1} : \cdots$,所得数列应为一整数列。属于立方晶系的晶体有三种点阵形式:简单立方(T)、体心立方(I)、和面心立方(F),其各点阵形式的 $\frac{\sin^2\theta_1}{\sin^2\theta_1} : \frac{\sin^2\theta_2}{\sin^2\theta_1} : \frac{\sin^2\theta_3}{\sin^2\theta_1} : \cdots$ 的比值见表 2.34 - 1。

表 2.34 - 1　立方晶系各种点阵形式的 $\sin^2\theta$ 之比

点阵形式	$\dfrac{\sin^2\theta_1}{\sin^2\theta_1} : \dfrac{\sin^2\theta_2}{\sin^2\theta_1} : \dfrac{\sin^2\theta_3}{\sin^2\theta_1} : \cdots$
简单立方(T)	$1 : 2 : 3 : 4 : 5 : 6 : 8 : \cdots$(缺 7,15,23,$\cdots$)
体心立方(I)	$2 : 4 : 6 : 8 : 10 : 12 : 14 : 16 : 18 : \cdots$(或 $1 : 2 : 3 : 4 : 5 : 6 : 7 : 8 : 9 : \cdots$)
面心立方(F)	$3 : 4 : 8 : 11 : 12 : 16 : 19 : 20 : 24 : \cdots$

由表 2.34 - 1 可以看到,简单立方和体心立方的差别在于简单立方缺 7,15,23,衍射线,面心立方具有二密一稀分布的衍射线。因此可根据表 2.34 - 1 中的整数列来确定立方晶系的点阵形式。表 2.34 - 2 列出了立方点阵三种形式的衍射指标及平方和。

表 2.34 - 2　立方点阵三种形式的衍射指标及平方和

$h^2+k^2+l^2$	简单(P)	体心(I)	面心(F)	$h^2+k^2+l^2$	简单(P)	体心(I)	面心(F)
1	100			14	321	321	
2	110	110		(15)*			
3	111		111	16	400	400	400
4	200	200	200	17	410,320		
5	210			18	411,330	411,330	
6	211	211		19	331		331
(7)*				20	420	420	420
8	220	220	220	21	421		
9	300,221			22	332	332	
10	310	310		(23)*			
11	311		311	24	422	422	422
12	222	222	222	25	500,430		
13	320			$\vdots$			

* 不存在三个整数的平方和等于 7,15,23 的情况

如不符合上述任何一个数值,则说明该晶体不属立方晶系,需要用对称性较低的四方、六方等由高到低的晶系逐一来分析尝试决定。知道了晶胞常数,立方晶系的密度可由下式计算

$$\rho = \frac{Z(M/L)}{a^3},\qquad\qquad (2.34-5)$$

式中:Z 为晶胞中摩尔质量或化学式量为 M 的分子或化学式单位的个数;L 为阿伏伽德罗常数。

三、仪器与试剂

Shimadzu XD-3A X 射线衍射仪(Cu 靶)1 台,Shtmadzu VG-108R 测角仪 1 台,玛瑙研钵。

NaCl(C. P.),NH$_4$Cl(C. P.)。

四、操作步骤

1. 把欲测样品于玛瑙研钵中研磨至 300～400 目,将样品倒在下面放有玻璃板的特制铝板的长方形框中,如图 2.34-4 所示,样品要均匀且略高于铝框,用不锈钢刮刀压紧样品,使样品紧密且表面光滑平整,然后将铝板放于测角仪的样品架上。

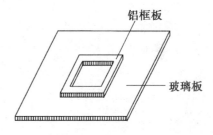

图 2.34-4　压制样品的铝框板

2. 打开冷却水,使水压为 2.452×10^5 Pa,然后开启 X 射线衍射仪总电源,在管压为 35 kV,管流为 15 mA(Cu 靶),扫描速度为 4 (°)·min^{-1} (扫描范围 2θ 为 25°～100°),量程(CPS)为 5 K,时间常数为 0.1×20,记录纸走速为 20 mm·min^{-1} 的条件下用 CuKd 线(λ=0.154 05 nm)进行摄谱,具体操作规则见该仪器说明书。

3. 实验完毕,按开启时的反程序复原,然后切断总电源。10 min 后再将水压降至 9.806×10^4 Pa(否则会损坏阴极),关闭水源。最后取出样品架上的铝板,倒出框中之样品。

五、数据处理

1. 标出 X 射线粉末衍射图中各衍射峰的 2θ 值及峰高值,计算各衍射线的 $\sin^2\theta$ 之比,与表 2.34-1 比较,确定 NaCl 的点阵形式。

2. 根据表 2.34-2 标出各衍射线的指标 h,k,l,求取晶胞常数。

3. 按(2.34-5)式计算 NaCl 的密度。

4. 用相同的方法处理 NH$_4$Cl 的衍射图。

5. 结合计算公式,进行误差分析。

六、思考题

1. X 射线对人体的危害有哪些? 应如何防护?

2. 计算晶胞参数时,为什么要用较高角度的衍射线?

参考文献

1. 复旦大学等.物理化学实验(上册).北京:高等教育出版社,1989
2. 北京大学化学系物理化学教研室.物理化学实验.北京:北京大学出版社,1985
3. 何玉尊,龚茂初,陈耀强.物理化学实验(第三版).成都:四川大学出版社,1993
4. 广西师范大学等.基础物理化学实验.桂林:广西师范大学出版社,1991

第 3 章　设计性实验

实验 3.1　KCl 溶解焓的测定

一、目的

1. 了解溶解焓测定的基本原理和方法。
2. 设计简单量热计测定某物质在水中的积分溶解焓。
3. 复习和掌握常用的测温技术以及雷诺图解校正温度的方法。

二、基本原理

在一定的温度和压力下，一物质溶解于溶剂中，伴随有热效应发生，热效应大小取决于温度、压力、溶剂和溶质的性质及它们的相对量。

无机盐类在溶剂中溶解，往往同时进行着两个过程：一是晶格的破坏，为吸热过程；二是离子的溶剂化，为放热过程。溶解焓是这两种热效应的代数和，最终是吸热还是放热，则由两种热效应的相对大小来决定。另外，温度、压力、溶剂和溶质的性质与用量等也影响溶解焓的大小。

当温度和压力一定时，溶解焓 $\Delta_{sol}H$ 是溶质 B 和溶剂 A 的物质的量的一次齐函数，即

$$\Delta_{sol}H = f(n_A, n_B), \tag{3.1-1}$$

则有

$$\Delta_{sol}H = n_A \left(\frac{\partial \Delta_{sol}H}{\partial n_A}\right)_{T,p,n_B} + n_B \left(\frac{\partial \Delta_{sol}H}{\partial n_B}\right)_{T,p,n_A},$$

$$\frac{\Delta_{sol}H}{n_B} = \frac{n_A}{n_B}\left(\frac{\partial \Delta_{sol}H}{\partial n_A}\right)_{T,p,n_B} + \left(\frac{\partial \Delta_{sol}H}{\partial n_B}\right)_{T,p,n_A}. \tag{3.1-2}$$

令 $\Delta_{sol}H_m = \dfrac{\Delta_{sol}H}{n_B}$，称为摩尔溶解焓；$\left(\dfrac{\partial \Delta_{sol}H}{\partial n_A}\right)_{T,p,n_B}$ 称为微分稀释焓；$\left(\dfrac{\partial \Delta_{sol}H}{\partial n_B}\right)_{T,p,n_B}$ 称为微分溶解焓。令 $n_0 = \dfrac{n_A}{n_B}$，(3.1-2)式可写成

$$\Delta_{sol}H_m = n_0 \left(\frac{\partial \Delta_{sol}H}{\partial n_A}\right)_{T,p,n_B} + \left(\frac{\partial \Delta_{sol}H}{\partial n_B}\right)_{T,p,n_A}. \tag{3.1-3}$$

$\Delta_{sol}H$ 由实验测得，n_0 可由实验中所用的溶质和溶剂的物质的量计算得到。由(3.1-3)式可知，以 $\Delta_{sol}H_m$ 对 n_0 作图，则曲线某点的切线的斜率为该点对应浓度下的微分稀释焓，该切线与纵轴的截距为该浓度下的微分溶解焓。

三、设计要求

1. 阅读绪论中"物理化学实验设计方法"。

2. 查阅有关测定热效应(中和焓、溶解焓、稀释焓、混合焓等)的文献资料 1～3 篇。

3. 独立设计一套简易量热计,选择欲测的量热种类和量热系统,独立完成安装仪器和测量的全过程。

4. 分析比较自己所设计的实验装置的优缺点、误差来源以及提高测量准确度的措施。

5. 按论文形式撰写实验报告一份。

四、提示

量热法测定摩尔积分溶解焓时,一般都是在杜瓦瓶中进行的。首先要测定该体系的热容,然后精确测量物质溶解前后因热量变化而引起该体系的温度变化,来计算该物质在一定温度下形成某浓度溶液时的溶解焓。

1. 量热体系热容的测定

常用的有电热标定法和化学标定法两种,本实验用电热标定法。

(1)电热标定法

在杜瓦瓶中盛一定量的水,搅拌,用贝克曼温度计相隔一定时间测温,在温度变化稳定后,投入已准确称量的 KCl,因 KCl 这时溶解吸热使体系温度下降,待温度变化稳定后,给杜瓦瓶中的加热器通电(记录电压、电流、时间),使体系基本回复到初始温度,应用雷诺图解外推法分别求得降温和升温时的 $\Delta T_溶$ 和 $\Delta T_电$,根据下式计算量热计的热容 C:

$$C = Q_电 / \Delta T_电 = IUt / \Delta T_电, \tag{3.1-4}$$

再依据下式计算 KCl 的积分溶解焓:

$$\Delta H = C \cdot \Delta T_溶 \cdot M / W, \tag{3.1-5}$$

式中:W 为 KCl 的质量;M 为 KCl 的摩尔质量。

(2)化学标定法(也称标准物质法)

选用积分溶解焓为已知的某物质作为标准物质,将一定量该物质在量热计内的定量水中溶解,测出溶解前后量热体系的温度变化值 $\Delta T_标$,则量热体系的总热容 C(包括量热计和溶液)为

$$C = W_标 \cdot \Delta H_标 / (M_标 \cdot \Delta T_标), \tag{3.1-6}$$

式中:$W_标$,$M_标$ 分别为标准物质的质量(克)和摩尔质量;$\Delta H_标$ 为标准物质在该温度下形成某浓度溶液时的积分溶解焓,此值可从手册中查得。

2. 设计简易量热计

进行量热的关键内容是考虑系统在测量过程中如何保持绝热,以减少热量的损失。一般量热容器可考虑选择杜瓦瓶,瓶口用泡沫塑料或其他保温材料盖严。搅拌棒不宜选用易传热的金属材料制品,应选用玻璃或塑料材质。另外,应注意调节系统的初始温度,使得在整个测量过程中系统与环境的热交换尽可能少。在测定溶解焓时,为迅速、完全地溶解样品,必须将固体样品事先研细。

3. 结果要求与文献值

(1)雷诺校正图实验点分布良好,误差在±3%以内。

(2) 部分无机物的熔解焓文献值见表 3.1-1。

表 3.1-1 部分无机物的熔解焓文献值

溶质(B)	$n_B:n_A$	$t/℃$	$\Delta_{sol}H_m/(kJ \cdot mol)$
$AlCl_3$	1:400	18	−325.93
$CaCl_2$	1:400	18	−75.270
KF	1:110	15	−17.196
$MgCl_2$	1:800		−154.75
KNO_3	1:200	18	35.392
		25	34.899
KCl	1:200	18	18.602
	1:200	25	17.556
NH_4Cl	1:200		26.493
NH_4NO_3	1:200		16.28

(3) 结合计算公式,进行误差分析。

五、思考题

1. 本实验为什么要测量系统的热容?
2. 温度和浓度对溶解焓有什么影响?
3. 样品粒度的大小,对溶解焓测定有什么影响?
4. 在计算溶液中进行的反应焓时,溶解焓数据有什么用途?
5. 可否利用本实验的仪器测量中和反应等其他反应的热效应?

参考文献

1. 罗澄源等. 物理化学实验(第二版). 北京:高等教育出版社,1984
2. 复旦大学等. 物理化学实验. 北京:人民教育出版社,1979
3. 清华大学化学系物理化学实验编写组. 物理化学实验. 北京:清华大学出版社,1990
4. 何玉萼,龚茂初,陈耀强. 物理化学实验(第二版). 北京:高等教育出版社,1993
5. 北京大学化学系物理化学教研室. 物理化学实验(第三版). 北京:高等教育出版社,1995

实验 3.2 Pb-Sn 系统相图的绘制

一、目的

1. 用热分析法测绘 Pb-Sn 二元合金相图。
2. 了解热分析法的测量技术与有关测量温度的方法。
3. 掌握相律在凝聚系统的应用。

二、基本原理

相图是多相系统处于相平衡态时系统的某物理性质(最常见的是温度)对系统的某一自变量(如组成)作图所得的图形,图中能反映出相平衡情况(相的数目及性质等),故称为相图。二元或多元的相图常以组成为变量。其物理性质则大多取温度,由于相图能反映出多相平衡系统在不同条件(如自变量不同)下相平衡情况,故研究多相系统的性质,以及多相系统平衡的演变(例如冶金工业钢铁、合金冶炼过程、化学工业原料分离制备过程等)等都要用到。

有关各种系统和不同类型相图的解析及阐明在物理化学课程中占有重要地位。对相图的制作有很多方法,统称为物理化学分析,而对凝聚相研究(如固–液相、固–固相等),最常用的方法是借助温度变化而产生的相变,观察这种热效应的变化情况以确定一些系统的相态变化关系,最常用的方法就是热分析及差热分析方法。本实验就是用热分析法绘制二元金属相图。

热分析法先将系统加热熔融成一均匀液相,然后让系统缓慢冷却,并每隔一定时间(例如半分钟或一分钟)读系统温度一次。将所得温度值对时间作图,可得一曲线,称为步冷曲线或冷却曲线。

二元系统相图种类很多,其步冷曲线也各不相同,但步冷曲线的基本类型可分为三类,如图 3.2–1 中I,II,III所示。一个系统若在步冷过程中相继发生几个相变过程,那么步冷曲线将是一个很复杂的形状,对此曲线要逐段分析大致看出都是由几个基本类型组合而成的。

二元系统的相律表示为

$$f=C-P+2,$$

式中:f 为自由度数;C 为组分数;P 为相数。由于凝聚系统的体积受环境的压力影响很小,所以对于二元凝聚系统的相律表示为

$$f=C-P+1。$$

图 3.2–1 中:步冷曲线 I 为单元系统。当冷却过程中无相变发生时,冷却速度是比较均匀的(ab 段),到 b 点开始有固体析出,这时放出的凝固潜热与环境散热达成平衡,此时 $f=0$,温度不变。当液体全部结晶完了,温度才开始下降(cd 段)。固态下无相变,温度也均匀下降。

步冷曲线 II 为二元系统。ab 段与上述相同,当到 b 点时有固相析出,此时固相与液相组成不同,但在整个相变过程中只有一个固相(固溶体)与液相平衡,$f=1$,由于有凝固潜热放出,故温度随时间变化比较缓慢,当到 c 点时液相消失,只有一个固相(固溶体),若无相变,温度又均匀下降(cd 段)。

步冷曲线 III 为二元系统。ab 段与上述相同,到 b 点有固相析出,此时系统失去了一个自由度,继续冷却到 c 点,除了一个固相还有另一个固相析出,此时系统又减少了一个自由度,$f=0$,冷却曲线上出现了一个水平台(cd 段),当液相消失后,又增加了一个自由度,$f=1$,温度继续下降。若无相变,均匀冷却(de 段)。

对纯净金属或由纯净金属组成的合金,当冷却十分缓慢,又无振动时有过冷现象出现,液体的温度可下降至比正常凝固点更低的温度才开始凝固,固相析出后又逐渐使温度上升到正常的凝固点。如图3.2–2中曲线 II 表示纯金属有过冷现象时的步冷曲线,而曲

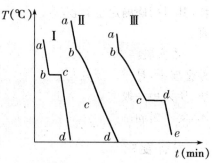

图 3.2–1 步冷曲线

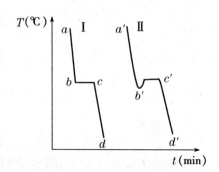

图 3.2–2 过冷步冷曲线

线Ⅰ为无过冷现象时的步冷曲线。

二元合金相图,因物性的不同,有多种不同类型,Pb-Sn 合金相图是具有低共熔点,固态下部分互溶的二元相图,如图 3.2 - 3 所示。

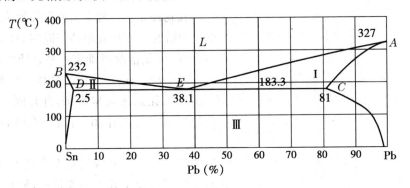

图 3.2 - 3　Pb-Sn 相图

对各种不同成分的合金进行测定,绘制步冷曲线,在步冷曲线上找出转折点和水平台的温度,然后在温度-成分坐标上确定相应成分的转折温度和水平台的温度,最后将转折点和恒温点分别连接起来,就得到了相图。

从相图的定义可知,用热分析法测绘相图要注意以下一些问题:测量系统要尽量接近平衡态,故要求冷却时不能过快;对晶形转变时,如相变热较小,此方法便不宜采用;此外对样品的均匀性与纯度也要充分考虑,一定要防止样品的氧化、混有杂质(否则会变成另一个多元系统),高温影响下特别容易出现此类实验现象;为了保证样品均匀冷却,温度还是稍高一些为好,热电偶放入样品中的部位和深度要适当;测量仪器的热容及热传导也会造成热损耗,其对精确测定也有较大影响,实验中必须注意,否则,会出现较大的误差,使测量结果失真。

本实验测定 Pb-Sn 二元金属系统的合金相图。两种金属的任何一种都能微溶于另一种金属中,是一个部分互溶固-液相图,确定固溶区需要 X 射线衍射方法和金相显微镜等手段,所以用一般的热分析法,只能得到一个相当于简单的二元固体完全不互溶的低共溶点相图,测不出固态晶形转变点。

三、设计要求

1. 查阅相关资料,根据实验室的条件提出所需要的仪器和试剂。

2. 提出实验方案和具体的实验操作步骤。

3. 设计出至少 7 个实验点(系统点),并且能够画出具有低共熔点固体完全不互溶的 Pb-Sn 相图。

四、提示

1. 可根据图 3.2 - 3 选择实验点,要包含两个纯组分和低共溶点,浓度范围在 2.5％～80％为好。

2. 根据样品管的体积确定样品的量,准确按选择的比例称量。

五、思考题

1. 是否可用加热曲线来作相图？为什么？
2. 为什么要缓慢冷却合金作步冷曲线？
3. 为什么坩埚中严防混入杂质？

六、附录

（一）SWKY 数字控温仪操作步骤

SWKY 数字控温仪前面板见图 3.2－4。

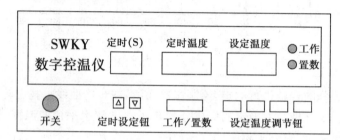

图 3.2－4　SWKY 数字控温仪前面板

1. 将传感器(Pt100)、加热器分别与后盖板的"传感器插座"、"加热器电源"对应连接。
2. 将 220 V 交流电源接入后盖板上的电源插座。
3. 按技术要求的插入深度，将传感器插入被测物中。一般插入深度大于等于 50 mm。
4. 打开电源开关。显示初始状态，其中，实时温度显示一般为室温，320.0℃为系统初始设置温度。"置数"指示灯亮。
5. 设置控制温度：按"工作／置数"钮，置数灯亮。依次按"×100"，"×10"，"×1"，"×0.1"设置"设定温度"的百、十、个及小数位的数字，每按动一次，显示数码按 0～9 依次上翻，至调整到所需"设定温度"的数值。设置完毕，再按"工作／置数"钮，转换到工作状态。工作指示灯亮。注意：置数工作状态时，仪器不对加热器进行控制。
6. 若需隔一段时间观测记录，可按"工作／置数"钮，置数灯亮，按定时上翻、下翻键调节所需间隔的定时时间，有效调节范围：10～99 s。时间倒数至零，蜂鸣器鸣响，鸣响时间为 5 s。若无需定时提醒功能，将时间调至 0～9 s。时间设置完毕，再按"工作／置数"钮，切换到工作状态（"工作"指示灯亮）。
7. 使用结束后，切断电源。

（二）KWL-08 可控升降温电炉使用说明

可控升降温电炉面板见图 3.2－5。

1. 采用"外控"系统控温的使用方法

用"内控"虽可实现对炉温的控制，但易产生较大的温度过冲。采用外控（即用控温仪）实现自动控温就较理想。一般采用 SWKY 数字控温仪与之配套使用。使用方法详见《SWKY 数字控温仪使用说明书》。

（1）按 SWKY 数字控温仪使用方法将控温仪表与 KWL-08 可控升降温电炉进行连接。

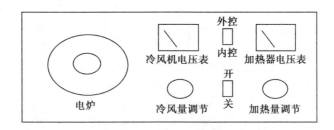

图 3.2-5 KWL-08 可控升降温电炉面板

同时,将"冷风量调节"逆时针旋转到底(最小);"加热量调节"顺时针旋转到底(最大),"内控/外控"开关置于"外控",电源"开/关"置于"开"。

(2)采用 SWKY 数字控温仪控温时,由于玻璃试样料管内温度较炉膛内温度的滞后,故当设置完成进行加热时,必须将温度传感器置于炉膛内。系统需降温时,再将温度传感器置于玻璃试样料管内。

(3)在对 KWL-08 电炉进行降温操作的过程中,若需提高降温速度,可关掉炉子的加热电源,亦可按 SWKY 数字控温仪的"工作/置数"按钮,将之处于置数状态,调节电炉"冷风量调节"按钮,将冷风机电压调节到 6~8 V,这时一般每分钟可降温达 7~8℃。

2. 采用"内控"系统控制温度的使用方法

(1)将面板控制开关置于"内控"位置。

(2)将温度传感器置于炉膛或样品管中,放置高度以传感器高温端点与试样高度距离最近为佳。

(3)将电炉面板开关置于"开"的位置,接通电源,调节"加热量调节"旋钮对炉子进行升温。

(4)炉温接近所需温度时,适当调节"加热量调节"旋钮,降低加热电压,使炉内升温趋缓,必要时开启"冷风量调节"。使炉膛升温平缓,以保证达到所用温度时基本稳定。

(5)降温时,首先将"加热量调节"旋钮逆时针旋至底位(关断炉子的加热电源),然后调节"冷风量调节"旋钮来控制降温速度。说明:温度较高时,降温明显;当炉温接近室温时,则降温效果不明显。

(6)为使炉内降温均匀,请耐心用"加热量调节"和"冷风量调节"两旋钮配合调节来实现。

(三)铜-康铜热电偶的温度—毫伏表

表 3.2-1 铜-康铜热电偶的温度—毫伏表

工作温度 /℃	热 电 动 势 / mV									
	0	1	2	3	4	5	6	7	8	9
0	0	0.04	0.09	0.13	0.18	0.22	0.26	0.31	0.35	0.40
10	0.44	0.49	0.53	0.58	0.62	0.67	0.71	0.76	0.80	0.85
20	0.89	0.94	0.98	1.03	1.07	1.12	1.17	1.21	1.26	1.30
30	1.35	1.40	1.44	1.49	1.53	1.58	1.63	1.67	1.72	1.76
40	1.81	1.85	1.90	1.95	2.00	2.05	2.09	2.14	2.19	2.23

续　表

工作温度 /℃	热　电　动　势/ mV									
	0	1	2	3	4	5	6	7	8	9
50	2.28	2.33	2.38	2.42	2.47	2.52	2.57	2.62	2.67	2.72
60	2.76	2.81	2.86	2.90	2.95	3.00	3.05	3.10	3.14	3.19
70	3.24	3.30	3.34	3.39	3.44	3.49	3.54	3.59	3.64	3.69
80	3.74	3.79	3.84	3.89	3.94	3.99	4.04	4.09	4.14	4.19
90	4.24	4.29	4.34	4.39	4.44	4.50	4.55	4.60	4.65	4.70
100	4.75	4.80	4.85	4.91	4.96	5.01	5.06	5.11	5.17	5.22
110	5.27	5.32	5.37	5.43	5.48	5.53	5.58	5.63	5.69	5.74
120	5.79	5.84	5.90	5.95	6.00	6.06	6.11	6.17	6.22	6.28
130	6.33	6.38	6.44	6.49	6.55	6.60	6.65	6.71	6.76	6.82
140	6.87	6.93	6.98	7.04	7.09	7.15	7.20	7.26	7.31	7.37
150	7.42	7.48	7.53	7.59	7.64	7.70	7.75	7.81	7.87	7.92
160	7.98	8.04	8.09	8.15	8.20	8.26	8.32	8.37	8.43	8.48
170	8.54	8.60	8.66	8.71	8.77	8.83	8.89	8.95	9.00	9.06
180	9.12	9.18	9.24	9.29	9.35	9.41	9.47	9.53	9.58	9.64
190	9.70	9.76	9.82	9.88	9.94	10.00	10.05	10.11	10.17	10.23
200	10.29	10.35	10.41	10.47	10.53	10.60	10.66	10.72	10.78	10.874
210	10.90	10.96	11.02	11.08	11.14	11.21	11.27	11.33	11.39	11.45
220	11.51	11.57	11.63	11.69	11.76	11.82	11.88	11.94	12.01	12.07
230	12.13	12.19	12.25	12.31	12.37	12.44	12.50	12.56	12.62	12.68
240	12.74	12.80	12.86	12.92	12.99	13.05	13.11	13.17	13.24	13.30
250	13.36	13.42	13.48	13.54	13.61	13.67	13.73	13.79	13.86	13.92
260	13.98	14.04	14.10	14.16	14.23	14.29	14.35	14.41	14.48	14.54
270	14.61	14.67	14.73	14.80	14.86	14.92	14.99	15.05	15.11	15.18
280	15.24	15.30	15.36	15.42	15.48	15.55	15.61	15.67	15.73	15.80
290	15.86	15.92	15.93	16.04	16.11	16.17	16.23	16.29	16.36	16.24
300	16.49	16.55	16.62	16.68	16.75	16.81	16.88	16.95	17.01	17.07
310	17.13	17.20	17.26	17.33	17.40	17.46	17.53	17.59	17.66	17.72
320	17.78	17.85	17.91	17.98	18.04	18.11	18.17	18.24	18.30	18.36
330	18.42	18.49	18.55	18.62	18.68	18.75	18.81	18.88	18.94	19.01
340	19.07	19.14	19.20	19.27	19.34	19.40	19.47	19.53	19.60	19.66
350	19.73	19.80	19.86	19.93	20.00	20.06	20.03	20.20	20.26	20.33
360	20.40	20.47	20.54	20.61	20.67	20.74	20.81	20.88	20.94	21.01

参考文献

1. 傅献彩,沈文霞,姚天杨.物理化学(第四版).北京:高等教育出版社,1990

2. 孙尔康,徐维清,邱金恒. 物理化学实验. 南京:南京大学出版社,1997
3. 北京大学化学系物理化学教研室. 物理化学实验(修订本). 北京:北京大学出版社,1985
4. 杨百勤. 物理化学实验. 北京:化学工业出版社,2001

实验 3.3　离子迁移数的测定

一、目的

1. 设计采用界面法和希托夫法测定 H^+,Ag^+ 离子的迁移数。
2. 掌握测定电解质溶液中离子迁移数的原理。

二、基本原理

当电流通过电解池的电解质溶液时,两极发生化学变化,反应物质的量与通过的电量的关系服从法拉第定律,在溶液中阳离子和阴离子分别向阴极和阳极迁移。假若阳离子与离子传递的电量分别为 q_+ 和 q_-,通过的总电量为

$$Q = q_+ + q_- \, 。$$

每种离子传递的电量与总电量之比,称为离子迁移数:

阴离子的迁移数
$$t_- = \frac{q_-}{Q} \, ,$$

阳离子的迁移数
$$t_+ = \frac{q_+}{Q} \, , \tag{3.3-1}$$

$$t_- + t_+ = 1 \, 。 \tag{3.3-2}$$

在包含数种阴、阳离子的混合电解质溶液中,t_- 和 t_+ 各为所有阴、阳离子迁移数的总和。

一般增加某种离子的浓度,则该离子传递电量的百分数增加,离子迁移数也相应增加。但对仅含一种电解质的溶液,浓度改变使离子间的引力场改变,离子迁移数也会改变,但变化的大小与正负因不同物质而异。

温度改变,迁移数也会发生变化,一般温度升高时,t_- 和 t_+ 的差别减小。

测定离子迁移数对了解离子的性质具有重要意义。测迁移数的方法有界面移动法、希托夫法和电动势法,下面介绍前两个方法。

(一) 界面移动法

界面移动法有两种:一种是用两种指示离子,造成两个界面;另一种是用一种指示离子,只有一个界面。本实验是用后一种方法,即以某金属离子作为指示离子测定某浓度的盐溶液中氢离子的迁移数。

如图 3.3-1 所示,在一截面均匀的垂直迁移管中,充满 KCl 溶液,通以电流。当有电量 Q 的电流通过每个静止的截面时,$t_+ Q$ 电量的 H^+ 通过界面向上走,$t_- Q$ 电量的 Cl^- 通过界面往下行。假定在管的下部某处存在一界面(aa'),在该界面以下没有 H^+ 存在,而被其他的正离子(例如 Cd^{2+})取代,则这界面将随着 H^+ 往上迁移而移动,界面的位置可通过界面上下溶液性质的差异而测定。例如利用 pH 的不同使指示剂显示的不同颜色而测出界面。

在正常条件下,界面保持清晰、界面以上的一段溶液保持均匀,H^+ 往上迁移的平均速度等于界面向上移动的速度。在某通电的时间 t 内,界面扫过的体积为 V,H^+ 输运电荷的数量为在该体积中 H^+ 带电的总数,即

$$q(H^+) = Vc(H^+)F, \tag{3.3-3}$$

$c(H^+)$ 为 H^+ 的浓度,F 为法拉第常数,式中电量常以库仑表示。

欲使界面保持清晰,必须使界面上下电解质不相混合,这可以通过选择合适的指示离子在通电情况下达到。$CdCl_2$ 溶液能满足这个要求,因为 Cd^{2+} 的淌度 $U(Cd^{2+})$ 较小,即

$$U(Cd^{2+}) < U(H^+)。\tag{3.3-4}$$

在图 3.3-1 的实验装置中,通电时,H^+ 向上迁移,Cl^- 向下迁移,在 Cd 阳极上 Cd 被氧化,进入溶液生成 $CdCl_2$,逐渐顶替 HCl 溶液,在管中形成界面。由于溶液要保持电中性,且任一截面都不会中断传递电流,H^+ 迁移走后的区域,Cd^{2+} 紧紧地跟上,离子的移动速度 v 是相等的,$v(Cd^{2+}) = v(H^+)$,由此可得

$$U(Cd^{2+})\left(\frac{dE}{dL}\right)_1 = U(H^+)\left(\frac{dE}{dL}\right)_2,$$

式中:$\left(\frac{dE}{dL}\right)_1$ 是在 $CdCl_2$ 溶液中电位梯度;$\left(\frac{dE}{dL}\right)_2$ 是在 HCl 溶液中电位梯度。结合(3.3-4)式得

$$\left(\frac{dE}{dL}\right)_1 > \left(\frac{dE}{dL}\right)_2,$$

即在 $CdCl_2$ 溶液中电位梯度是较大的,如图 3.3-2 所示。因此,若 H^+ 因扩散作用落入 $CdCl_2$ 溶液层,它就不仅比 Cd^{2+} 迁移得快,而且比界面上的 H^+ 也要快,赶回到 HCl 溶液时,它就要减速,一直到它们重又落后于 H^+ 为止,这样界面在通电过程中一直保持清晰。

通过的电流可以用电位差计和标准电阻精确测量,也可以用精密的毫安计直接测量。

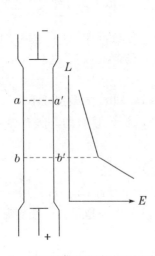

图 3.3-1 界面移动法测定离子迁移数装置

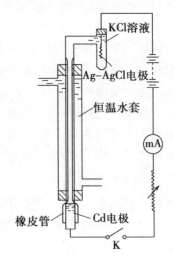

图 3.3-2 迁移管中的电位梯度

1. 设计要求

(1)查阅有关界面移动法测定离子迁移数的文献资料 1~3 篇。

(2)独立设计一套简易装置,独立完成安装仪器和测量的全过程。实验结果要求:

① 作电流强度-时间图,由界面扫过刻度所对应的时间内曲线所包围的面积,求出电量 I_i;
② 求出相应刻度间的体积;③ 将体积、时间与电量数据列表;④ 求迁移数,取平均值与文献值比较;⑤ 讨论与解释实验中观察到的现象。

（3）书写一份实验报告。实验报告包括实验目的、基本原理、仪器与试剂、操作步骤、数据处理等项。分析自己所设计的实验装置的优缺点、误差来源以及提高测量准确度的措施。

2. 提示

（1）根据需要加入合适的酸碱指示剂（如甲基橙）,测出界面的位置,因界面上下溶液 pH 不同使指示剂显示不同的颜色。

（2）应选择合适的金属离子 M^{n+} 作为指示离子,要求该离子淌度 $U(M^{n+})$ 与 $U(H^+)$ 差异较大($U(M^{n+}) > U(H^+)$ 也可),使界面上下电解质不相混合,从而保证界面清晰。

（3）测定时应注意:① 切勿使迁移管壁或电极上粘附气泡;② 将迁移管垂直固定避免振动;③ 控制通电电流大小及通电时间。

3. 思考题

（1）在界面法中,如何划分阳极区、中间区？划分的原则怎样？

（2）迁移管中 Cl^- 的迁移速度怎样？

（二）希托夫法（Hittorf）

电解某电解质溶液时,由于两种离子运动速度不同,它们分别向两极所带电荷就不同,因而输送的电量也不同,同时两极附近溶液浓度的改变也不同。

例如两个金属电极 M,浸在含电解质 MA 的溶液中。设 M^+ 和 A^- 的迁移数分别为 t_+ 和 t_-,如图 3.3-3 所示。为了简便起见,假定电解质为 1-1 价的,并假设阳离子的淌度为阴离子的两倍。若通过总电量为 6 法拉第时,电极上发生氧化还原反应,反应的量可用法拉第定律求算。在溶液中,阴阳离子搬运电荷的数量因它们的淌度不同而不同。如图 3.3-3(2)所示。由图可见,通电电解后,阴极区浓度减少的数值等于阴离子搬运的电量的法拉第数。同样,阳极区浓度的减少的数值也等于阳离子搬运的电量的法拉第数。

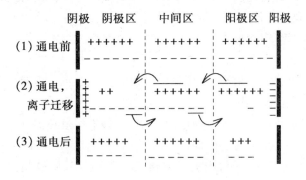

图 3.3-3　离子迁移图示

根据定义,某离子的迁移数就是该离子输送的电量与通过的总电量之比。而离子输送的电量的法拉第数又等于同名电极区浓度减少的量。通过的总电量的法拉第数又等于库仑计中沉积物的量。因此,迁移数即可通过下式算出:

$$t_+ = \frac{\text{阳极区 MA 减少的量}}{\text{库仑计中沉积物的量}},$$

$$t_- = \frac{\text{阴极区 MA 减少的量}}{\text{库仑计中沉积物的量}}。$$

如果电极反应只是离子放电,在中间区浓度不变的条件下,分析通电前原始溶液及通电后的阳极区溶液的浓度,比较通电前后同等重量溶剂中所含的 MA 的量,其差值即阳极区 MA 减少的量。而总电量可由串联在电路中的电流计或库仑计求得,阴阳离子迁移数即可由此求出。

必须注意希托夫法测迁移数至少包含了两个假定:(1) 电的输送者只是电解质的离子,溶剂(水)不导电,这和实际情况较接近;(2) 离子不水化。否则,离子带水一起运动,而阴阳离子带水不一定相同,则极区浓度改变,部分是由于水分子迁移所致。这种不考虑水合现象测得的迁移数称为表观或希托夫迁移数。本实验是用希托夫法测 Ag^+ 及 NO_3^- 的迁移数,装置如图 3.3-4 所示。

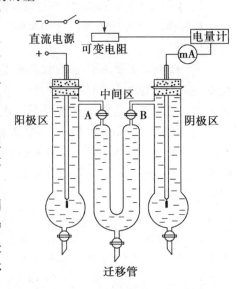

图 3.3-4　希托夫法测定离子迁移数

1. 设计要求

(1) 查阅有关测定离子迁移数的文献资料 3~5 篇。

(2) 独立设计一套简易装置,独立完成安装仪器和测量的全过程。数据处理要求:① 由库仑计中铜阴极的增重计算总电量;② 由阳极区溶液的重量及分析结果,计算出阳极区的 $AgNO_3$ 的量及溶剂重量;③ 由原溶液之重量及分析结果,计算出与阳极部分同重量溶剂相当的 $AgNO_3$ 的量;④ 从上面结果算出 Ag^+ 和 NO_3^- 的迁移数。

(3) 将自己所设计的实验装置与文献中提供的实验装置比较,分析这几种实验装置的优缺点、误差来源以及提高测量准确度的措施。

(4) 按论文形式撰写实验报告一份。

2. 提示

(1) 为了使铜在阴极上沉积牢固,应先将阴极镀上一层铜。电镀后取出铜阴极清洗,干燥时温度不能太高,以免铜氧化。

(2) 切勿让气泡留在迁移管中。通电过程中,迁移管应避免振动。

(3) 控制通电电流大小及通电时间。

(4) 在接线中,一定要注意阴、阳极不要接反。否则,阴、阳极区溶液向中间扩散,影响结果。

(5) 通电前后若中间区溶液浓度显著改变,实验要重做。

(6) 对原始溶液及阳极区溶液中 $AgNO_3$ 含量的分析操作以及对库仑计上铜片质量的称量,必须认真仔细,严格按规定操作。

3. 思考题

在希托夫法中,若通电前后中间区浓度改变,为什么要重做实验?

三、附录

1. 电镀法制备银-氯化银电极

待镀电极可选用螺旋形的铂丝或银丝。如果用铂丝则用硝酸洗净后再用蒸馏水洗,若用 Ag 丝则用丙酮洗去表面上的油污。若 Ag 丝上已镀上 AgCl,则先用氨水洗净,以免影响镀层质量。

制备时,先镀银。所用镀银溶液可按下法配制:$AgNO_3$:3 g,KI:60 g,氨水:7 mL,加水配成 100 mL 溶液。以待镀电极为阴极,再用一铂丝为阳极,电压 4 V。串联一个约 2 000 Ω 的可变电阻,用 10 mA 电流电镀 30 min 即可。

镀好的银电极用蒸馏水仔细冲洗,然后将此银电极作为阳极,将铂丝作为阴极在 1 mol·L^{-1} 盐酸溶液中电镀一层 AgCl(电流密度为 2 mA·cm^{-2},通电约 30 min)。然后用蒸馏水清洗,最后制得的电极呈紫褐色。制好的电极需要 24 h 或更长的时间才能充分达到平衡。氯化银电极不用时需浸入与待测体系具有相同氯离子浓度的 KCl 溶液中,并保存在不露光处。

2. 文献值

18℃时,不同浓度硫酸铜中 SO_4^{2-} 的迁移数见表 3.3-1。

表 3.3-1　18℃时,不同浓度硫酸铜中 SO_4^{2-} 的迁移数

浓度(N)	0.020	0.050	0.100	0.200	0.500	1.000	1.500	2.000
$t(SO_4^{2-})$	0.625	0.626	0.627	0.643	0.672	0.696	0.714	0.720

摘自 Dobos:《Electrochemical Data》p. 72 (1975)。

18℃时,不同浓度硫酸铜中 Cu^{2+} 的迁移数见表 3.3-2。

表 3.3-2　18℃时,不同浓度硫酸铜中 Cu^{2+} 的迁移数

浓度(N)	0.020	0.050	0.100	0.200	0.500
$t(Cu^{2+})$	0.375	0.375	0.373	0.361	0.327

摘自《I. C. T.》Vol. Ⅵ p. 310。

参考文献

1. 北京大学化学系物理化学教研室实验课教学组. 物理化学实验. 北京:北京大学出版社,1981
2. John. M. 怀特著. 物理化学实验. 钱三鸿,吕颐康译. 北京:人民教育出版社,1982

实验 3.4　电池电动势法测定氯化银的溶度积

一、目的

1. 根据所学可逆电池理论设计电池,测定氯化银的溶度积。

2. 学会 Ag - AgCl 电极的制备方法,理解制备过程的注意事项。

3. 锻炼自己动手解决实际问题的能力,加深对液接电势概念的理解及学会消除液接电势的方法。

二、基本原理

电池电动势法是测定难溶盐溶度积的常用方法之一。测定氯化银的溶度积,可以设计下列电池

$$\text{Ag(s)} \mid \text{AgCl(s)} \mid \text{KCl}(a_1) \parallel \text{AgNO}_3(a_2) \mid \text{AgCl(s)} \mid \text{Ag(s)}。$$

Ag - AgCl 电极的电极电势可用下式表示

$$E(\text{Ag}^+ \mid \text{AgCl} \mid \text{Ag}) = E^{\ominus}(\text{Ag}^+ \mid \text{AgCl} \mid \text{Ag}) - \frac{20.303RT}{F}\lg a(\text{Cl}^-)。 \quad (3.4-1)$$

由于 AgCl 的溶度积 K_{sp} 为

$$K_{sp} = a(\text{Ag}^+) \cdot a(\text{Cl}^-), \quad (3.4-2)$$

将(3.4-2)式代入(3.4-1)式得

$$E(\text{Ag}^+ \mid \text{AgCl} \mid \text{Ag}) = E^{\ominus}(\text{Ag}^+ \mid \text{AgCl} \mid \text{Ag}) - \frac{2.303RT}{F}\lg K_{sp} + \frac{2.303RT}{F}\lg a(\text{Ag}^+)。$$

$$(3.4-3)$$

电池的电动势为两电极电势之差:

$$E_{右} = E^{\ominus}(\text{Ag}^+ \mid \text{AgCl} \mid \text{Ag}) - \frac{2.303RT}{F}\lg K_{sp} + \frac{2.303RT}{F}\lg a(\text{Ag}^+),$$

$$E_{左} = E^{\ominus}(\text{Ag}^+ \mid \text{AgCl} \mid \text{Ag}) - \frac{2.303RT}{F}\lg a(\text{Cl}^-),$$

$$E = E_{右} - E_{左} = \frac{2.303RT}{F}\lg K_{sp} + \frac{2.303RT}{F}\lg a(\text{Ag}^+)a(\text{Cl}^-),$$

整理后得

$$\lg K_{sp} = -\frac{EF}{2.303RT} + \lg a(\text{Ag}^+)a(\text{Cl}^-), \quad (3.4-4)$$

若已知银离子和氯离子的活度,测定了电池的电动势值就能求出氯化银的溶度积。

三、设计要求

1. 制备 Ag - AgCl 电极,方法可参见实验 2.17,制得的 Ag - AgCl 电极电势之差不大于 5×10^{-4} V。

2. 设计成电池。

3. 根据测电池电动势计算氯化银的溶度积。

四、提示

1. 本实验所用试剂均为分析纯,溶液用重蒸馏水配制。

2. 将 Ag - AgCl 电极组合成下列电池:

$$\text{Ag(s)} \mid \text{AgCl(s)} \mid \text{KCl}(a_1) \parallel \text{AgNO}_3(a_2) \mid \text{AgCl(s)} \mid \text{Ag(s)}。$$

3. 电池电动势的测量。用 SDC 数字电位差综合测试仪或 UJ - 25 型电势差计(使用方法见实验 2.15 附录(二))测量 25℃时电池的电动势。电池电动势的测定可将电池置于 25℃的超级恒温槽中进行。测定时,电池电动势开始时可能不稳定,每隔一定时间测定一次,到测得稳定值为止。

五、数据处理

1. 记录上述电池的电动势。

2. 已知 25℃时，$0.100\ 0\ mol \cdot kg^{-1}$硝酸银溶液中银离子的平均活度系数为 0.731，$0.100\ 0\ mol \cdot kg^{-1}$氯化钾溶液中氯离子的平均活度系数为 0.769，并将测得的电池电动势代入(3.4-4)式，求出氯化银的溶度积。

3. 将本实验测得的氯化银的溶度积与文献值比较。

4. 结合计算公式，进行误差分析。

六、讨论

1. 试分析有哪些因素影响实验结果？

2. 简述消除液接电势的方法。

参考文献

1. Benton Brooks Owen. J. Am. Chem. Soc. , 1938.60,2229.

2. 水町邦彦.化学教育台(日). 1978，26,139

实验 3.5　溶胶的电泳

一、目的

1. 观察电泳现象，掌握用宏观电泳法测定胶粒移动速度及电动电势。

2. 设计利用界面移动法测定 $Fe(OH)_3$ 溶胶的电动电势。

二、基本原理

几乎所有胶体体系的颗粒都带电荷。这是由于胶体本身电离，或胶体向分散介质有选择地吸附一定量的离子，或与分散介质摩擦而带上某种电荷，又因为静电作用和离子热运动的结果在固液界面上建立起一定电势的双电层，在电场或外力的作用下，双电层沿着移动界面分离开，在此滑移面上产生的电势差称为电动电势(即 ξ 电势)。这种使液-固相对运动又与电性能相关的现象叫电动现象。带电界面与本体溶液之间的运动分为两种形式：一种是在电场的作用下，带电界面与液体之间的相对运动，如电泳和电渗；另一种是带电界面与液体之间的相对运动诱导出的电场，如流动电势和沉降电势。电泳，即在电场作用下，带电胶粒的运动；电渗，即固相固定，液体在电场作用下运动；流动电势是在外压力作用下，液体沿着固定固体的表面移动而产生的电势；沉降电势是带电胶粒在重力作用下在液体中沉降时产生的电势差。在上述四种电动现象中，原则上，任何一种胶体的电动现象都可以用来测定 ξ 电势，而由流动电势法测定的电动电势较准确，这是由于测定过程中不加电场，双电层不会受电解产物的影响，但测定速度较慢，试样用量也较多。电渗法由于电解产物对试样电性能影响甚大，不易测准。沉降电势是测试技术较难的一种方法，目前应用很少，被人们研究得较多。应用较广的是电泳法，在土壤、造纸、冶金、石油勘探、选矿、染料涂料、环境保护、生物等各个领域都使用电泳法测定胶粒的电性和电动电势。

　　利用电泳法测定电动电势有宏观法及微观法两种。宏观法是观察在电泳管内溶胶与辅助液间界面在电场作用下的移动速度。微观法为借助于超显微镜观察单个胶体粒子在电场中的定向移动速度。对于高度分散的溶胶如 $Fe(OH)_3$ 溶胶和 (As_2S_3) 溶胶或过浓的溶胶，不易观察个别粒子的运动，只能用宏观法。对于颜色太淡或浓度过稀的溶胶，则适宜用微观法。

　　本实验用宏观法测定。在一定的外加电压强度下通过测定 $Fe(OH)_3$ 胶粒的电泳速度，然后计算出 ξ 电势。

　　所使用电泳管如图 3.5−1 所示，在电泳仪两极间接上电势差 $U(V)$ 后，在时间 $t(s)$ 内溶胶界面移动距离 $l'(cm)$，溶胶电泳速度 $u = \dfrac{l'}{t}$，相距为 $l(cm)$ 的两极间的电势梯度平均值为 $\dfrac{U}{l}$。

　　ξ 的数值可用赫姆霍兹方程计算，即

$$\xi = 300^2 \times \frac{40\pi\eta}{\varepsilon} \cdot \frac{u}{U/l} = 3.6 \times 10^6 \frac{u\pi\eta}{(\varepsilon U/l)}, \qquad (3.5-1)$$

式中：η 为介质的黏度（293.15 K 时，$\eta = 0.001\,005$ Pa·s；298.15 K 时，$\eta = 0.890\,4$ Pa·s）；ε 为介电常数（当分散介质为水时，可按 $\varepsilon/(F \cdot m^{-1}) = 80 - 0.4(T/K - 293)$ 计算）；U 为加于电泳测定管两端的电压（V）；l 为两电极间的距离（cm）；u 为电泳速度（cm·s^{-1}），观察在 t 秒钟内电泳测定管中胶体溶液界面在电场作用下移动距离 l' 后，由 $u = \dfrac{l'}{t}$ 求出。

　　故（3.5−1）式又可表示为

$$\xi = \frac{40\pi\eta}{\varepsilon} \cdot \frac{l'/t}{U/l} \times 300^2, \qquad (3.5-2)$$

式中的 l', U, l, t 值均可由实验求得，η, ε 值可从手册查到，注意由 $u = \dfrac{l'}{t}$ 所表示的电泳速度是随外压及两极间距离 l 的变化而变化的。一般文献中所记载的胶体电泳速度是指单位电势梯度下的，即由 $\dfrac{l'/t}{U/l}$ 所求得的胶粒电泳速度。

　　注意：公式是在溶胶与辅助液的电导率相等的情况下，根据扩散双电层的物理模型推导而得。如果辅助液的电导率 L_0 与溶胶的电导率 L 相差很大，则在整个电泳管中的电势降是不均匀的，这时需用 $\dfrac{U}{\dfrac{L}{L_0}(l - l_k) + l_k}$ 求电势梯度，l_k 为溶胶两界面间的距离。

　　在推导过程中假设扩散层双电层内外的液体性质相同，胶粒的移动是受外电场与双电层电场共同作用的结果（本实验近似地符合这条件）。

三、设计要求

　　1. 查阅有关文献资料 1～3 篇。

　　2. 实验结果要求：(1) 计算电泳速度；(2) 计算胶粒的电势；(3) 根据胶体界面移动的方向说明胶粒带何种电荷，写出胶粒的结构式。

3. 书写一份实验报告。实验报告包括实验目的、基本原理、仪器与试剂、操作步骤、数据处理等项。分析实验装置的优缺点、误差来源以及提高测量准确度的措施。

四、提示

1. 测定装置可参考图 3.5-1。

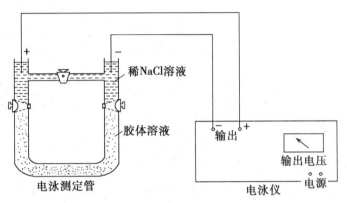

图 3.5-1　电泳测定装置图

2. 配制辅助液方法如下:将渗析好的 $Fe(OH)_3$ 溶胶用电导率仪测定其电导率。配制 KCl 稀溶液,调节其中 KCl 的浓度直至其电导率与溶胶的电导率相等。调节其中 KCl 的浓度,可采用往溶液中增加 KCl 或添加蒸馏水的方法。

3. 实验的注意事项:

(1) 溶胶的制备条件和净化效果均影响电泳速度。制胶过程应控制好浓度、温度、搅拌和滴加速度。渗析时应控制水温,常搅动渗析液,勤换渗析液。这样制备得到的溶胶胶粒大小均匀,胶粒周围的反离子分布趋于合理,基本形成热力学稳定态,所得的 ξ 电势准确,重复性好。

(2) 渗析后的溶胶必须冷却至与辅助液大致相同的温度(室温),以保证两者所测的电导率一致,同时避免打开活塞时产生热对流而破坏了溶胶界面。

(3) 电泳测定管必须洁净。

五、讨论

1. 电泳的实验方法有多种,本实验方法为界面移动法,适用于溶胶或大分子溶液与分散质形成的界面在电场作用下移动速度的测定。此外还有显微镜电泳法和区域电泳法。显微镜电泳法用显微镜直接观察质点电泳的速度,要求研究对象必须在显微镜下能明显观察到,此法简便快速,样品用量少,在质点本身所处的环境下测定,适用于粗颗粒的悬浮体和乳状液。区域电泳是以惰性而均匀的团体或凝胶作为被测样品的载体进行电泳,以达到分离与分析电泳速度不同的各组分的目的,该法简便易行,分离效率高,样品用量少,还可避免对流影响,现已成为分离与分析蛋白质的基本方法。

2. 界面移动法电泳实验中辅助液的选择十分重要,因为 ξ 电势对辅助液成分十分敏感,最好是用该胶体溶液的超滤液。1-1 型电解质组成的辅助液多选用 KCl 溶液,因为 K^+ 与 Cl^- 的迁移速率基本相同。此外,要求辅助液的电导率与溶胶的一致,避免因界面处电场强度的突变造成两臂界面移动速度不等产生界面模糊。

3. 如果被测溶胶没有颜色,则与辅助液的界面肉眼观察不到,可利用胶体的光学性质——乳光或利用紫外光的照射而产生荧光来观察其界面的移动。

4. 随着测量时间的延长,会发生以下情况:样品受热而产生热对流,电极反应引起电泳池有效长度的改变,电极反应产物扩散污染样品,颗粒的沉降从而造成颗粒电荷的分配发生改变。

六、思考题

1. 电泳速度与哪些因素有关?
2. 连续通电使溶液不断发热,会引起什么后果?
3. 要准确测定溶胶的电泳速度必须注意哪些问题?
4. 本实验中所用的稀 KCl 溶液的电导为什么必须和所测溶胶的电导尽量接近?
5. 溶胶带何种符号的电,为何带此种符号的电?

参考文献

1. 北京大物理化学教研室.物理化学实验(第三版).北京:北京大学出版社,1985
2. 东北师范大学等.物理化学实验(第二版).北京:高等教育出版社,1989
3. 复旦大学等.物理化学实验(上册).北京:人民教育出版社,1979
4. 周祖康,顾惕人,马季铭.胶体化学基础.北京:北京大学出版社,1987
5. 李葵英.界面与胶体的物理化学.哈尔滨:哈尔滨工业大学出版社,1997
6. 孙尔康,徐维清等.物理化学实验.南京:南京大学出版社,1998
7. 冯仰捷,邹文樵等.物理化学实验.北京:高等教育出版社,1990

实验 3.6　临界胶束浓度的测定

一、目的

1. 培养综合性多角度分析问题和解决问题的能力。
2. 通过实验了解测定临界胶束浓度的意义。
3. 了解表面活性剂的特性及胶束形成原理。

二、基本原理

临界胶束浓度(Critical micell concentration),也称临界胶团浓度,在水溶液中当表面活性剂浓度超过一定值时,表面活性剂单体(离子或分子)缔合成胶态的聚合物,即形成胶束。对于表面活性剂,在水溶液中开始形成胶束的浓度称为该表面活性剂溶液的临界胶束浓度,简称 CMC,单位是 $mol \cdot L^{-1}$。

很久以来,人们就知道碱金属皂类表面活性剂,其稀溶液的性质与正常的强电解质相似,但浓度增大到一定值后,它们的性质就显著地不同。例如,其电导与强电解质有明显偏差,而其他的依数性质,如渗透压、冰点降低等,也都远比根据理想溶液理论所算出的低。有意思的是,这些性质的突变总是发生在某个特定的浓度范围之内,如图 3.6 - 1 所示。

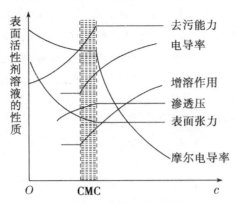

图 3.6 - 1　表面活性剂溶液的性质与浓度关系示意图

　　这些现象是由于表面活性物质分子会自动缔合成胶体大小质点的胶束,这种胶体质点和离子之间成真正的平衡,因此与一般的胶体体系不同,是热力学稳定体系。这种胶体质点具有特殊的结构,它是由众多表面活性物质的分子,排列成憎水基团向里、亲水基团向外的多分子聚集体,胶束中许多表面活性物质分子的亲水性基团与水相接触,而非极性基团则被包在胶束中,几乎完全脱离了与水分子的接触,因此胶束在水溶液中稳定存在。表面活性剂进入水中,根据极性相似相溶规则,活性剂分子的极性部分倾向于留在水中,而非极性部分倾向于翘出水面,或朝向非极性的有机溶剂中。这些分子聚集在水的表面上,使空气和水的接触面减少,引起水的表面张力显著地降低。当溶液浓度逐渐增大到一定值时,溶液表面就被一层定向排列的活性分子所覆盖,这时即使继续增加浓度,表面上也挤不下更多的分子了,结果表面张力不再下降,在表面张力与表面活性剂浓度的关系曲线上表现为水平线段,此时溶液中的表面活性分子却可以通过憎水基团相互吸引缔合成胶束,以降低体系的能量,并且各种物理性质开始发生较大的变化,由于溶液结构的改变导致其物理及化学性质(如表面张力、电导、渗透压、浊度、光学性质等)与浓度的关系曲线出现明显的转折,这个现象是测定 CMC 的实验依据,也是表面活性剂的一个重要特性。

　　临界胶束浓度可以通过各种物理性质的突变来确定,采用的方法不同,测得的 CMC 值也有些差别。因此,一般所给的 CMC 值是一个临界胶束浓度的范围。

　　测定 CMC 的方法很多,常用的有表面张力法、电导法、染料法、增溶作用法、光散射法等。这些方法,原理上都是从溶液的物理化学性质随浓度变化关系出发求得。其中表面张力法和电导法比较简便准确。

1. 表面张力法

　　表面活性剂的浓度与表面张力关系曲线上有一个转折点,过了转折点以后,表面活性剂的浓度虽然继续增加,溶液的表面张力也不会再变化,这个转折点是测定临界胶束浓度的依据。表面张力法,除了可求得 CMC 之外,还可以绘制表面吸附等温线,此外还有一优点,就是无论对于高表面活性还是低表面活性的表面活性剂,其 CMC 的测定都具有相似的灵敏度,此法不受无机盐的干扰,也适合非离子表面活性剂。实验方法参照最大气泡法测表面张力。

2. 电导法

　　电导法是经典方法,简便可靠。只限于离子性表面活性剂,此法对于有较高活性的表面活性剂准确性高,但过量无机盐的存在会降低测定灵敏度,因此配制溶液应该用电导水。

对于离子型表面活性剂,当溶液浓度很稀时,电导的变化规律与一般强电解质相似,其电导率随浓度的增加(即导电粒子数的增多)而升高,过了转折点以后,即使增加活性剂的浓度,电导率也不会有明显的变化,这就意味着离子数目不再增加。

3. 比色法(染料吸附法)

利用某些染料在水中和在胶束中的颜色有明显差别的性质,实验时先在大于 CMC 浓度的表面活性剂溶液中,加入很少的染料,染料溶于胶束中,呈现某种颜色。然后用水滴定稀释此溶液,直至溶液颜色发生显著变化,这时的浓度即 CMC。

4. 比浊法(增溶法)

在小于 CMC 的稀表面活性剂溶液中,烃类物质的溶解度很小,而且基本上不随浓度而变,但当浓度超过 CMC 后,大量胶束的形成,使不溶的烃类物质溶于胶束中去,致使密度显著增加,即增溶作用。根据浊度的变化,可测出一种液体在表面活性剂溶液中的浓度及 CMC 值。

三、设计要求

1. 至少用两种方法测定十二烷基硫酸钠水溶液的 CMC,并将有关数据在同一图中表示出来。

2. 至少一种实验方法要用计算机采集数据。

四、提示

1. 电导法

(1) 用电导水或重蒸馏水准确配制 $0.001\ mol \cdot L^{-1}$ 的 KCl 标准溶液。

(2) 取十二烷基硫酸钠在 80℃ 烘干 3 h,用电导水或重蒸馏水准确配制 0.002,0.006,0.007,0.008,0.009,0.010,0.012,0.014,0.018,0.020 $mol \cdot L^{-1}$ 的十二烷基硫酸钠溶液各 50 mL。

(3) 调节恒温水浴温度至 25℃ 或其他合适温度。

(4) 用 $0.001\ mol \cdot L^{-1}$ KCl 标准溶液标定电导池常数。

(5) 用 DDS - 11A 型电导仪从稀到浓分别测定上述各溶液的电导。用后一个溶液荡洗前一个溶液的电导池三次以上,各溶液测定时必须恒温 10 s,每个溶液的电导读数 3 次,取平均值。

(6) 列表记录各溶液对应的电导,并换算成电导率或摩尔电导率。

(7) 结合计算公式,进行误差分析。

2. 表面张力法

配制上述溶液,可参考实验 2.30。控制温度为 25℃。测定其 Δp,然后计算表面张力并作图,求其 CMC。

也可用非离子型表面活性剂三硝基甲苯,溶液浓度在 $1 \times 10^{-3} \sim 1 \times 10^{-5}\ mol \cdot L^{-1}$ 之间,实验需 8 种不同的浓度。

其他方法参考有关书籍自定。

五、思考题

1. 若要知道所测得的临界胶束浓度是否准确,可用什么实验方法验证之?
2. 结合自己的设计及实际操作讨论不同方法的特点。
3. 非离子型表面活性剂能否用电导法测定临界胶束浓度? 若不能,则可用何种方法测之?

参考文献

1. 周祖康,顾惕人,马季铭.胶体化学基础.北京:北京大学出版社,1987
2. 陈宗淇,戴闽光.胶体化学.北京:高等教育出版社,1984
3. D.J.肖.胶体与表面化学导论(第三版).张中路,张仁佑译.北京:化学工业出版社,1989
4. [苏]и.C.拉甫洛夫.胶体化学实验.陈宗琪,张春光,袁云龙译.济南:山东大学出版社,1987
5. 赵国玺.表面活性剂物理化学.北京:北京大学出版社,1984

实验 3.7　溶液吸附法测定固体比表面积

一、目的

1. 了解测定颗粒活性炭比表面积的各种方法。
2. 掌握朗缪尔(Langmuir)吸附理论和比表面积的概念及计算。
3. 讨论不同方法测定的比表面积误差。
4. 培养综合分析问题的能力和创新精神。

二、基本原理

比表面积是指单位质量(或单位体积)的物质所具有的表面积,其数值与分散粒子大小有关。在一定温度下,固体在某些溶液中的吸附与固体对气体的吸附相似,可用朗缪尔单分子层吸附方程来处理。朗缪尔吸附理论的基本假定是:固体表面是均匀的;吸附是单分子层吸附;被吸附在固体表面上的分子相互之间无作用力;吸附平衡是动态平衡。

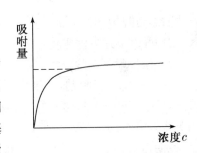

图 3.7-1　朗缪尔吸附等温线

在一定的浓度范围内,大多数固体对次甲基蓝的吸附是单分子层吸附,即符合朗缪尔型(图 3.7-1)。根据朗缪尔吸附理论,当次甲基蓝与活性炭达到吸附饱和后,这时次甲基蓝分子铺满整个活性粒子表面而不留下空位。

三、设计要求

1. 查阅有关文献资料 1~3 篇,根据朗缪尔吸附理论和比尔定律设计两套实验方案。
2. 实验结果要求:(1)绘制甲基蓝溶液浓度对吸光度的工作曲线;(2)测定活性炭比表面积。
3. 讨论不同方法测定的比表面积的误差、误差来源以及提高测量准确度的措施。

四、提示

根据以上原理,我们从两个不同的角度和方法来求算比表面积。

1. 根据吸附前后溶液中的吸附质浓度的变化,则有

$$S_比 = \frac{(c_0 - c) \times G}{W} \times 2.45 \times 10^6,\qquad (3.7-1)$$

式中:$S_比$ 为比表面积($\text{m}^2 \cdot \text{kg}^{-1}$);$c_0$ 为原始溶液的质量分数(%);c 为平衡溶液的质量分数(%);G 为溶液的加入量(kg);W 为吸附剂样品的质量(kg);2.45×10^6 为 1 kg 次甲基蓝可覆盖活性炭样品的面积($\text{m}^2 \cdot \text{kg}^{-1}$)。

2. 根据朗缪尔的基本假定,推导出吸附等温方程式

$$\Gamma = \Gamma_\infty \frac{bc}{1+bc},\qquad (3.7-2)$$

式中:$b = \dfrac{k_1}{k_{-1}}$ 为吸附作用的平衡常数,也称吸附系数,与吸附质、吸附剂性质及温度有关,其值愈大,则表示吸附能力愈强,具有浓度倒数的量纲;Γ 为平衡吸附量,1 g 吸附剂达吸附平衡时,吸附溶质的物质的量,单位为 $\text{mol} \cdot \text{g}^{-1}$;$\Gamma_\infty$ 为饱和吸附量,1 g 吸附剂的表面上盖满一层吸附质分子时所能吸附的最大量,单位为 $\text{mol} \cdot \text{g}^{-1}$;$c$ 为达到吸附平衡时,溶质在溶液本体中的平衡浓度,单位为 $\text{mol} \cdot \text{L}^{-1}$。

在一定温度下,对一定量的吸附剂与吸附质来说 Γ_∞ 与 b 都是常数。若能求得 Γ_∞,则可由下式求得吸附剂比表面积 $S_比$,单位质量的物质所具有的表面积($\text{m}^2 \cdot \text{g}^{-1}$):

$$S_比 = \Gamma_\infty L_0 A,\qquad (3.7-2)$$

式中:L_0 为阿伏伽德罗常数;A 为吸附质分子的截面积$(\text{nm})^2$。

Γ_∞ 可由下述方法求得:

3. 作吸附等温线求 Γ_∞。

测出一定量吸附剂,达吸附平衡时,与不同吸附量 Γ 相对应的平衡浓度 c,作 Γ-c 曲线,形式如图 3.7-1。从图可知:当浓度很低时 Γ 与 c 呈直线关系;当浓度较大时,Γ 与 c 呈曲线关系;当浓度足够大时,呈现一个吸附量的极限值 Γ_∞,此时若再增加浓度,吸附量不再改变,说明溶液的表面吸附已达饱和状态,溶液中的溶质不能更多地吸附于表面,故称 Γ_∞ 为饱和吸附量。Γ_∞ 可近似地看作在单位表面上定向排列呈单分子层吸附时吸附物质的量。从 Γ-c 图中可求得 Γ_∞。

4. 由朗缪尔单分子层吸附方程处理可求得 Γ_∞。

将(3.7-1)式整理后得

$$\frac{c}{\Gamma} = \frac{1}{\Gamma_\infty b} + \frac{1}{\Gamma_\infty} c,\qquad (3.7-3)$$

作 $\dfrac{c}{\Gamma}$-c 图,从直线斜率可求得 Γ_∞,再结合截距可得到 b。对于指定物质,式中 A,L_0 皆为常数,算出 Γ_∞ 即可计算比表面积。

活性炭是一种固体吸附剂,而对作为染料的次甲基蓝具有最大的吸附倾向。研究表明,在一定的浓度范围内,大多数固体对次甲基蓝的吸附是单分子层吸附,符合朗缪尔吸附理论。本实验以活性炭为吸附剂,将定量的活性炭与一定量的几种不同浓度的次甲基蓝水溶

液混合,在常温下振荡,使其达到吸附平衡。用分光光度计测量吸附前后次甲基蓝溶液的浓度。从浓度的变化可以求出每克活性炭吸附次甲基蓝的吸附量 Γ:

$$\Gamma = \frac{(c_0 - c)V}{m}, \tag{3.7-4}$$

式中:V 为吸附溶液的总体积(以 L 表示);m 为加入溶液的吸附剂质量(以 g 表示);c 和 c_0 分别为平衡浓度和原始浓度(mol·L^{-1})。

次甲基蓝具有以下矩形平面结构:

其摩尔质量为 373.9 g·mol^{-1}。假设吸附质分子在表面是直立的,$A = 1.52 \times 10^{-18}$ m^2·分子$^{-1}$,故

$$L_0 A = 6.02 \times 10^{23} \text{分子·mol}^{-1} \times 1.52 \times 10^{-18} \text{ m}^2 \cdot \text{分子}^{-1}$$
$$= 9.15 \times 10^5 \text{ m}^2 \cdot \text{mol}^{-1},$$
$$S_{\text{比}} = \Gamma_{\infty} \times 9.15 \times 10^5 \text{ m}^2 \cdot \text{mol}^{-1}。$$

当原始浓度过高时,会出现多分子吸附,而如果平衡后的浓度过低,吸附又不能达饱和,因此原始溶液浓度都应选择在适当的范围内。本实验原始溶液的浓度为 0.2% 左右,平均溶液浓度不小于 0.1%。

用 72 型分光光度计进行测量时,次甲基蓝溶液在可见光区有两个吸收峰:445 nm 和 665 nm,但在 445 nm 处活性炭吸附对吸收峰有很大的干扰,故本实验选用的工作波长为 665 nm。若用其他分光光度计测量时,波长另行选择。

注意:

1. 活性炭易吸潮引起称量误差,故在称量活性炭时动作要迅速,除了加、取样外,应随时盖紧称量瓶盖,用减量法称量。

2. 溶液法测量比表面积的误差一般在 10% 左右,可用其他方法校正。影响测定结果的主要因素是:温度、吸附质的浓度、振荡时间。

3. 测定溶液浓度时,若吸光度大于 0.8,则需适当稀释后再进行测定。

4. 应当指出,若溶液吸附法的吸附质浓度选择适当,即初始溶液的浓度以及吸附平衡后的浓度都选择在合适的范围,既防止初始浓度过高导致出现多分子层吸附,又避免平衡后的浓度过低使吸附达不到饱和,那么就可以不必如本实验要求的那样,配制一系列初始浓度的溶液进行吸附测量,然后采用朗缪尔吸附理论处理实验数据,才能算出吸附剂比表面积;而是仅需配制一种初始浓度的溶液进行吸附测量,使吸附剂吸附达到饱和吸附又符合朗缪尔单分子层的要求,从而简便地计算出吸附剂的比表面积。实验者不妨在完成本实验测量以后,根据上述思路,提出简便测量所合适的吸附质溶液的浓度范围,并设计实验测量的要点。

五、思考题

1. 影响比表面积测定的主要因素有哪些?

2. 如何确定浓度是吸附平衡的浓度?

3. 讨论两种分光光度法的特点。各自产生误差的原因。

参考文献

1. 复旦大学等.物理化学实验(上册).北京:人民教育出版社,1979
2. 广西师范大学.物理化学实验(第三版).桂林:广西师范大学出版社,1991
3. 吴肇亮,蔺伍正等.物理化学实验.东营:石油大学出版社,1993
4. 臧瑾光等.物理化学实验.北京:北京理工大学出版社,1995
5. 天津大学物理化学教研室.物理化学(第四版).北京:商学教育出版社,2002

第4章 综合性试验

实验 4.1 废液中环己烷的回收

一、目的

1. 了解混合液体的分离方法。
2. 掌握萃取、精馏分离方法的基本原理。
3. 掌握质量指标的测定,如黏度、折光率、密度、表面张力。

二、基本原理

回收环己烷的主要原料是来自实验室中的废液,因为废液主要是环己烷和乙醇两种液体的混合液。废液中环己烷含量一般在 $50\% \sim 60\%$,如图 4.1-1 乙醇和环己烷的二元液系的温度-组成相图所示(恒沸点 $64.90\,℃$,含乙醇 30.5%、环己烷 69.50%),乙醇与环己烷形成共沸混合物,因此用精馏的方法不能将其完全分离。乙醇在结构上与水

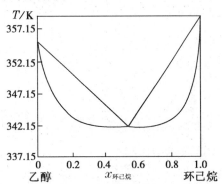

图 4.1-1 环己烷-乙醇系统的温度-组成相图

相似,它们都含羟基,彼此间易形成氢键,可以任意比例混溶,环己烷与水不互溶。据此,本实验研究以水为萃取剂,采用萃取-精馏的方法,经 $CaCl_2$ 干燥后,可以得到纯度较高的环己烷。

三、仪器及试剂

精馏装置一套,阿贝折光仪,电热套,分液漏斗 300 mL 三个,玻璃恒温水浴一套,乌氏黏度剂,温度计(0~100℃)一支,容量瓶 50 mL 18 个,移液管 5 mL,10 mL,20 mL 各两支,密度仪,表面张力仪一套。

实验废液,环己烷(A. R.),乙醇(A. R.),去离子水,无水(C. P.)$CaCl_2$。

四、操作步骤

1. 标准曲线

(1) 绘制乙醇-环己烷标准曲线

配制体积比为 0%,10%,20%,30%,40%,50%,60%,70%,80%,90%,100% 的环己

烷水溶液,用阿贝折光仪测定各溶液的折光率。

（2）绘制乙醇-水标准曲线

配制体积比为 0%,10%,20%,30%,40%,50%,60%,70%,80%,90%,100% 的乙醇水溶液,用阿贝折光仪测定各溶液的折光率。

2. 萃取

测定废液折光率,查乙醇-环己烷标准曲线可知环己烷含量。取 200 mL 废液,水（萃取剂）按表 4.1-1 中所给比例选择用量,进行实验。废液与水在分液漏斗中充分混合（40～60 min）,静置 2 h,将上层溶液（环己烷）与下层溶液（水）分开。

表 4.1-1　水（萃取剂）用量

编号	1	2	3
$V_废/V_水$	5：3	5：5	5：7

3. 分配系数测定

分别测定有机层溶液与水层溶液的折光率,由乙醇-环己烷标准曲线和乙醇-水标准曲线查得相应浓度。通过公式 $K = c_水/c_有$ 计算分配系数。

4. 精馏

将上层溶液（环己烷）转移到 250 mL 蒸馏瓶中进行精馏,用干燥锥形瓶接取沸程在 80～81.5℃馏分。

5. 回收干燥

在精馏产物中加入一定量（10 g）的干燥剂 $CaCl_2$（无水）,充分振荡 30 min,静置分离,得回收成品,并测定其体积。

6. 质量指标的测定

在常压下,测定成品在（25.00±0.01）℃时的下列各质量指标:

（1）黏度的测定;

（2）折光率的测定;

（3）密度的测定;

（4）表面张力的测定。

五、数据处理

1. 标准曲线

（1）绘制乙醇-环己烷标准曲线

用坐标纸绘制乙醇-环己烷标准曲线。实验数据填入表 4.1-2 中。

表 4.1-2　乙醇-环己烷溶液的折光率

环己烷浓度/体积比（%）	0	10	20	30	40	50	60	70	80	90	100
折光率											

（2）绘制乙醇-水标准曲线

用坐标纸绘制乙醇-水标准曲线。实验数据填入表 4.1-3 中。

表 4.1-3　乙醇-水溶液的折光率

乙醇浓度/体积比(%)	0	10	20	30	40	50	60	70	80	90	100
折光率											

2. 废液中环己烷的浓度

废液的折光率与浓度数据填入表 4.1-4 中。

表 4.1-4　废液的折光率与浓度

折光率	
环己烷浓度/体积比	
环己烷浓度的平均值/体积比	

3. 分配系数的测定

有机层溶液与水层溶液的折光率填入表 4.1-5 中。

表 4.1-5　有机层溶液与水层溶液的折光率

	有机层溶液			水层溶液		
	1	2	3	1	2	3
折光率						
环己烷浓度/%						
浓度的平均值/%						
分配系数/%						

4. 回收率

废液和回收环己烷体积填入表 4.1-6 中。

表 4.1-6　废液和回收环己烷体积

$V_废/V_水$	5：3	5：5	5：7
废液含环己烷体积/mL			
回收环己烷体积/mL			
回收率			

5. 质量指标的测定

测定成品在(25.00±0.01)℃时的各质量指标数据填入表 4.1-7 中。

表 4.1-7　质量指标

质量指标 $V_废/V_水$	黏度			折光率			密度			表面张力		
	1	2	3	1	2	3	1	2	3	1	2	3
5：3　测定值												
平均值												
5：5　测定值												
平均值												
5：7　测定值												
平均值												

六、思考题

1. 如何选取萃取剂？本实验如何实现少量多次的原则？萃取剂的用量对回收率的影响如何？

2. 萃取的时间对回收率的影响如何？如何计算废液中环己烷的回收率？

3. 回收环己烷实验中哪一步对产品的质量影响较大？

4. 选用干燥剂的原则是什么？

5. 查找环己烷质量指标的文献值,并与之比较。

6. 从废液中回收环己烷,你是否有更好的回收方法及工艺流程？

实验 4.2　配合物组成及稳定常数的测定

一、目的

1. 用分光光度法测定三价铁离子与钛铁试剂形成配合物的组成及稳定常数,掌握测量原理和分光光度计的使用方法。

2. 通过实验巩固对缓冲溶液的意义、作用和原理的认识。

二、基本原理

金属离子常与有机物形成有色配合物。三价铁离子(以下用 M 表示)与配位体钛铁试剂$[C_6H_2(OH)_2(SO_3Na)_2]$(以下用 L 表示)在不同 pH 的溶液中形成不同配位数的不同颜色的配合物。在用缓冲溶液保持溶液 pH 不变的条件下,可用浓度比递变法测定配合物组成。其原理是:在保持总浓度不变的前提下,依次逐渐改变系统中三价铁离子与钛铁试剂两个组分的比值,并测定不同物质的量分数时的某一物理量的值,此物理量与配合物浓度之间存在良好的线性关系。本实验中采用分光光度法测定不同摩尔比溶液

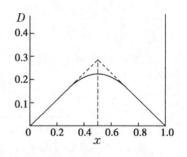

图 4.2-1　D-x 曲线

的吸光度(又称光密度,消光度)D,作吸光度 D 与对物质的量分数 x 的曲线,由曲线上吸光度的极大值点对应的物质的量分数值,即可求得配合物的组成,见图 4.2-1。

当溶液中金属离子 M 和配位体 L 形成 ML_n 配合物时,反应平衡式可写成:

$$M + nL = ML_n。 \tag{4.2-1}$$

保持 $c(M) + c(L) = c(常数)$,设

$$x = \frac{c(M)}{c(M) + c(L)},$$

则

$$c(M) = xc, \quad c(L) = (1-x)c。$$

当达平衡时,M,L 的平衡浓度分别为

$$[M] = xc - [ML_n], \tag{4.2-2}$$

$$[L] = (1-x)c - n[ML_n]。 \tag{4.2-3}$$

当选择适当波长,M,L 对此波长的光基本不吸收时,而只是配合物 ML_n 的吸收,则此

时 x 应满足

$$\frac{\mathrm{d}[\mathrm{ML}_n]}{\mathrm{d}x}=0。$$

(4.2-1)式的稳定常数为

$$K=\frac{[\mathrm{ML}_n]}{[\mathrm{M}][\mathrm{L}]^n},$$

$$[\mathrm{ML}_n]=K[\mathrm{M}][\mathrm{L}]^n。 \tag{4.2-4}$$

分别将(4.2-2),(4.2-3),(4.2-4)式两边对 x 求微商,得

$$\frac{\mathrm{d}[\mathrm{M}]}{\mathrm{d}x}=c-\frac{\mathrm{d}[\mathrm{ML}_n]}{\mathrm{d}x}=c, \tag{4.2-5}$$

$$\frac{\mathrm{d}[\mathrm{L}]}{\mathrm{d}x}=-c-n\frac{\mathrm{d}[\mathrm{ML}_n]}{\mathrm{d}x}=-c, \tag{4.2-6}$$

$$K\left\{[\mathrm{L}]^n\frac{\mathrm{d}[\mathrm{M}]}{\mathrm{d}x}+n[\mathrm{M}][\mathrm{L}]^{n-1}\frac{\mathrm{d}[\mathrm{L}]}{\mathrm{d}x}\right\}=\frac{\mathrm{d}[\mathrm{ML}_n]}{\mathrm{d}x}. \tag{4.2-7}$$

将(4.2-5)式和(4.2-6)式代入(4.2-7)式中整理得

$$[\mathrm{L}]-n[\mathrm{M}]=0。 \tag{4.2-8}$$

将(4.2-2)和(4.2-3)式代入(4.2-8)式中,得

$$(1-x)c-n[\mathrm{ML}_n]-n\{xc-[\mathrm{ML}_n]\}=0,$$

$$(1-x)c-nxc=0,$$

所以

$$n=\frac{(1-x)c}{xc}=\frac{c(\mathrm{L})}{c(\mathrm{M})}。$$

上式说明,吸光度最大点对应的溶液中的两组分浓度之比即为配合物的配位数 n。如果金属离子和配位体在所选的波长下的光也有少量吸收,此时须对所测的吸光度加以校正,首先将实验测得的吸光度 D 对 x 作图,连接 $x=0$ 和 $x=1$ 对应的吸光度两点连接成一直线 EF,此直线上的吸光度 D' 可认为是金属离子和配位体在所选的波长下的光的吸收值。则 $\Delta D=D-D'$ 就可认为是溶液中配合物吸收的吸光度值,以 ΔD 对 x 作图才真正反映的是溶液中的配合物含量与吸光度之间的关系。当配合物的组成确定后,即可测定配合物的稳定常数,见图 4.2-2。

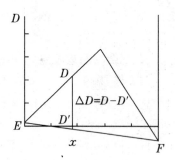

图 4.2-2　吸光度的校正

设 M 和 L 的初始浓度分别为 a 和 b,达平衡时配合物的浓度为 y,则

$$K=\frac{y}{(a_1-y)(a_2-y)^n}。$$

设有 M 浓度各为 a_1,a_2 和 L 浓度各为 b_1,b_2 的两组溶液,其配合物的浓度同为 y,则可得到

$$K=\frac{y}{(a_1-y)(b_1-y)^n}=\frac{y}{(a_2-y)(b_2-y)^n}。 \tag{4.2-9}$$

将已知的 n,a_1,a_2,及 b_1,b_2 代入(4.2-9)式,并且解出 y 后,即可求出稳定常数 K。

三、仪器与试制

721 型分光光度计 1 台,pH 计 1 台,50 mL 容量瓶 11 个,250 mL 容量瓶 1 个,10 mL 刻

度移液管 2 支,10 mL 移液管 1 支。

Fe^{3+} 浓度为 0.002 5 $mol \cdot L^{-1}$ 的硫酸高铁铵溶液,0.002 5 $mol \cdot L^{-1}$ 钛铁试剂(邻苯二酚-3,5-二磺酸钠)溶液,pH＝4.6 的醋酸-醋酸铵缓冲溶液(溶液含 100 $g \cdot mL^{-1}$ 醋酸铵及足够量的醋酸)。

四、操作步骤

1. 缓冲溶液的配制和性质

(1) 分别测定蒸馏水、0.1 $mol \cdot L^{-1}$ 醋酸的 pH。

(2) 在两支各盛 5 mL 蒸馏水的试管中,分别加入 1 滴 0.2 $mol \cdot L^{-1}$ 盐酸和 0.2 $mol \cdot L^{-1}$ 氢氧化钠,分别测定溶液的 pH,将实验测定结果填入表 4.2-1 中。

表 4.2-1

体系 pH	纯水	5 mL 纯水中加 1 滴		缓冲溶液 (HAc - NaAc)	5 mL 缓冲溶液中加 1 滴	
		0.2 $mol \cdot L^{-1}$ 盐酸	0.2 $mol \cdot L^{-1}$ 氢氧化钠		0.2 $mol \cdot L^{-1}$ 盐酸	0.2 $mol \cdot L^{-1}$ 氢氧化钠
实验测定值						
计算值						

(3) 在一支试管中加 5 mL,0.2 $mol \cdot L^{-1}$ 醋酸和 0.2 $mol \cdot L^{-1}$ 醋酸钠溶液混合均匀,测定其 pH。将溶液均分为两份,一份滴入 1 滴 0.2 $mol \cdot L^{-1}$ 盐酸,另一份加入 1 滴 0.2 $mol \cdot L^{-1}$ 氢氧化钠,分别测定溶液的 pH,将实验测定结果填入表 4.2-1。

(4) 分析上述三组实验结果,对缓冲溶液的性质做出结论。

2. 配合物组成及稳定常数的测定

(1) 称取 25 g 醋酸铵加 25 mL 冰醋酸配制 250 mL 缓冲溶液。

(2) 按表 4.2-2 中的数字,配制各种体积比的混合液各 50 mL,标记为(A)组,抽查溶液的 pH。

(3) 把 0.002 5 $mol \cdot L^{-1}$ 的 Fe^{3+} 溶液和 0.002 5 $mol \cdot L^{-1}$ 的钛铁试剂稀释一倍,按步骤(2)配制各种体积比的混合液各 50 mL,标记为(B)组,抽查溶液的 pH。

(4) 在所配试液中,选取颜色最深的一种溶液,用 721 型分光光度计在 480～700 nm 波长范围内,每隔 10 nm 测一次吸光度,作出该溶液的吸光度-波长曲线,选最高吸收峰对应的波长作为测量用波长(721 型分光光度计原理及使用见实验 2.7 的附录)。

(5) 用所选最佳波长测定(A),(B)两组试液的吸光度。所测的数据填入表 4.2-2。

表 4.2-2　溶液配比和测量值

试液编号	1	2	3	4	5	6	7	8	9	10	11
Fe^{3+} 溶液体积/mL	0	1	2	3	4	5	6	7	8	9	10
钛铁试剂溶液体积/mL	10	9	8	7	6	5	4	3	2	1	0
缓冲溶液体积/mL	10	10	10	10	10	10	10	10	10	10	10
溶液总体积/mL	50	50	50	50	50	50	50	50	50	50	50
(A)组吸光度											
(B)组吸光度											

五、数据处理

1. 以吸光度 D 对物质的量分数 x 作图,连接 $x=0$ 和 $x=1$ 对应的吸光度两点成一直线,对吸光度进行校正,将读取的 ΔD 与 x 列表。

2. 在同一图上,作(A)和(B)两组实验的 ΔD 对 x 的曲线,找到曲线上的最大吸光度对应的 x,并求出 n。在同一吸光度下分别读取 (A)组 a_1,a_2 和(B)组 b_1,b_2 值,计算稳定常数 K 值。

3. 结合计算公式,进行误差分析。

六、思考题

1. 为什么要控制溶液的 pH?
2. 若配合物的配位数 $n \neq 1$ 时,配合物稳定常数 K 的计算公式应如何推导?

参考文献

1. 吴子生,严忠. 物理化学实验指导书. 长春:东北师范大学出版社,1995

2. 罗澄源. 物理化学实验(第二版),北京:高等教育出版社, 1984

3. 北京大学化学系物理化学教研室. 物理化学实验(第一版). 北京:北京大学出版社,1985

4. 臧瑾光. 物理化学实验. 北京:北京理工大学出版社, 1995

5. 刘知新等. 基础化学实验大全(上册). 北京:北京教育出版社,1991

实验 4.3　电导法测定难溶盐溶解度

一、目的

1. 掌握电导法测定难溶盐溶解度的原理和方法。
2. 加深对溶液电导概念的理解及电导测定应用的了解。
3. 比较镁、钙、钡硫酸盐溶解度。
4. 电导法测定 $BaSO_4$ 在 25℃的溶解度。

二、基本原理

1. 电导法测定难溶盐溶解度的原理

难溶盐如 $BaSO_4$,$PbSO_4$,$AgCl$ 等在水中溶解度很小,用一般的分析方法很难精确测定其溶解度。但难溶盐在水中微量溶解部分是完全电离的,因此,常用测定其饱和溶液电导率来计算其溶解度。

难溶盐的溶解度很小,其饱和溶液可近似视为无限稀,饱和溶液的摩尔电导率 Λ_m 与难溶盐的无限稀释溶液中的摩尔电导率 Λ_m^∞ 是近似相等的,即

$$\Lambda_m \approx \Lambda_m^\infty,$$

Λ_m^∞ 可根据科尔劳施(Kohlrausch)离子独立运动定律,由离子无限稀释摩尔电导率相加而得。

在一定温度下,电解质溶液的浓度 $c(\text{mol} \cdot \text{m}^{-3})$,$\Lambda_m$ 与电导率 κ 的关系为

$$\Lambda_{\mathrm{m}} = \frac{k}{c},\qquad\qquad (4.3-1)$$

Λ_{m} 可从手册数据求得，κ 通过测定溶液电导 G 求得，c 便可从 $(4.3-1)$ 式求得。

电导率 κ 与电导 G 的关系为

$$\kappa = \frac{l}{A}G + K_{\mathrm{cell}}G,\qquad\qquad (4.3-2)$$

电导 G 是电阻的倒数，可用电导仪测定，上式中的 $K_{\mathrm{cell}} = l/A$ 称为电导池常数，它是两极间距 l 与电极表面积 A 之比。为防止极化，通常将 Pt 电极镀上一层铂黑，因此 A 无法单独求得。通常确定 K_{cell} 值的方法是：先将已知电导率的标准 KCl 溶液装入电导池中，测定其电导 G，由已知的电导率 κ，从 $(4.3-2)$ 式可计算出 A 值（不同浓度的 KCl 溶液在不同温度下的 κ 值参见本实验附录）。

必须指出，难溶盐在水中的溶解度极微，其饱和溶液的电导率 $\kappa_{溶液}$ 实际上是盐的正、负离子和溶剂 (H_2O) 解离的正、负离子 $(H^+$ 和 $OH^-)$ 的电导率之和，在无限稀释条件下有

$$\kappa_{溶液} = \kappa_{盐} + \kappa_{水},\qquad\qquad (4.3-3)$$

因此，测定 $\kappa_{溶液}$ 后，还必须同时测出配制溶液所用水的电导率 $\kappa_{水}$，才能求得 $\kappa_{盐}$。

测得 $\kappa_{盐}$ 后，由 $(4.3-1)$ 式即可求得该温度下难溶盐在水中的饱和浓度 $c(\mathrm{mol \cdot m^{-3}})$，经换算即得该难溶盐的溶解度。

2. 溶液电导测定原理

电导是电阻的倒数，测定电导实际是测定电阻。可用惠斯登（Wheatstone）电桥进行测量。但测定溶液电阻时有其特殊性，不能应用直流电源，当直流电流通过溶液时，由于电化学反应的发生，不但使电极附近溶液的浓度改变引起浓差极化，还会改变两极本质。因此，必须采用较高频率的交流电，其频率高于 $1\,000\ \mathrm{Hz}$。另外，构成电导池的两极采用惰性铂电极，以免电极与溶液间发生化学反应。

精密的电阻测量常用图 $4.3-1$ 所示的交流平衡电桥。其中 R_x 为电导池两极间电阻。R_1, R_2, R_3 在精密测量中均为交流电阻箱（或高频电阻箱），在简单相情况下 R_2, R_3 可用均匀的滑线电阻代替。这样 R_x, R_1, R_2, R_3 构成电桥的四个臂，适当调节 R_1, R_2, R_3 使 C, E 两点的电位相等，CE 之间无电流通过。电桥达到了平衡，电路中的电阻符合下列关系：

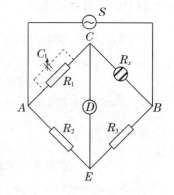

图 4.3-1

$$\frac{R_1}{R_x} = \frac{R_2}{R_3}.\qquad\qquad (4.3-4)$$

如 R_2, R_3 换为均匀滑线电阻时，R_2/R_3 的电阻之比变换为长度之比，可直接从滑线电阻的长度标尺上读出。R_2/R_3 调节越接近 1，测量误差越小，D 为指示平衡的示零器，通常用示波器或灵敏的耳机。电源 S 常用音频振荡器或蜂鸣器等信号发生器。

严格地说，交流电桥的平稳，应该是四个臂上阻抗的平衡，对交流电来说电导池的两个电极相当于一个电容器，因此，须在 R_1 上并联可变电容器 C_1，以实现阻抗平衡。

温度对电导有影响。实验应在恒温下进行。

本实验使用 DDS-11A 型电导率仪测量溶液电导。电导率仪使用请参考实验 2.13 附录（一）。

三、仪器和试剂

超级恒温槽 1 套,DDS - 11A 型电导率仪 1 台,带盖锥形瓶 3 只,试管 5 支,5 mL 移液管 4 支,玻璃棒 3 支。

$0.5\ mol \cdot L^{-1}\ MgCl_2,CaCl_2,BaCl_2$ 溶液,$0.5\ mol \cdot L^{-1}\ Na_2SO_4$ 溶液,浓硫酸,饱和硫酸钙溶液,KCl(G. R.),$BaSO_4$(A. R.),电导水。

四、操作步骤

1. 比较镁、钙、钡硫酸盐溶解度

(1) 在 3 支试管中,分别盛有 1 mL,$0.5\ mol \cdot L^{-1}\ MgCl_2,CaCl_2,BaCl_2$ 溶液,然后分别注入等量的 $0.5\ mol \cdot L^{-1}\ Na_2SO_4$ 溶液,观察现象。若 $MgCl_2,CaCl_2$ 溶液中加入 Na_2SO_4 溶液后无沉淀生成,可用玻璃棒摩擦试管壁,再观察有无沉淀生成。说明生成沉淀情况。分别检验沉淀与浓硫酸的作用,写出反应式。

(2) 另外在两支分别盛有 0.5 mL,$0.5\ mol \cdot L^{-1}\ CaCl_2$ 和 $BaCl_2$ 溶液的试管中,各滴入几滴饱和硫酸钙溶液,观察沉淀生成的情况。

(3) 比较 $MgSO_4,CaSO_4,BaSO_4$ 溶解度的大小。

2. 测定 $BaSO_4$ 在 25℃ 的溶解度

(1) 调节恒温槽温度在 25.0±0.1℃ 范围内。

(2) 制备 $BaSO_4$ 饱和溶液,在干净带盖锥形瓶中加入少量 $BaSO_4$,用电导水至少洗三次,每次洗涤须剧烈振荡,待溶液澄清后,倾去溶液再加电导水洗涤。洗三次以上以除去可溶性杂质,然后加电导水溶解 $BaSO_4$,使之成饱和溶液,并在 25.0℃ 恒温槽内静置,使溶液尽量澄清(该过程时间长,可在实验开始前进行),取用时用上部澄清溶液。

(3) 测定电导池常数:测定 $0.02\ mol \cdot L^{-1}$ 的 KCl 溶液在 25.0℃ 的电导 G,求电导池常数。

(4) 测定电导水的电导率 $\kappa_{水}$:依次用蒸馏水、电导水洗电极及锥形瓶各三次。在锥形瓶中装入电导水,放入 25.0℃ 恒温槽恒温后测定水的电导 $G_{水}$,用电导池常数由(4.3 - 2)式求 $\kappa_{水}$。

(5) 测定 25℃ 饱和 $BaSO_4$ 溶液的电导率 $\kappa(BaSO_4)$:将测定过水的电导电极和锥形瓶用少量 $BaSO_4$ 饱和溶液洗涤三次,再将澄清的 $BaSO_4$ 饱和溶液装入锥形瓶,插入电导电极,用测定的 $G_{溶液}$ 计算 $\kappa_{溶液}$。

测量电导时,须在恒温时进行,每种 G 测定须进行 3 次,取平均值。

(6) 实验完毕,洗净锥形瓶、电极,在瓶中装入蒸馏水,将电极浸入水中保存,关闭恒温槽及电导仪电源开关。

五、数据处理

1. 数据记录

实验数据填入表 4.3 - 1 中。

表 4.3 - 1　实验数据

气压：_____　室温：_____　实验温度：_____　湿度：_____

参量 次数	电导池常数		水的电导率		饱和溶液电导率	
	标准溶液 $G/(S \cdot m^{-1})$	K/m^{-1}	$G_水$	$\kappa_水/(S \cdot m^{-1})$	$G_{溶液}$	$\kappa_{溶液}/(S \cdot m^{-1})$
1						
2						
3						
平均值	$\overline{K}_{cell}=$		$\overline{\kappa}_水=$		$\overline{\kappa}_{溶液}=$	

2. 数据处理

(1) 根据实验所测 $0.02\ mol \cdot L^{-1}$ 的标准 KCl 溶液之电导 $G(KCl)$，及由本实验附录查得的该标准液在实验温度下的 $\kappa(KCl)$ 值，由 (4.3 - 2) 式计算电导池常数 K_{cell}。

(2) 由 $\kappa_水 = K_{cell}G_水$ 计算水的电导率。

(3) 由 $\kappa_{溶液} = K_{cell}G_{溶液}$ 计算 $BaSO_4$ 饱和溶液的电导率。

(4) 由下式求得 $\kappa(BaSO_4)$：

$$\kappa_{(BaSO_4)} = \kappa_{溶液} - \kappa_水。$$

(5) 由实验 2.13 附录（三），查得 $25.0℃$ 时无限稀释离子摩尔电导率 $\lambda_m^{\infty}(\frac{1}{2}Ba^{2+})$ 和 $\lambda_m^{\infty}(\frac{1}{2}SO_4^{2-})$，再根据 $\Lambda_m \approx \Lambda_m^{\infty} = \lambda_{m,+}^{\infty} + \lambda_{m,-}^{\infty}$，计算 $\Lambda_m(BaSO_4)$。

(6) 由 (4.3 - 1) 式计算 $c(BaSO_4)$，经换算得溶解度：将 $c(BaSO_4)$ 换算为 $b(BaSO_4)$（因溶液很稀，设溶液密度近似等于水的密度）。溶解度是溶解固体的质量除以溶剂质量所得的商，所以 $25℃$ 时 $BaSO_4$ 在水中的溶解度 $= b(BaSO_4) \times M(BaSO_4)$。

(7) 结合计算公式，进行误差分析。

六、思考题

1. 如何制备电导水？电导水的电导率应在什么范围？

2. 电导率、摩尔电导率与电解质溶液的浓度有何规律？

3. H^+ 和 OH^- 的无限稀释摩尔电导率为何比其他离子的无限稀释离子摩尔电导率大很多？

七、附录：KCl 水溶液的电导率

不同温度下 KCl 水溶液的电导率 κ 见表 4.3 - 2。

表 4.3 - 2　不同温度下 KCl 水溶液的电导率

$T/℃$	$\kappa/(S \cdot cm^{-1})$		
	$0.01\ mol \cdot L^{-1}$	$0.02\ mol \cdot L^{-1}$	$0.10\ mol \cdot L^{-1}$
15	0.001 147	0.002 243	0.010 48
16	0.001 173	0.002 294	0.010 72
17	0.001 199	0.002 345	0.010 95
18	0.001 225	0.002 397	0.011 19

续　表

T/℃	$\kappa/(S \cdot cm^{-1})$		
	0.01 mol · L⁻¹	0.02 mol · L⁻¹	0.10 mol · L⁻¹
19	0.001 251	0.002 449	0.011 43
20	0.001 278	0.002 501	0.011 67
21	0.001 305	0.002 553	0.011 91
22	0.001 332	0.002 606	0.012 15
23	0.001 359	0.002 659	0.012 39
24	0.001 386	0.002 712	0.012 64
25	0.001 413	0.002 765	0.012 88
26	0.001 441	0.002 819	0.013 13
27	0.001 468	0.002 873	0.013 37
28	0.001 496	0.002 927	0.013 62
29	0.001 524	0.002 981	0.013 87
30	0.001 552	0.003 036	0.014 12
31	0.001 581	0.003 091	0.014 37
32	0.001 609	0.003 146	0.014 62
33	0.001 638	0.003 201	0.014 88
34	0.001 667	0.003 256	0.015 13
35		0.003 312	0.015 39

参考文献

1. [美]John M. 怀特. 物理化学实验. 北京:人民教育出版社,1981
2. 傅献彩等. 物理化学. 北京:高等教育出版社,1990
3. 北京师范大学无机化学教研室等. 无机化学实验(第二版). 北京:高等教育出版社,1991

实验 4.4　碳钢在碳酸铵溶液中极化曲线的测定

Ⅰ. 恒电流法测定极化曲线

一、目的

　　1. 掌握恒电流法测定极化曲线的基本原理和操作方法;
　　2. 明确平衡电极电势和电极电势的区别,理解极化、极化曲线的概念。

二、基本原理

　　当电极上无电流通过时,电极处于平衡状态,与之相对应的是平衡电势,随着电极上电流密度的增加,电极的不可逆程度越来越大(通常将这类描述电流密度与电极电势之间关系的曲线称为极化曲线)。在有电流通过电极时,电极电势偏离于平衡值的现象称为电极的极化。通过极化曲线的测绘,可使我们对电极的极化过程以及金属的腐蚀与保护等加深认识和理解。

　　测定极化曲线实际上是测定有电流通过电极时电极的电势与电流的关系。恒电流法是控制通过电极的电流(或电流密度),测定各电流密度时的电极电势,从而得到极化曲线。

　　测量装置如图 4.4-1 所示,设要测量电极 4 的极化曲线,借助辅助电极 3,将电极 4 和电极 3 安排成一电解池,调节外电路滑线电阻 1,以控制通过电极的电流密度。当待测电极 4 上有电流流过时,其电势偏离平衡电势,电势大小可另用一甘汞电极 6 经盐桥 5 与待测电极组成原电池,用电位差计测量该电池的电动势。由于甘汞电极电势是已知的,故可以求出研究电极的电位。

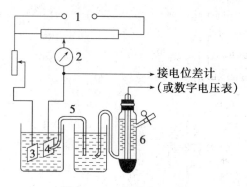

图 4.4-1　仪器装置图

1. 电源;2. 电流计;3. 辅助电极;4. 研究电极;5. 盐桥;6. 参比电极

三、仪器与试剂

　　碳钢电极(普通碳钢片,电极面积为 $10\ cm^2$)1 支,SDC 数字电位差综合测试仪 1 台(或 UJ-25 型电势差计 1 套),直流稳流电源(0~3 A)或蓄电池 1 台,电流计(0~100 mA,100~500 mA)1 台,饱和甘汞电极 1 支,铂电极 1 支,氢气发生器或氮气钢瓶 1 套,停表 1 块,电解杯、小烧杯各 1 个,KNO_3 盐桥 1 支,滑线电阻(2 000 Ω)2 个,导线,金相砂纸,蓄电池。

　　$2\ mol \cdot L^{-1}(NH_4)_2CO_3$ 溶液,饱和 KCl 溶液,$0.5\ mol \cdot L^{-1}\ H_2SO_4$ 溶液,石蜡。

四、实验步骤

　　1. 电极处理。用金相砂纸将研究电极擦至镜面光亮,放在丙酮中除去油污,用石蜡涂抹多余面积(若电极面积已按计划剪好,则不必再用石蜡涂抹)。然后置于 $0.5\ mol \cdot L^{-1}$ H_2SO_4 溶液中,以研究电极作阴极,电流密度保持在 $5\ mA \cdot dm^{-2}$ 以下,电解 10 min 以除去氧化膜。最后用蒸馏水洗净备用(不用时可浸泡在有机溶剂如无水乙醇或丙酮中保存)。

　　2. 按图 4.4-1 接好电路,洗净器皿,于电解杯中倒入 $2\ mol \cdot L^{-1}(NH_4)_2CO_3$ 溶液。按装置图安装好测定阴极极化曲线的电极、参比电极及盐桥等(以研究的碳钢电极为阳极,铂电极为阴极,安装连接好阳极极化曲线的极化线路)。为了在测量电势时减小溶液欧姆电势降对测定结果的影响,盐桥的尖嘴应尽量靠近研究电极的表面。连接线路时注意"正"、"负"极不要接错。

　　3. 通电前,在电解液中通氢气(或氮气)5~10 min(通氢气应在通风橱内进行),以除去溶液中的氧。

4. 通电后,移动滑线电阻的滑动接头,控制电流密度为 $0.5\ \text{mA} \cdot \text{dm}^{-2}$,测定阴极和参比电极之间的电动势(测定时若检流计在平衡时波动较大,可将分流器旋钮指向"×0.1"或"×0.01")。开始时,每间隔 $0.5\ \text{mA} \cdot \text{dm}^{-2}$ 测定一次电动势;电流计到 $50\ \text{mA}$ 以后,每间隔 $1\ \text{mA} \cdot \text{dm}^{-2}$ 测定一次电动势;电流计到 $100\ \text{mA}$ 以后,每间隔 $2\ \text{mA} \cdot \text{dm}^{-2}$ 测定一次电动势,直至电流计指针指到 $480\ \text{mA}$ 时为止,然后重复测定一次。测定时,电流要保持稳定,为了使测得的数据一致,每当电流计的指针在指定的数值稳定 $1\sim2\ \text{min}$ 后,立即测定电动势。

5. 阴极极化曲线测定后,将研究电极按步骤 1 进行电解处理,更换电解液,通氢气(或氮气)$5\sim10\ \text{min}$ 以除氧,然后测定阳极极化曲线。测定时电流密度的间隔控制在 $0.3\sim0.5\ \text{mA} \cdot \text{dm}^{-2}$;当电流密度为 $10\ \text{mA} \cdot \text{dm}^{-2}$ 时,将电流密度间隔改为 $2.5\ \text{mA} \cdot \text{dm}^{-2}$,测至电流密度为 $30\ \text{mA} \cdot \text{dm}^{-2}$ 时为止。

做完后,将电极对调(或进行电解处理),重复测定一次。

6. 实验完毕后,检查整理好仪器。

五、数据处理

1. 实验条件记录。室温:＿＿＿＿,气压:＿＿＿＿,湿度:＿＿＿＿。

2. 数据记录。列表记录研究电极的电流密度与相应的电极电势。

3. 数据处理。以电流密度(或电流密度的对数值)为纵坐标,电极电势(相对于饱和甘汞电极)为横坐标,绘出阴极和阳极极化曲线。

4. 结合仪器讨论误差主要来源。

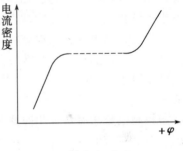

六、结果要求及文献值

1. 恒电流法不能测出碳钢的完整极化曲线,要求测出如图 4.4-2 的实线部分。

2. 见第 Ⅱ 部分的文献值。

图 4.4-2

Ⅱ. 恒电势法测定极化曲线

一、目的

1. 掌握用恒电势(控制电势)法测定极化曲线的原理及方法。

2. 测定碳钢在碳酸铵溶液中的钝化曲线及阴极极化曲线,求出钝化电势。

二、基本原理

由于在同一电流密度下,碳钢电极可能对应有不同电极电势,实验中,一定电流密度下对应的电极电势具体是多少,与电极表面状态有关,如用活化态的碳钢,电流密度从零逐步增大,得到极化曲线,如图 4.4-3 所示的 ab 线,当电流密度达到 b 点后,若再增加电流

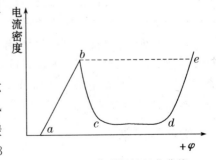

图 4.4-3　典型阳极极化曲线

密度,它不是进入 $bcde$ 区,而是电势突跃到 e 点,测定出 e 点以后的极化曲线。因此用恒电流法不能测出完整的极化曲线,采用恒电位法则可以完整地测出电流密度与电势间全部复杂关系。对于可钝化金属采用控制不同的恒电势来测量电流密度的方法可绘出如图 4.4-3 所示的完整的阳极极化曲线。整个曲线可分为以下四个区域:

1. 从 a 点到 b 点的电势范围称作活性区,在此区域内的 ab 线段是金属的正常阳极解,此时金属处于活化状态,a 点是金属的自然腐蚀电势。

2. b 点到 c 点的电势范围称作钝化过渡区。bc 线是由活化态到钝化态的转变过程,b 点是金属建立钝化的临界电势(或称致钝电势),它所对应的电流 I_b 称作临界电流(或称作致钝电流)。

3. c 点到 d 点的电势范围叫钝化区。所谓钝化,乃是由于金属表面状态的变化,使阳极溶解过程的超电势升高,金属的溶解速度急剧下降。cd 线段表示金属处于钝化阶段,与之对应的电流密度极小,称作维持钝化电流 I_m(即钝态金属的稳定溶解电流密度),其数值几乎与电势的变化无关。如果对可钝化金属通以对应于 b 点的电流使其电势进入到 cd 段,再用维持钝化电流 I_m 将电势维持在这个区域内,则金属的腐蚀速度将会急剧下降。

4. d 点以后的电势范围叫过钝化区。此时阳极电流密度又重新随电势的正移而增大,金属的溶解速度增大,这种在一定电势下使钝化了的金属又重新溶解的现象叫作过钝化(亦称超钝化)。电流密度增大的原因可能是由于产生高价离子(不能形成高价离子的金属,不会发生过钝化现象),也可能是由于氧气的析出,或可能是两者皆有。

凡能促使金属保护层被破坏的因素都能使钝化的金属重新活化。例如,加热、通入还原性气体、阴极极化、加入某些活性离子、改变溶液 pH 以及机械损伤等。在使钝态金属活化的各种手段中,以 Cl^- 离子的作用最引人注意,将钝化金属浸入含有 Cl^- 离子的溶液中即可使之活化。

用控制电势法测量极化曲线时,是将研究电极的电势恒定地维持在所需要的数值。然后测量与之对应的电流密度。由于电极表面状态在未建立稳定状态之前,电流密度会随时间而改变,故一般测出的曲线为“暂态”极化曲线。在实际测量中,常采用的恒电势有下列两种。

静态法:将电极电势较长时间地维持在某一恒定值,同时测量电流密度随时间的变化,直到电流基本上达到某一稳定值,如此逐点地测量在各个电极电势下的稳定电流密度,以获得完整的极化曲线。

动态法:控制电极电势以较慢的速度连续地改变(扫描),并测量对应电势下的瞬时电流密度,并以瞬时电流密度与对应的电势作图就得整个极化曲线,所采用的扫描速度(即电势变化的速度)需要根据研究体系的性质选定。一般说来,电极表面建立稳态的速度越慢,则扫描也应越慢,这样才能使所测得的极化曲线与采用静态法测得的结果接近。

上述两种方法均已获得广泛应用。从测量结果的比较可以看出,静态法测量的结果虽较接近稳定值,但测量时间太长。例如对于钢铁等金属及其合金,为了测量钝态区的稳定电流,往往需在某一个电势下等待几个小时甚至几十个小时,所以在实际工作中常采用动态法。本实验采用的是动态法。

三、仪器与试剂

JH2C 晶体管恒电势仪,碳钢电极(普通碳钢片,面积为 $1\,cm^2$),饱和甘汞电极,铂电极,蓄电池(或直流电源),导线,电解杯,小烧杯。

KNO$_3$ 盐桥,2 mol · L^{-1}(NH$_4$)$_2$CO$_3$ 溶液,0.5 mol · L^{-1} H$_2$SO$_4$ 溶液,饱和 KCl 溶液。

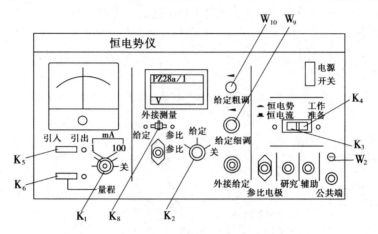

图 4.4-4　恒电势仪面板示意图

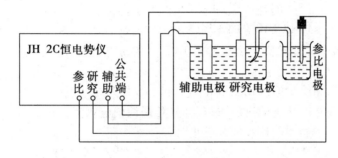

图 4.4-5　仪器装置图

四、实验步骤

1. 洗净器皿,于电解杯内倒入 2 mol · L^{-1}(NH$_4$)$_2$CO$_3$ 溶液,通氢气(或氮气)5～10 min(通氢气应在通风橱内进行),按仪器装置图装好测定阴极极化曲线的电极(电极的处理同前)及盐桥等,接好线路。

2. 仔细阅读实验教材,掌握恒电势仪各旋钮、按键等的作用。

3. 检查电流表指针是否为零,如偏离零点;可调节表头前面的机械调零装置。

4. 接通电源,打开电源开关(指示灯亮),将工作准备开关(K$_4$)置于"准备"(弹出时为准备状态),电势测量选择开关(K$_2$)置于"给定",预热 20 min。

5. 将 K$_2$ 置于"参比",待数字电压表稳定后所显示的数值即参比电极相对于碳钢电极(研究电极)的电势。

6. 置"恒电势"、"恒电流"开关(K$_3$)于"恒电势",K$_2$ 于"给定",极化电流测量量程转换开关(K$_1$)于最大量程。然后调节给定电势粗、细调节旋钮(W$_9$ 及 W$_{10}$),使数字电压表所显示出的给定电势与"参比"电势相同,按下 K$_4$,仪器即处于工作状态。

7. 进行阴极极化曲线的测量。顺时针方向旋转调节 W$_9$ 及 W$_{10}$,通过数字电压表显示,每次加 0.02 V 阴极极化电势,适当地调节 K$_1$ 和电流量程倍乘开关(K$_6$),记下相应的极化电流,直到给定电势加到+1.20 V。

8. 调节 W_9 及 W_{10},使给定电势与"参比"电势相同,重复测量一次。

9. 调节 W_9 及 W_{10},使给定电势与"参比"电势相同。逆时针方向旋转调节 W_9 及 W_{10},进行阳极钝化曲线的测量。每次加阳极极化电势 0.02 V,记录相应的极化电流。在钝化区内,阳极极化电势的增加间隔可以适当地加大。给定电势一直加到数字电压表显示为"-1.20 V"。

10. 调节 W_9 及 W_{10},使给定电势与"参比"电势相同。将电极对调或进行电解处理,重复测量一次。

11. 结束实验时,依次弹出 K_4 及 K_3,并将 K_1,K_2 旋至关,最后关闭电源。

五、数据处理

1. 实验条件记录。室温:_____,气压:_____,湿度:_____。

2. 记录数据。

3. 以电流密度(或电流密度的对数值)为纵坐标,电极电势为横坐标绘出阳极及阴极的极化曲线。

4. 求出在测定条件下,碳钢的钝化电势。

六、思考题

1. 两种方法所测绘出的极化曲线有何异同? 为什么?

2. 通过极化曲线的测定,对极化过程和极化曲线的应用有何进一步的理解?

3. 在测量过程中参比电极和辅助电极各起什么作用?

参考文献

1. 陈其忠. 化学通报. 1974,5,253
2. 复旦大学等. 物理化学实验(上册). 北京:人民教育出版社,1979
3. Herbert H. Uhlig. Corrosion and Corrosion Control,1971
4. 罗澄源. 物理化学实验. 北京:高等教育出版社,1984

实验 4.5　旋光法测定蔗糖转化反应的速率常数

一、目的

1. 测定蔗糖水溶液在酸催化作用下的反应速率常数和半衰期。

2. 理解温度、反应物的浓度、酸的种类和浓度对反应速率的影响。

3. 了解该反应的反应物浓度与旋光度之间的关系。

4. 了解旋光仪的原理,掌握其使用方法及在化学反应动力学测定中的应用。

二、基本原理

蔗糖转化成葡萄糖与果糖的反应在纯水中速率极慢,通常需要在 H^+ 离子催化作用下

进行。在酸的存在下在水中,其反应为:

$$C_{12}H_{22}O_{11} + H_2O \xrightarrow{H^+} C_6H_{12}O_6 + C_6H_{12}O_6$$

蔗糖(A)　　　　　　　葡萄糖(B)　果糖(C)

微分反应速率方程为:
$$-\frac{dc_A}{dt} = k'c_A^{\alpha}c^{\beta}(H^+)c^{\gamma}(H_2O),$$

当蔗糖含量不大时,反应过程中水是大量存在的,尽管有部分水分子参加了反应,仍可近似地认为整个反应过程中水的浓度是恒定的;而且 H^+ 是催化剂,其浓度也保持不变。因此,令 $k = k'c^{\beta}(H^+)c^{\gamma}(H_2O)$,蔗糖转化反应可看作一级反应,其动力学方程式为:

$$-\frac{dc_A}{dt} = kc_A,$$

c_A 为时间 t 时反应物浓度,k 为反应速率常数。积分可得

$$\ln c_A = -kt + \ln c_{A,0}, \qquad (4.5-1)$$

或
$$\lg c_A = -\frac{k}{2.303} \cdot t + \lg c_{A,0}, \qquad (4.5-2)$$

$c_{A,0}$ 为反应开始时反应物浓度。

当 $c_A = \frac{1}{2}c_{A,0}$ 时,t 可用 $t_{\frac{1}{2}}$ 表示,即反应的半衰期,

$$t_{\frac{1}{2}} = \frac{\ln 2}{k}。 \qquad (4.5-3)$$

从(4.5-2)式可以看出,在不同时间测定反应物的相应浓度,以 $\lg c_A$ 对 t 作图,可得一直线,由直线斜率即可求得反应速率常数 k。然而反应是不断进行的,要快速分析出反应物并测定其浓度是困难的。可以利用蔗糖、葡萄糖和果糖都含有不对称的碳原子,都具有旋光性,但旋光能力不同,利用体系在反应过程中旋光性的变化来跟踪反应进程。

蔗糖在水中转化反应进行时,如以一束偏振光通过溶液,则可观察到偏振面的转移。蔗糖是右旋的,水解的混合物中有左旋的,所以偏振面将由右边旋向左边。偏振面的转移角度称之为旋光度,以 α 表示。因此可利用体系在反应过程中旋光度的改变来量度反应的进程。溶液的旋光度与溶液中所含旋光物质的种类、浓度、液层厚度、光源的波长以及反应时的温度等因素有关。

为了比较各种物质的旋光能力,引入比旋光度 $[\alpha]$ 这一概念,并以下式表示:

$$[\alpha]_D^t = \frac{\alpha}{l \cdot c}, \qquad (4.5-4)$$

式中:t 为实验时的温度;D 为所用光源的波长;α 为旋光度;l 为液层厚度(常以 10 cm 为单位);c 为浓度(常用 100 mL 溶液中溶有 m g 物质来表示)。(4.5-4)式可写成:

$$[\alpha]_D^t = \frac{\alpha}{l \cdot m/100}, \qquad (4.5-5)$$

或
$$\alpha = [\alpha]_D^t l \cdot c。 \qquad (4.5-6)$$

由(4.5-6)式可以看出,当其他条件不变时,旋光度 α 与反应物浓度成正比,即

$$\alpha = K'c, \qquad (4.5-7)$$

式中 K' 是与物质的旋光能力、溶液层厚度、溶剂性质、光源的波长、反应时的温度等有关系

的常数。

蔗糖是右旋性物质(比旋光度$[\alpha]_D^{20}=66.6°$),产物中葡萄糖也是右旋性物质(比旋光度$[\alpha]_D^{20}=52.5°$),果糖是左旋性物质(比旋光度$[\alpha]_D^{20}=-91.9°$)。因此当水解反应进行时,右旋角不断减小,当反应终了时体系将经过零变成左旋,直至蔗糖完全转化,这时左旋角达到最大值α_∞。

设体系最初的旋光度为

$$\alpha_0=K'_反 c_0(t=0,蔗糖尚未转化),\qquad(4.5-8)$$

体系最终的旋光度为

$$\alpha_\infty=K'_生 c_0(t=\infty,蔗糖已完全转化),\qquad(4.5-9)$$

(4.5-8)式和(4.5-9)式中$K'_反$和$K'_生$分别为反应物与生成物的比例常数。

当时间为t时,蔗糖浓度为c,此时旋光度为α_t,即

$$\alpha_t=K'_反+K'_生(c_0-c)。\qquad(4.5-10)$$

将(4.5-8),(4.5-9)式和(4.5-10)式联立可解得

$$c_0=\frac{\alpha_0-\alpha_\infty}{K'_反-K'_生}=K''(\alpha_0-\alpha_\infty),\qquad(4.5-11)$$

$$c=\frac{\alpha_t-\alpha_\infty}{K'_反-K'_生}=K''(\alpha_t-\alpha_\infty)。\qquad(4.5-12)$$

将(4.5-11),(4.5-12)式代入(4.5-2)式,得

$$\lg(\alpha_t-\alpha_\infty)=-\frac{k}{2.303}\cdot t+\lg(\alpha_0-\alpha_\infty)。\qquad(4.5-13)$$

显然,以$\lg(\alpha_t-\alpha_\infty)$对$t$作图可得一直线,从直线斜率即可求得反应速率常数$k$,由截距可得到$\alpha_0$。

由于k与催化剂H^+的浓度有关,$k=k'c^\beta(H^+)+c^\gamma(H_2O)=k''c^\beta(H^+)$,在其他物质的浓度一定的条件下,测定不同浓度的酸时反应的速率常数,以$\ln k$比$\ln c(H^+)$,求得β值,可以研究酸的浓度对反应速率的影响。

三、仪器和试剂

旋光仪1台,停表1块,旋光管(带有恒温水外套)1支,恒温槽1套,容量瓶(50 mL)1个,上皿天平1台,锥形瓶(100 mL)2个,移液管(25,50 mL)各2支,烧杯(100,500 mL)各1个。

$2\ mol\cdot L^{-1}$ HCl溶液,蔗糖(A. R.)。

四、操作步骤

1. 将恒温槽调节到20℃恒温,然后将旋光管的外套接上恒温水,如图4.5-1所示。

2. 旋光仪零点的校正

洗净旋光管各部分零件,将旋光管一端的盖子旋紧,向管内注入蒸馏水,取玻璃盖片沿管口轻轻推入盖好,再旋紧套盖,勿使其漏水或有气泡产生。

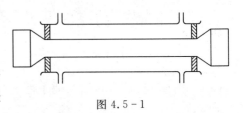

图 4.5-1

操作时不要用力过猛,以免压碎玻璃片,用滤纸或干布擦净旋光管两端玻璃片,并放入旋光仪中,盖上槽盖,盖上黑布,打开旋光仪电源开关,调节目镜使视野清晰,然后旋转检偏镜,使在视野中能观察到明暗相等的三分视野为止(注意:在暗视野下进行测定)。记下刻度盘读数,重复操作三次,取其平均值,此即旋光仪的零点。测后取出旋光管,倒出蒸馏水。

3. 蔗糖水解过程中 α_t 的测定

称取 10 g 蔗糖,溶于蒸馏水中用 50 mL 容量瓶配制成溶液。如溶液混浊则需进行过滤。用移液管取 25 mL 蔗糖溶液和 50 mL,2 mol·L^{-1} HCl 溶液分别注入两个 100 mL 干燥的锥形瓶中,并将此二锥形瓶同时置于恒温槽中恒温 10～15 min。待恒温后,取 25 mL,2 mol·L^{-1} HCl 溶液加到蔗糖溶液的锥形瓶中混合,并在 HCl 溶液加入一半时开动停表作为反应的开始时间。不断振荡摇动,迅速取少量混合液清洗旋光管二次,然后以此混合液注满旋光管,盖好玻璃片,旋紧套盖(检查是否漏液,有无气泡),擦净旋光管两端玻璃片,立刻置于旋光仪中,盖上槽盖,盖上黑布。测量各时间 t 时溶液的旋光度 α_t。测定时要迅速准确。当将三分视野暗度调节相同后,反应 5 分钟时读取第一个旋光度数值,测定第一个旋光度数值之后的每隔 5 分钟各测一次,共读取 12～16 组数据。

4. α_∞ 的测定

为了得到反应终了时的旋光度 α_∞,将步骤 3 中的混合液保留好,48 h 后重新恒温观测其旋光度,此值即 α_∞。也可将剩余的混合液置于 50～60℃(不得超过 60℃)的水浴中温热 30 min,以加速水解反应,然后冷却至实验温度,按上述操作,测其旋光度,此值即可认为是 α_∞。

需要注意,测到 30 min 后,每次测量间隔时应将钠光灯熄灭,以免因长期过热使用而损坏,但下一次测量之前提前 10 min 打开钠光灯,使光源稳定。另外,实验结束时应立刻将旋光管洗净擦干,防止酸对旋光管腐蚀。

5. 同上法(步骤 3,4)测量比室温高 10℃条件下的不同反应时间所对应的旋光度。

五、数据处理

将实验数据记录于表 4.5－1 中。

表 4.5－1　实验数据

实验温度:_____　盐酸浓度:_____　零点:_____　α_∞:_____

反应时间/min	α_t	$\alpha_t-\alpha_\infty$	$\lg(\alpha_t-\alpha_\infty)$	k

1. 以 $\lg(\alpha_t-\alpha_\infty)$ 对 t 作图,由所得直线之斜率求 k 值,由截距求 α_0。
2. 计算蔗糖水解反应的半衰期 $t_{\frac{1}{2}}$ 值。
3. 根据实验测得的 $k(T_1)$ 和 $k(T_2)$,利用阿仑尼乌斯(Arrhenius)公式计算反应的平均活化能 E_a。
4. 文献值,见表 4.5－2。

表 4.5－2　温度与盐酸浓度对蔗糖水解速率常数的影响

$c(HCl)/(mol \cdot L^{-1})$	$k \times 10^3 / min^{-1}$		
	298.2 K	308.2 K	318.2 K
0.050 2	0.416 9	1.738	6.213
0.251 2	2.255	9.355	35.86
0.413 7	4.043	17.00	60.62
0.900 0	11.16	46.76	148.8
1.214	17.455	75.97	
$E_a = 108 \text{ kJ} \cdot mol^{-1}$			

注意:(4.5－13)式可写成

$$\ln \frac{\alpha_t - \alpha_\infty}{\alpha_0 - \alpha_\infty} = -kt,$$

即有

$$\alpha_t - \alpha_\infty = (\alpha_0 - \alpha_\infty)\exp(-kt),$$

则在 $t + \Delta t$ 时

$$\alpha_{t+\Delta t} - \alpha_\infty = (\alpha_0 - \alpha_\infty)\exp[-k(t + \Delta t)],$$

上述两式相减,则有

$$\alpha_t - \alpha_{t+\Delta t} = (\alpha_0 - \alpha_\infty)[1 - \exp(-k\Delta t)]\exp[-kt],$$

$$\ln(\alpha_t - \alpha_{t+\Delta t}) = -kt + \ln\{(\alpha_0 - \alpha_\infty)[1 - \exp(-k\Delta t)]\}.$$

由于 α_0,α_∞,Δt 皆为常数,所以 $\ln(\alpha_t - \alpha_{t+\Delta t})$ 对 t 作图,由斜率可求得 k 值。采取这种方法处理数据,实验中的步骤 4 可以不做。

5. 结合计算公式,进行误差分析。

六、讨论

1. 温度对测定反应速率常数影响很大,所以严格控制反应温度是做好本实验的关键。

反应进行到后阶段,为了加快反应进程,采用 60℃ 左右的恒温,使反应进行到底。但温度不能过高,否则会产生副反应,使反应液变黄。因为蔗糖是由葡萄糖的苷羟基与果糖的苷羟基之间缩合而成的二糖,在 H^+ 离子催化下,除了苷键断裂进行转化反应外,由于高温还有脱水反应,这就会影响测量结果。

2. 本实验采用测定两个温度下的反应速率常数来计算反应活化能。如果时间许可,最好测定 5 至 7 个温度下的速率常数,用作图法求算反应活化能 E_a,更合理可靠些。

根据阿仑尼乌斯方程的积分形式:

$$\ln k = -\frac{E_a}{RT} + 常数$$

测定不同温度下的 k 值,作 $\ln k$ 对 $1/T$ 图,可得一直线,从直线斜率求算反应活化能 E_a。

七、思考题

1. 在测量蔗糖转化速率常数时,选用长的旋光管好? 还是短的旋光管好?

2. 为什么可用蒸馏水来校正旋光仪的零点?

3. 在旋光度的测量中为什么要对零点进行校正? 在本实验中,若不进行较正对结果是否有影响?

4. 为什么配制蔗糖溶液可用上皿天平称量?

5. 使用旋光仪时以三分视野消失且较暗的位置读数,能否以三分视野消失且较亮的位置读数? 哪种方法更好?

八、附录:旋光仪的构造原理及使用方法

旋光仪是研究溶液旋光性的仪器,用来测定平面偏振光通过具有旋光性物质的旋光度的大小和方向,从而定量测定旋光物质的浓度,以及确定某些有机物分子的立体结构。

1. 构造原理

一般光源发出的光,其光波在与光传播方向垂直的一切可能的方向上振动,这种光称为自然光,或称为非偏振光,而只在一个固定方向有振动的光称为偏振光。

当一束自然光投射到各向异性的晶体(例如方解石,即 $CaCO_3$ 晶体)中时,产生双折射。折射光线只在与传播方向垂直的一个可能方向上振动,因此可分解为两束互相垂直的平面偏振光,从而获得了单一的平面偏振光。

旋光仪的主要部件尼科耳棱镜就是根据这一原理设计的。如图 4.5-2 所示尼科耳棱镜是由两个方解石直角棱镜所组成。棱镜两锐角为 68° 和 22°,两棱镜直角边用加拿大树胶粘合起来(图 4.5-2 中的 AD)。当自然光 S 以一定的入射角投射到棱镜时,双折射产生的 o 光线在第一块直角棱镜与树胶交界面上全反射,为棱镜框子上涂黑的表面所吸收。双折射产生的 e 光线则透过树胶层及第二个棱镜而射出,从而在尼科耳棱镜的出射方向上获得了一束单一的平面偏振光。这个尼科耳棱镜称为起偏镜,它是被用来产生偏振光的。

目前多数应用某些晶体的二色性来制成偏振光。它是在一个薄片的表面上涂一薄层(约 0.1 mm)二色性很强的物质的细微晶体(如硫酸碘-金鸡纳霜或硫酸金鸡纳碱等),能够吸收全部寻常光线,从而得到偏振光。

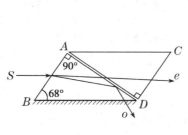

图 4.5-2

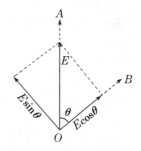

图 4.5-3

偏振光振动平面在空间轴向角度位置的测量也是借助于一块尼科耳棱镜,这里称为检偏镜,它是由偏振片固定在两保护玻璃之间,并随刻度盘同轴转动。当一束光经过起偏镜后,光沿 OA 方向振动,如图 4.5-3 所示。也就是可以允许在这一方向上振动的光通过此平面。OB 为检偏镜的透射面,只允许在这一方向上振动的光通过。两透射面的夹角为 θ。振幅为 E 的 OA 方向的平面偏振光可以分解为振幅分量分别为 $E\cos\theta$ 和 $E\sin\theta$ 的两互相垂直的平面偏振光,并且只有 $E\cos\theta$ 分量(与 OB 相重)可以透过检偏镜;而 $E\sin\theta$ 分量不能透过。当 $\theta=0°$ 时,$E\cos\theta=E$,此时透过检偏镜的光最强;当 $\theta=90°$ 时,$E\cos\theta=0$,此时没有光透过检偏镜,光最弱。如以 I 表示透过检偏镜的光强,I_0 表示透过起偏镜入射的光强,当 θ

角在 0~90°之间变化时,则有以下关系:

$$I = I_0 \cos^2 \theta 。$$

旋光仪就是通过透光强弱明暗来测定其旋光度的。在起偏镜与检偏镜之间如放置被测物质时,由于被测物质的旋光作用,使原来由起偏镜出来的偏振光转过一个角度,因而检偏镜只有也相应转过一个角度,才能使透过的光强与原来相同。

由于实际观测时肉眼对视野场明暗程度的感觉是不甚灵敏的,为了精确地确定旋转角,常采取比较的方法,即三分视场(也有二分视场)的方法。在起偏片后的中部装一狭长的石英片,其宽度约为视野的 1/3。由于石英片具有旋光性,从石英片中透过的那一部分偏振光被旋转了一个角度 φ,因为 $\angle AOB$ 为 90°,$\angle COB$ 不等于 90°,所以在镜筒中透过石英片的那部分稍暗,两旁是黑暗的,即出现三分视场,如图 4.5−4(a)所示。当 $\angle POB$ 为 90°时,因 $\cos^2 \angle AOB$ 等于 $\cos^2 \angle COB$,视野中三个区内的明暗相等,此时三分视场消失,视场均黑,如图 4.5−4(c)所示。当 $\angle POB$ 为 180°时,整个视场均匀明亮,如图 4.5−4(d)所示。人的视觉在暗视野下对明暗均匀与不均匀有较大敏感,我们在实验中采用图 4.5−4(c)的视野,而不采用图 4.5−4(d)的视野,因为这时视场显得特别明亮,不易辨别三个视场的消失。

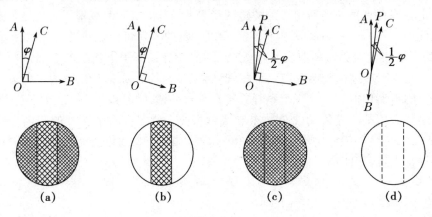

图 4.5−4

2. 仪器使用方法

仪器外形如图 4.5−5 所示。

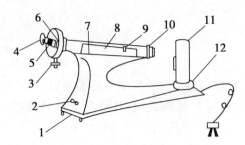

图 4.5−5   旋光仪外形图

1. 底座;2. 电源开关;3. 度盘旋转手轮;4. 放大镜盘;5. 视度调节螺旋;6. 度盘游标;

7. 镜筒;8. 镜筒盖;9. 镜盖手柄;10. 镜盖连接圈;11. 灯罩;12. 灯座

WXG−4 型小型旋光仪的使用方法如下:

(1) 将仪器接于 220 V 交流电源,开启电源开关 2,约 5 min 后钠光灯发光正常,就可开始工作。

(2) 检查仪器零点是否准确。即在仪器未放进旋光管或放进充满蒸馏水的旋光管,观察刻度盘示零度时,视场内三分视野亮度(确切讲是暗度)是否相等。如不等,说明有零点误差。应微调至视场内三分视野暗度相等,此时读出的值即为零点偏差值,应在测量读数中减去(或加上)该偏差值。

(3) 选取长度适宜的旋光管,注满待测溶液,装上橡皮圈,旋上螺帽,直至不漏水为止(螺帽不宜旋得太紧,否则护片玻璃会受应力产生一种附加偏振作用影响读数的正确性)。然后将旋光管两头残余液用镜头纸擦干,以免影响观察清晰度及测量精度。注入试液后,若有小气泡(在较高温测量时应留一小气泡),应将气泡赶至旋光管的凸处,使其不在光路上,以免影响测量精度。

(4) 读数。将装满待测液的旋光管擦干净,放入仪器的旋光管筒内,合上盖,转动度盘、检偏镜,在视场中觅得亮度(实际为暗度)一致的位置,再从度盘上读数,读数为正的为右旋物质,读数是负的为左旋物质。

采用双游标读数法可按下式求得结果

$$\alpha = \frac{A+B}{2},$$

A,B 分别为两游标窗读数值。如果 $A=B$,而且刻度盘转到任意位置都符合此等式,则说明仪器没有偏心差(一般出厂前仪器均作过校正),可以不用"对顶读数法"。

(5) 旋光角与温度有关,对大多数物质,用钠光测定时,当温度升高 1℃,旋光角约减少 0.3%。对于要求较高的测定工作,最好能在 20±2℃ 的条件下进行。

3. 使用注意事项

(1) 仪器应放在通风干燥,温度适宜的地方,注意仪器清洁,平时要用防尘罩盖好,使用前用镜头纸擦拭镜头。

(2) 仪器连续使用时间不宜超过 4 h,使用时间过长,中间应关熄 10~15 min,待钠光灯冷却后再继续使用,或用电风扇吹,减少灯管受热程度,以免亮度下降或寿命降低。

(3) 旋光管用后要及时将溶液倒出,用蒸馏水洗干净并晾干,所有镜片只能用镜头纸擦拭,不能直接用手擦。仪器金属部分切忌沾污酸碱。

(4) 使用时切勿将灯泡直接接到 220 V 电源上,一定要经过镇流器。WXG-4 型旋光仪的钠光灯镇流器安装在基座底部,毋须外接镇流器,对其他型号旋光仪,则需在了解仪器构造、性能及注意事项后,小心使用。

参考文献

1. Daniels et al.. Experimental Physical Chemistry. McGraw-Hill Book company. New York,1962
2. 东北师范大学等.物理化学实验(第二版).北京:高等教育出版社,1998
3. 复旦大学等.物理化学实验(第二版).北京:高等教育出版社,1993
4. 广西师范大学等.基础物理化学实验.桂林:广西师范大学出版社,1991

第5章　基本知识及技能

§5.1　温度的测量和控制

一、温标

温度是表征物质的冷热程度的物理量,是国际单位制(SI 制)中规定的 7 个基本量之一。温度是体系的一个强度性质。体系的许多性质,如黏度、密度、蒸气压、折光率、表面张力、化学平衡常数和化学反应速率常数等也与温度密切相关,因此温度的测量与控制至关重要。

温标是温度数值的标度方法。如摄氏温标、华氏温标等。选择不同的温度计,固定点以及将固定点规定不同的温度数值,就产生了不同的温标。摄氏温标选用玻璃水银温度计,规定在标准大气压下水的冰点（0℃）和沸点（100℃）为两个固定点,固定点间分 100 等分,每一等分为 1℃来确定。华氏温标也选用玻璃水银温度计,规定在标准大气压下水的冰点(32F)和沸点(212F)为两个固定点,固定点间分 180 等分,每等分为 1F 来确定。至于其他温度,可以用外推或内插方法求得。

摄氏温标与华氏温标统称为经验温标。经验温标有两个缺点,一是由于感温质(作为温度计的物质)与温度之间并非严格呈线性关系,所以不同温度计对于同一温度所显示温度数值往往不同;二是经验温标定义范围有限,例如玻璃水银温度计下限受到水银凝固点限制,只能达−39℃,它的上限受到水银沸点和玻璃软化点限制,一般为 600℃。因此,用不同物质做的温度计测量同一体系时,所显示的温度往往不相同。

1. 热力学温标(又称绝对温标)

鉴于上述缺点,1848 年开尔文(Kelvin)提出了热力学温标。它是建立在卡诺循环基础上,与任何待测物质性质无关。由于引入绝对零度概念,热力学温标只需要选定一个固定点就可将温度数值完全确定。热力学温标规定水的三相点的热力学温度为 273.16 K(K,开尔文,热力学温度单位,1 K 为水的三相点热力学温度的 1/273.16),热力学温度符号用 T 表示。引用热力学温标,可得理想气体状态方程 $pV = nRT$。由此方程可以看出,只需把某一固定点的绝对温度的数值选定,即可求得常数 R(因为 p,V,n 都是可以直接测量的),而其他任何温度都可由状态方程确定。此法在理论上简单明了,但实用上(用定容气体温度计实现)是困难的,其设备结构复杂,使用很不方便。

2. 国际实用温标

因用气体温度计(比如定容氢温度计)直接实现热力学温标的实际困难,1927 年第七届国际计量大会通过了国际温标(ITS-27),此种温标的设计使其尽可能等于热力学温标的对应值。该温标于 1948 年、1960 年、1968 年、1975 年、1976 年经过了多次的修订和补充。详细内容请参看有关专著。

3. 摄氏温标(℃),华氏温标(F),热力学温标(K) 三者相互关系

$$t/℃ = [9(t+32)/5]/F = (t+273.15)/K。 \qquad (5.1-1)$$

二、温度计

在选择温度计时,可根据实验要求,按不同使用目的,不同的精确度,选择合用的形式。下面将几类常用的温度计的构造和使用,分别加以介绍。

1. 水银-玻璃温度计

(1) 水银温度计性质

温度计的种类很多,实验室中最常用的是水银温度计。它基于不同温度时水银体积的变化与玻璃体积变化的差来测量温度的高低。水银温度计通常用来测量物理或化学变化的温度,如沸点,熔点,反应变化的温度等。水银温度计结构简单、使用方便、价格便宜、测量范围较广(-35~+360℃),准确度和精确度较高。这是由于水银作液体介质具有容易提纯、导热系数大、比热小、膨胀系数比较均匀、不易附着玻璃壁及毛细效应小等优点。

水银的熔点是-38.7℃,沸点 356.7℃,普通水银温度计量程为-35~+360℃。若在水银中加入 Tl,测量下限可达-60℃。若水银温度计外壳用特质硬玻璃制成,内充氖气或氩气等惰性气体,测量上限可达 750℃以上。若采用石英玻璃,并充以 $80×10^5$ Pa 的氮气,则可将测量上限提高至 800℃。

(2) 水银温度计的种类和使用范围

① 一般使用:-5~+105℃,-5~+150℃,-5~+250℃,-5~+360℃等,每格 1℃或 0.5℃。

② 供量热学使用:9~15℃,12~18℃,15~21℃,18~24℃,20~30℃等,每格 0.01℃。目前广泛应用间隔为 1℃的量热温度计,每格 0.002℃。

③ 测温差的贝克曼温度计:一种移液式的内标温度计,-20~+155℃,每格 0.01℃,可估读至 0.002℃。专用于测量温差。

④ 分段温度计:-10~+200℃,分为 24 支,每支温度范围 10℃,分格 0.1℃;另外有-40~+400℃,每隔 50℃1 支,每格 0.1℃。

⑤ 测量冰点降低使用:-0.50~+0.50℃,每格 0.01℃。

⑥ 电接点式水银温度计:又称接触温度计、水银导电表。它是可以导电的特殊温度计,可在某一温度点接通或断开,与继电器等装置配套使用对体系进行控温。但电接点式温度计作为温度的触感器,只用于粗略估计温度,体系的准确温度另由精密温度计指示。电接点式温度计控温精度通常是±0.1℃,最高可达±0.05℃。

(3) 水银温度计的校正

① 零点校正

温度计玻璃泡及毛细管容积随放置时间和环境温度而变化,温度计外部或内部压力的改变,以及温度计受热体积增大后再冷却时玻璃体积复原的滞后现象等,都会造成温度计有效体积的改变,从而使温度计零位值及其他分度值发生位移。因此,在测量前必须校正零点。校正方法是:可以把它与标准温度计进行比较,也可以用纯物质的相变点标定校正。

② 露茎校正

温度计有"全浸式"和"局浸式"两种,全浸式水银温度计如不能全部浸没在被测体系中,则因露出部分与被测体系温度不同,必然存在读数误差,必须予以校正。校正方法如图 5.1-1 所示。

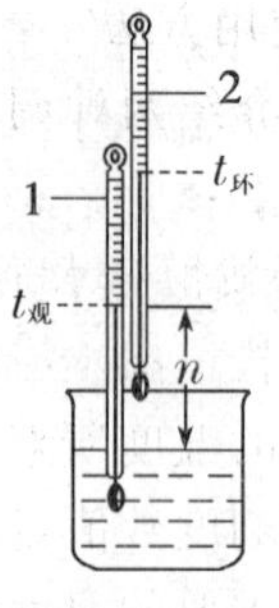

图 5.1-1　温度计露茎校正
1. 测量温度计;2. 辅助温度计

校正值计算如下

$$\Delta t_{露茎} = K \cdot n \cdot (t_{观} - t_{环}), \qquad (5.1-2)$$

式中:K 是水银对于玻璃的相对膨胀系数,用摄氏温标时,$K = 0.00016$;n 是水银柱露出待测系统外部分的度数;$t_{观}$ 为测量温度计上的读数值;$t_{环}$ 为环境温度,是露出待测系统外水银柱的有效温度(由放置在露出一半位置处的另一温度计读出)。由此可得:

$$t_{真实} = t_{观} + \Delta t_{露茎}。 \qquad (5.1-3)$$

③ 其他因素的校正

由于延迟作用、辐射作用、毛细管内径不均匀等因素也影响温度计的准确测量,关于它们的校正计算,可参阅温度测量专著。

(3) 使用注意事项

① 首先对温度计进行校正。具体参看"水银温度计的校正"。

② 读数水银柱液面刻度和眼睛应在一个水平面上,以防止视差带来的影响;有时使用带有准丝的读数望远镜,可以帮助减少读数的误差。

③ 为了防止水银在毛细管上附着,所以读数时应轻弹水银面附近的玻壁。

④ 温度计应尽可能垂直放置,以免受温度计内部水银压力不同而引起误差。

⑤ 防止骤冷、骤热,以免引起破裂和变形;防止强光等辐射直接照射水银球。

注意:水银玻璃温度计是很容易损坏的仪器,使用时应严格遵守操作规程,尽量避免不合规定的操作。例如:为了方便,以温度计代替搅棒;和搅拌器相碰;放在桌子边缘,滚落到地下;装在盖上的温度计不先取下,而用其支撑盖子;套温度计的塞孔太大或太小,使温度计滑下或折断等,都是不合规定的操作,应尽力避免。万一温度计损坏,水银洒出,应严格按"汞的安全使用"处理。

2. 贝克曼温度计

(1) 水银贝克曼温度计

① 构造和特点

贝克曼(Beckmann)温度计是一种移液式的内标温度计,其结构如图 5.1-2(a)所示。它专用于微小温差的精密测量,如量热测定、溶液凝固点下降和沸点上升温差测量等,但它不能用于温度绝对值测量。

贝克曼温度计底部水银球的水银量借助顶部水银贮槽可以调节,因而同一支贝克曼温度计可用于不同温区。它的刻度尺一般只有 0~5℃(或 0~6℃),可用于测量介质温度在 −20~+155℃ 范围内不超过 5℃(或 6℃)的温差。刻度尺的最小分度为 0.01℃,用放大镜读数时可估计至 0.002℃。

② 使用方法

这里介绍两种调节方法,第一种是恒温水浴调节法,操作步骤如下:

a. 寻找恒温水浴温度

在寻找恒温水浴温度之前,应首先估计从刻度 d(d 为实验需要的温度所对应的刻度位置)到上端毛细管一段间所相当的刻度数值,设为 $R/℃$,则恒温水浴温度为 $t+R$(t 为实验所需要的温度值)。

b. 连接水银柱

连接水银柱,方法很简单。可以直接用手捂住下面的水银球,水银柱从毛细管快速上升至顶点,并在球形出口处形成滴状(如图 5.1-2(b)),然后,将贝克曼温度计倒置,使它与贮汞槽中的水银连接。连接后的温度计,重新正置,并将其放入恒温水浴中恒温 5 min。若手温低,无法将水银柱连接,则可用较热的水浴,将水银柱连接,其他方法同上。

c. 震断水银柱

取出温度计,用右手握紧它的中部,使它垂直,用左手轻击右手腕,水银柱即可在顶点处断开。温度计从恒温浴中取出后,由于温度的差异,水银体积会迅速变化,因此这一调节步骤要求迅速、轻快,但不必慌乱,以免造成失误。

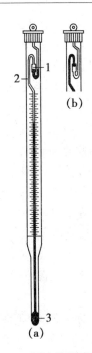

图 5.1-2　贝克曼温度计的构造
1. 水银贮槽;2. 毛细管;3. 水银球

d. 验证所调温度

将调好的温度计置于欲测体系中,若毛细管中的水银面恰好在刻度尺的要求位置,则调节成功;如不合适,应按前述步骤重新调节。调好后的贝克曼温度计放置时,应将其上端垫高,以免毛细管中的水银与贮汞槽中的水银相连接。

第二种是经验调节法,操作步骤如下:

在使用贝克曼温度计时,首先,应该将它插入一个与所测的起始温度相同的体系内。待平衡后,如果毛细管内的水银面在所要求的合适刻度附近,就不必调整,否则应按下述三个步骤进行:

a. 水银量的调节

若毛细管内的水银面在所要求的刻度之上,说明水银球内的水银量过多,在此情况下,可以用手握温度计的水银球,使水银柱从毛细管上升到顶点,形成小球,并将其震掉;若水银量过少,则同样需将水银柱连接(具体方法参看第一种方法中 b),连接后,正置温度计,利用重力作用使水银贮槽中的水银自动流入到水银球中。

b. 验证所调温度

断开水银丝后,必须验证在欲测体系的起始温度时,毛细管中的水银面是否恰好在刻度尺的合适位置(实验中所要求)。如不合适,应按前述步骤重新调节。调好后的贝克曼温度计放置时,应将其上端垫高,以免毛细管中的水银与贮汞槽中的水银相连接。

③ 读数

贝克曼温度计调好后,开始读数值时,贝克曼温度计必须垂直,而且水银球应全部浸入待测体系中。由于毛细管中的水银面上升或下降时有黏滞现象,所以读数前必须先用手指(或用橡皮套住的玻璃棒)轻敲水银面处,消除黏滞现象后用放大镜读取数值。读数时应注意眼睛要与水银面水平,而且使最靠近水银面的刻度线中部不呈弯曲现象。

注意:贝克曼温度计是较易损坏的仪器,使用时要特别小心! 但也不要因此而缩手缩脚不敢使用,只要严格地按操作规程进行操作,是不会损坏的。这里再提几点注意事项:首先检查装放贝克曼温度计的套或盒是否牢固;拿温度计走动时,要一手握住其中部,另一手护住水银球,紧靠身边;平放在实验台上时,要和台边垂直,以免滚动跌落在地上;用夹子夹时必须要垫有橡皮,不能用铁夹直接夹温度计,夹温度计时不能夹得太紧或太松;不要使温度计骤冷、骤热;使用后立即装回盒内。

(2) SWC-Ⅱ数字贝克曼温度计

① 构造和特点

a. 0.001℃的高分辨率,长期稳定性好;

b. 既可测量温度,又可测量温差。温度测量范围和温差基温范围均为 $-50 \sim +150℃$,根据需要可扩展至 199.99℃;

c. 操作简单,读数准确,并消除了汞污染,安全可靠。

数字贝克曼温度计的构造如图 5.1-3 所示。

② 使用方法

a. 操作前准备:

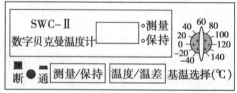

图 5.1-3 SWC-Ⅱ数字贝克曼温度计外观示意图

首先将仪器后面板的电源线接入 220 V 电网。其次检查探头编号(应与仪器后盖编号相符)并将其和后盖的"Rt"端子对应连接紧(槽口对准)。再次将探头插入被测物中,深度应大于 50 mm,打开电源开关。

b. 温度测量

首先将面板"温度"、"温差"按钮置于"温度"位置(抬起位),显示器显示数字并在末尾显示"C",表明仪器处于温度测量状态。其次将面板"测量—保持"按钮置于测量位置(抬起位)。

c. 温差测量

首先将面板"温度"、"温差"按钮置于"温差"位置(按下位),此时显示器最末位显示"·",表明仪器处于温差测量状态。其次将面板"测量"、"保持"按钮置于测量位置(抬起位)。再次按被测物的实际温度调节"基温选择",使读数的绝对值尽可能地小(实际温度可以用本仪器测量,记录数字 T_1)。

例 1 物体实际温度为 15℃,则将"基温选择"置在 20℃位置,此时显示器显示 5.000℃

左右。

最后显示器动态显示的数字即为相对于 T_1 的温度变化量 ΔT。

例 2　当 $T_1 = 5.835℃$ 时（基温位置不变），若显示器显示 $6.325℃$，则：

$$\Delta T = 6.325℃ - 5.835℃ = 0.490℃。$$

温差记录与计算和玻璃贝克曼温度计相同。

d. 保持功能的操作

当温度和温差的变化太快无法读数时，可将面板"测量"、"保持"按钮置于"保持"位置（按下位），读数完毕应转换到"测量"位置，跟踪测量。

3. 三相点瓶

图 5.1-4　三相点瓶

因为水的三相点在热力学温标中被规定为 273.16 K，所以该定点尤为重要。国际上推荐用三相点瓶的方法，其装置参见图 5.1-4。其外径大约 7.5 cm，全长 40 cm，中间是装待校温度计（如铂电阻温度计）的阱，孔的大小应使温度计能装下。如果自己吹制，瓶的内壁需经洗液彻底清洗后，用蒸馏水冲净，再用水蒸气清洗，直到凝结的水沿壁呈持续的膜流下为止。将管抽空，注入适量的蒸馏水（此蒸馏水事先应尽可能除去其中所溶解的气体），将上面侧管封住。

使用时，将瓶放到由碎冰和蒸馏水组成的冰水浴中冷却，用干冰粉填塞温度计阱，以使阱周围形成清晰的冰罩。当罩厚约 0.5 cm 时，除去干冰，在阱内放个温热的管，刚好使冰罩能自由转动（当将三相点瓶绕纵轴急转时，冰罩将绕阱壁旋转），贴近阱壁有一薄层液体。这个"内熔化"又使得蒸馏水再次净化。因为当水凝结成冰罩时，杂质远离阱壁；当冰罩部分熔解时，贴阱壁的水特别纯。此时，内部的冰罩、水层和瓶上部的水蒸气达到平衡，并且平衡出现在指定的三相点温度。为使瓶壁和阱间有很好的热接触，更好地校正温度计，在阱内注入冰水。温度计事前也应在冰水浴中预先恒温。在制备后的初期，温度计在阱中的温度可能不稳定，而 1~3 天后便趋于稳定了。三相点瓶应防止受到辐射。如果把瓶保存在冰水槽内，则温度可以恒定到 0.1 mK，达数月之久。

4. 热电偶温度计

两种金属导线构成一个闭合回路，如果连接点温度不同，回路中将产生一个与二联结点温度差有关的电势，称为温差电势或热电势。这样的一对金属导线的组合称为热电偶温度计，简称热电偶。

几种常用的热电偶温度计的适用范围及其室温下温差电势的温度系数（dE/dT）列于表 5.1-1 中。

表 5.1-1　常用热电偶温度计的适用范围及室温下温差电势的温度系数（dE/dT）

类型*	适用温度的范围（℃）	可以短时间使用的温度（℃）	dE/dT（mV/℃）
铜-康铜	0~350	600	0.042 8
铁-康铜	200~750	1 000	0.054 0
镍铬-镍铝	200~1 200	1 350	0.041 0
铂-铂铑合金	0~1 450	1 700	0.006 4

* 表中几种合金的化学成分为：康铜（Constantan）- Cu 60%，Ni 40%；　镍铬合金（Chromel）- Ni 90%，Cr 10%；

镍铝合金（Alumel）- Ni 95%，Al 2%，Si 1%，Mg 2%；　铂铑合金- Pt 90%，Rh 10%。

上述热电偶在不同温度下的热电动势数值列于表 5.1 - 2 中。

表 5.1 - 2　热电偶在不同温度下的热电动势数值

热端温度(℃)	当冷端温度为 0℃时,热电偶的热电势(mV)			
	铂-铂铑	镍铬-镍铝	铁-康铜	铜-康铜
0	0	0	0	0
100	0.64	4.10	5.40	4.28
200	1.42	8.13	10.99	9.29
300	2.31	12.21	16.56	14.86
400	3.24	16.39	22.07	20.87
500	4.21	20.64	27.58	
600	5.22	24.90	33.27	
700	6.25	29.14	39.30	
800	7.32	33.29	45.72	
900	8.34	37.33	52.29	
1 000	9.57	41.27	58.22	
1 100	10.74	45.10		
1 200	11.95	48.81		
1 300	13.15	52.37		
1 400	14.37			
1 500	15.55			
1 600	16.76			

这些热电偶温度计的制作中,铜和康铜熔点较低,可蘸以松香或其他非腐蚀性的焊药在煤气焰中熔接。但其他的几种热电偶温度计则需要在氧焰或电弧中熔接。焊接时,先将两根金属线末端的一小部分拧在一起,在煤气灯上加热至 200～300℃,沾上硼砂粉末,然后让硼砂在两金属丝上熔成一硼砂球,以保护热电偶丝免受氧化,再利用氧焰或电弧使两金属熔接在一起。热电偶温度计包含两条焊接起来的不同金属的导线,在低温时,两条线可以用绝缘漆隔离,在高温时,则要用石英管、磁管或玻璃管隔离,视使用温度不同而异。

应用时一般将热电偶的一个接点放在待测物体中(热端),而另一接点则放在储有冰水的保温瓶中(冷端),这样可以保持冷端的温度稳定。有时为了使温差电势增大,增加测量精确度,可将几个热电偶串联成为热电堆使用。热电堆的温差电势,等于各个电偶热电势之和,如图 5.1 - 5 所示。

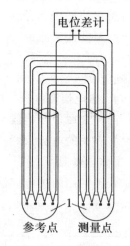

图 5.1 - 5　热电堆示意图
1. 硅油

温差电势可以用电位计、毫伏计或数字电压表测量。精密的测量可使用灵敏检流计或灵敏电位计测量。

5. 电阻温度计

电阻温度计的测温原理是利用金属或半导体的电阻随温度变化的特性。金属丝的电阻具有正的温度系数,测温范围宽、复现性好。半导体的电阻具有负的温度系数,灵敏度高,但复现性较差,测温范围较窄。并且,电阻温度计的低温特性比热电偶好,通常用于低温范围的温度测量。

在现有的各种纯金属中,铂、铜和镍是制造电阻温度计的最合适的材料。其中,铂容易提纯,并且性能稳定,且具有很高重复性的电阻温度系数,所以,铂电阻与专用精密电桥或电位计组成的铂电阻温度计有着极高的精确度。实用的铂电阻温度计通常有两种规格:铂热电阻温度计和铜热电阻温度计,其主要技术数据及商品型的电阻温度计的规格、型号,见表 5.1－3。

表 5.1－3 电阻温度计的主要温度数据

热电阻种类	型号	分度号	0℃时电阻值 R_0 及其允差(Ω)	电阻比 W_{100}[①] 及其允差	长期使用温度(℃)	分度表的允差 Δt(℃)		
铂热电阻	WZB	B_{A1}	46 ± 0.046	1.391 ± 0.001	$-200\sim$ $+500$		$-200\sim0$	$0\sim+500$
		B_{A2}	100 ± 0.1				$\pm(0.3+6\times10^{-3}\mid t\mid$[②]$)$	$\pm(0.3+4.5\times10^{-3}\mid t\mid$[②]$)$
铜热电阻	WZG	G	53 ± 0.053	1.425 ± 0.002	$-50\sim$ $+150$	$\pm(0.3+6\times10^{-3}\mid t\mid$[②]$)$		

① 电阻比 W_{100} 为 100℃时的电阻值 R_{100} 与 0℃时的电阻值 R_0 之比,即 $W_{100}=R_{100}/R_0$。

② $\mid t\mid$ 为被测温度的绝对值。

6. 辐射高温计

辐射法测温原理是:当辐射物体接近于热力学平衡时,通过分析物体的辐射能量确定物体的温度。辐射法测温分为两大类:光谱测温和辐射测温。光谱测温用于非光密物质,热力学温度从三千到十万开的温度范围,测定气体或等离子辐射谱线,根据谱线强度和宽度确定体系温度。这种方法往往是测量极端温度的唯一可行的方法。辐射法测温用于光密物质。它分为光学测温法、全辐射测温法及多色多波长式比色高温测温法三种。其中光学测温法最准确、最重要。在 1 064℃ 以上用光学测温法定义国际实用温标。全辐射测温法广泛用于工业测温。比色高温测温法还没有得到广泛应用。

三、温度的控制

恒温控制的原理可分为两类:一类是利用物质的相平衡温度来获得恒温条件的,这就是相变点恒温介质浴。达到恒温的最简单方法是维持纯物质两相间或二组分体系三相间的平衡(在恒压下)。这个方法的最大缺点是不能得到所需的任意温度,除非采用复杂的压力稳定器使液-气体系维持任意沸腾的压力。虽然用这个方法要很长时间维持,温度控制常常是很困难的,但其优点也很多,经济、操作简便、极好的温度稳定性、能高精度地控制浴槽的绝对温度。另一类是利用电子调节系统对加热器、制冷器的工作状态进行自动调整,使被控对象处于某恒定温度下。恒温槽则属后者。下面介绍几种常用的控温方式及其用途。

1. 液氮浴

正常沸点下(77.3 K,－195.8℃)的液氮提供一种很方便的低温浴。因为溶解在液氮中的氧将使浴温升高,所以杜瓦瓶的口要用玻璃丝或棉花松弛地塞住,以阻止大气中的氧缓慢凝聚。根据氮的蒸气压等于大气压的假设可计算液氮浴的温度。

2. 冰浴

0℃时的冰-水平衡可维持一个很好的恒温浴。冰应洗净,必须使用蒸馏水。为了避免杜瓦瓶底部的 4℃的水(密度最大)和 0℃的浮冰液体表面之间的热梯度,必须进行搅拌。当该浴用作热电偶的参考点时,梯度会因用冰装满杜瓦瓶和只加入少量蒸馏水而消除;在液体上的冰的重量将迫使冰下沉到杜瓦瓶的底部。

3. 硫酸钠浴

通过在热水浴中缓慢加热,可把纯的十水硫酸钠分解为一水合硫酸钠和饱和水溶液的混合物,这时温度(用水银温度计指示)升至 32.4℃以上。然后把另外的十水硫酸钠搅入,并把容器隔热(或把混合物转移到杜瓦瓶),只要两个固相和一个液相处于平衡状态,混合物将维持 32.28℃的温度。

4. SWQ 智能数字恒温控制器

(1) 构造和特点

① 采用数字信号处理技术,利用微处理器对温度传感器的信号进行线形补偿,具有 Watch Dog 功能,测量准确可靠。

② 测量、控制数据双显示,带回差调节和温度线形补偿,键入式温度设定,操作方便。SWQ 智能数字恒温控制器的构造如图 5.1－6 所示。

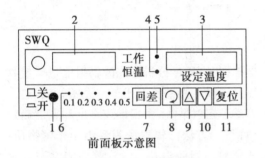
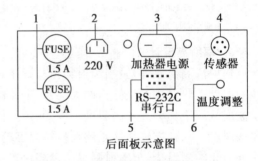

前面板示意图　　　　　　　　　　　后面板示意图

1. 电源开关;2. 显示窗口;3. 设定温度显示窗口;　　　1. 保险丝;2. 电源插座;3. 加热器电源插座;
4,5. 恒温、工作指示灯;6. 回差指示灯;7. 回差键;　　　4. 传感器插座;5. 串行口;6. 温度调整
8,9,10. 三键配合设定所需温度;11. 复位键

图 5.1－6　SWQ 智能数字恒温控制器外观示意图

(2) 使用方法

① 将传感器、加热器分别与后盖板的"传感器插座""加热器电源插座"对应连接。

② 将 220 V 交流电源接入后盖板上的电源插座。

③ 按技术要求的插入深度,将传感器插入被测物中。

④ 打开电源开关,显示初始状态,如"恒温"指示灯亮,回差处于 0.5。

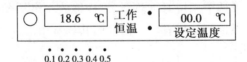

⑤ 按"回差"键,回差将依次显示为 0.5,0.4,0.3,0.2,0.1,选择所需的回差值即可。

⑥ 设置控制温度:按 ⟳ △ ▽ 各键,依次调整"设定温度"的数值至所需温度值。设置

完毕转换到工作状态("工作"指示灯亮)。

仪器工作状态:	
当介质温度≤设定温度−回差	加热器处于加热状态
当介质温度≥设定温度	加热器停止加热

⑦ 系统温度达到"设定温度"值时,工作指示灯自动转换到"恒温"状态。

⑧按下"复位"键,仪器返回开机时的初始状态,此时可重复进行步骤 5 和步骤 6 的操作。

5. 恒温槽

恒温槽是一种可调节的恒温装置。根据需要的恒温程度,可以利用不同规格的恒温槽。根据所恒定温度的不同,可以选取不同的工作物质:一般在 0~100℃,多采用水浴,为了避免水分蒸发,50℃以上的恒温水浴常在水面加上一层石蜡油;超过 100℃的恒温槽往往采用液体石蜡、甘油或豆油代替水;至于高温恒温槽则可用沙浴、盐浴、金属浴或空气恒温槽。

参考文献

1. 复旦大学等. 物理化学实验. 北京:高等教育出版社,1993
2. 〔美〕戴维·P·休梅尔,卡尔·W·加兰,杰弗里·I·斯坦菲尔德,约瑟夫·W·尼布勒. 物理化学实验(第四版). 俞鼎琼,廖代伟译. 北京:化学工业出版社,1990
3. R.E.贝德福得,T.M道芬里等. 温度测量. 北京:计量出版社,1985
4. 北京大学化学系物理化学教研室. 物理化学实验(第三版). 北京:北京大学出版社,1995
5. 南开大学化学系物理化学教研室. 物理化学实验. 天津:南开大学出版社,1991

§5.2 气体压强的测量

一、液柱式压力计及其校正

1. U 形液柱式压力计的测量原理及使用方法

液柱式压力计是在物理化学实验中用得最多的压力计,它结构简单,易制作,使用方便,能测量微小的压强差,测量准确度较高,其示值与工作液密度 ρ、温度和重力加速度 g 有关。但测量范围不大,通常稍低于或高于大气压强,且结构不牢固,耐压程度较差。现以用得较多的 U 形液柱式压力计来讨论测量原理。

U 形液柱式压力计如图 5.2−1 所示。U 形管的一端与待测系统相连,另一端与已知压强的基准系统(常以大气压为基准)相连,管内下部装有适量工作液为指示液。U 形管后面是垂直紧靠的刻度标尺。所测得的液柱高度差是待测系统压强 p_1 与基准压强 p_2 间的压差。计算待测系统压强的关系式为:

图 5.2−1 U 形压力计

$$p_1 = p_2 + \Delta h \rho g, \tag{5.2−1}$$

式中:Δh 为液柱差(mm);ρ 为工作液密度(g·cm^{-3});g 为重力加速度(m·s^{-2})。

U 形液柱差压计可用于测量:① 两气体压强差;② 气体的表压,p_1 为测量气压,p_2 为大气压;③ 气体的绝对压强,令 p_2 为真空,p_1 所表示即绝对压强;④ 气体的真空度,p_1 通大气,p_2 为负压,可测其真空度。

工作液的选择一般应符合下述要求:① 不与被测体系的物质发生化学作用,也不互溶;② 饱和蒸气压较低;③ 体积膨胀系数较小;④ 表面张力变化不大。常用工作液见表 5.2 - 1。

表 5.2 - 1　常用工作液性质

名　　称	$d^{20℃}$ (g/cm^3)	温度近于 20℃时的体积膨胀系数 $\alpha(1/℃)$	名　　称	$d^{20℃}$ (g/cm^3)	温度近于 20℃时的体积膨胀系数 $\alpha(1/℃)$
汞	13.547	0.000 18	四氯化碳	1.594	0.001 91
水	0.998	0.000 21	甲　苯	0.864	0.001 1
变压器油	0.86		煤　油	0.8	0.000 95
乙　醇	0.79	0.001 1	甘　油	1.257	
溴乙烷	2.149	0.000 22			

从上表可见汞的各种性质均符合工作液各项要求,因此汞的应用最为普遍,但由于它的毒性及密度较大,测量灵敏度较低,有时采用其他低密度的液体作工作液。

若被测物质与工作液会发生反应,或工作液饱和蒸气压过高时,可在工作液上加少量隔离液。常用石蜡油、甘油、水、煤油等作隔离液。

2. U 形液柱压力计的校正

由于工作液的密度 ρ、刻度尺的长度均随温度变化。因此 U 形液柱压力计的读数需进行温度校正,即对工作液的体积膨胀系数和刻度尺的线膨胀系数加以校正,使在不同条件下测得的压强读数处于相同基准下进行比较。校正公式为:

$$\Delta h = \Delta h_t [1 - (\alpha - \beta) t / (1 + \alpha t)], \qquad (5.2 - 2)$$

式中:Δh 为经温度校正后的液柱差(校正到 0℃时的值);Δh_t 为 t℃时观测的液柱差;t 为测量时的温度(℃);α 为工作液的体积膨胀系数;β 为刻度尺的线膨胀系数(对木质标尺线膨胀系数的数量级为 10^{-5} K^{-1},可忽略不计)。

对精密测量还需进行液面升高读数校正(由于毛细现象,使标尺读出压强比实际压强略高)、纬度和海拔高度校正。详细内容请查阅专著。

压强单位最后应换算为 Pa(1 mmHg = 1.333×10^2 Pa)。

二、单管式和斜管式液柱压力计

1. 单管式液柱压力计

单管式液柱压力计(如图 5.2 - 2)与 U 形压力计不同之处是一侧支管为大直径的杯形容器。其工作原理与 U 形差压计相同。只是左边容器直径 D_1 远远大于右管直径 $D_2(D_1 \gg D_2)$,且 $p_1 \gg p_2$,与测压系统接通后,左边液面下降 Δh_1 远远小于右边液面上升高度 Δh_2,因为

$$\pi^2 D_1 \Delta h_1 / 4 = \pi D_2^2 \Delta h_2 / 4,$$

所以　　　　　　　　$\Delta h_1 = D_2^2 \Delta h_2 / D_1^2,$

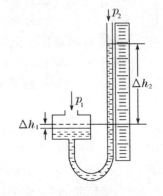

图 5.2 - 2　单管式压力计示意图

由式 $\qquad p_1 = p_2 + \Delta h \rho g = p_2 + \Delta h_2 \rho g + \Delta h_1 \rho g,$

得 $\qquad p_1 - p_2 = \Delta h_2 \rho g \left(1 + D_2^2/D_1^2\right),$

因为 $\qquad D_1 \gg D_2,$

所以 $\qquad p_1 - p_2 \approx \Delta h_2 \rho g.$ $\hfill (5.2-3)$

故只需记下 Δh_2（可忽略 Δh_1），不仅只需一次读数，且读数绝对误差比 U 形差压计减少约一半。

2. 斜管式压力计（如图 5.2-3 所示）

将单管式压力计的单管斜放，其与水平夹角为 α，则 $\Delta h_2 = \Delta h_2' \sin\alpha$。

当 α 减小时，测量精度可提高，可测出达 0.1 mm 水柱的微小压差，但测量范围小，仅为 15~150 mm 液柱。

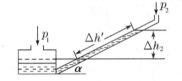

图 5.2-3 斜管式压力计示意图

三、气压计

测定大气压强的仪器称为气压计。气压计的式样很多，一般实验室最常用的是福廷(Fortin)式气压计和 DP-A 精密数字压力计。

1. 福廷式气压计

（1）构造

福廷式气压计形状如图 5.2-4。气压计的外部是一黄铜管，管的顶端是悬环，内部是装有水银的玻璃管，密封的一头向上，玻璃管上部是真空，玻璃管下端插在水银槽内。水银部分用一块羚羊皮紧紧包住（皮的外缘连在棕榈木的套管上），经过棕榈木的套管固定在槽盖上，空气可以从皮孔出入，而水银不会溢出。黄铜管外的上部刻有标尺并开有长方形小窗，用来观看水银柱的高低，窗前有一游标尺 1，转动游标尺调节螺旋 4 可使游标尺上下移动。水银槽底部是一羚羊皮袋 8，下端由调节螺旋 10 支撑，转动调节螺旋可调节槽内水银面的高低；水银槽的上部是玻璃壁，顶盖上有一倒置的零点象牙针 6，针尖是标尺的零点。

（2）使用方法

气压计必须垂直悬挂（实验室已固定好，使用时不必再调）。

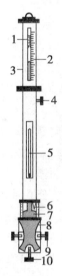

图 5.2-4 福廷式气压计结构示意图
1. 游标尺；2. 黄铜标尺；3. 黄铜管；4. 游标尺调节螺旋；5. 温度计；6. 零点象牙针；7. 汞槽；8. 羚羊皮袋；9. 固定螺旋；10. 调节螺旋

① 旋转底部调节螺旋 10，使水银面缓慢上升至象牙针尖 6 与其刚好相接为止。

② 用手指轻击黄铜外管的上部，使水银柱的弯月面良好。

③ 转动游标尺调节螺旋 4，使之升起比水银面稍高，然后缓慢地往下调，直到游标底边与游标后边金属片的底边同时和水银柱弯月面顶点相切。

④ 按照游标下缘零线所对标尺上的刻度，读出气压的整数部分；小数部分用游标来决定，从游标上找出一根与标尺上某一刻度相吻合的刻度线，它的刻度就是最后一位小数的读

数。记录四位有效数字。注意:读数时视线应与水银凸形弯月面顶点切线处相平。

⑤ 读取附属温度计的温度示值,准确到 0.1℃。记下气压计的仪器误差,然后进行其他校正。

⑥ 观测结束后,应将槽部水银下降使离开象牙针尖 2～3 毫米。

注意:在旋转调节螺旋 10 使槽内水银上升或下降时,水银柱弯月面凸出程度差异很大,会直接影响读数的准确性。所以旋转底部调节螺旋后,要用手指轻击黄铜外管的上部,使水银柱的弯月面良好。

(3) 误差校正

在物理学,或标准大气参数中规定,在纬度为 45°海平面处,当温度为 0℃时,重力加速度为 9.806 65 m/s²,水银密度为 13 595.1 kg/m³ 时,760 mmHg 所产生的压强为 101 325 Pa,此压强习惯上称为一标准大气压(或物理大气压)。因此,从气压计上直接读出的数值必须经过仪器误差、湿度、海拔高度、纬度等的校正后,才能得到正确的数值。

① 仪器误差

由于仪器本身的不精确而造成读数上的误差称为"仪器误差"。仪器出厂时都附有仪器误差的校正卡片,气压的观测值应首先加以此项校正。

② 温度的校正

温度改变,水银密度改变,会影响读数。同时管本身的热胀冷缩,也要影响刻度。由于水银柱膨胀系数值较铜管刻度的膨胀系数值大,所以温度高于 0℃,气压值应减去温度的校正值;反之,温度低于 0℃时要加上温度的校正值。

一般的铜管是黄铜做的,气压计的温度校正值可用下式计算:

$$p_0 = (1+\beta t) p / (1+\omega t) = p - p (\omega t - \beta t)/(1+\omega t), \tag{5.2-4}$$

式中:p 是气压计读数;p_0 是将读数校正到 0℃后的数值;t 是气压计的温度(℃);$\omega = 0.000\ 181\ 8$,是水银在 0～35℃之间的平均体膨胀系数;$\beta = 0.000\ 018\ 4$,是黄铜的线膨胀系数。

根据此式计算得到的 $[p(\omega t - \beta t)/(1+\omega t)]$ 值列于表 5.2 - 2 中(若室温低于 15℃或高于 34℃,则请按公式计算出修正值)。

③ 重力校正

重力加速度随海拔高度 h 和纬度 i 而改变,即气压计的读数受 h 和 i 的影响。经温度校正后的数值再乘以 $(1 - 2.6 \times 10^{-3} \cos 2i - 3.1 \times 10^{-7} h)$ 作纬度和海拔高度校正。

表 5.2 - 2　大气压强计读数的温度校正值

$t/℃$	压强观测值 p/kPa					压强观测值 p/mmHg				
	96	98	100	101.325	103	740	750	760	770	780
15	0.235	0.240	0.244	0.248	0.252	1.81	1.83	1.86	1.88	1.91
16	0.250	0.255	0.261	0.264	0.268	1.93	1.96	1.98	2.01	2.03
17	0.266	0.271	0.277	0.281	0.285	2.05	2.08	2.10	2.13	2.16
18	0.281	0.287	0.293	0.297	0.302	2.17	2.20	2.23	2.26	2.29
19	0.297	0.303	0.309	0.313	0.319	2.29	2.32	2.35	2.38	2.41
20	0.313	0.319	0.326	0.330	0.335	2.41	2.44	2.47	2.51	2.54
21	0.328	0.335	0.342	0.346	0.352	2.53	2.56	2.60	2.63	2.67

续　表

$t/\text{℃}$	压强观测值 p/kPa					压强观测值 p/mmHg				
	96	98	100	101.325	103	740	750	760	770	780
22	0.344	0.351	0.358	0.363	0.369	2.65	2.69	2.72	2.76	2.79
23	0.359	0.367	0.374	0.379	0.385	2.77	2.81	2.84	2.88	2.92
24	0.375	0.383	0.390	0.396	0.402	2.89	2.93	2.97	3.01	3.05
25	0.390	0.399	0.407	0.412	0.419	3.01	3.05	3.09	3.13	3.17
26	0.406	0.414	0.423	0.428	0.436	3.13	3.17	3.21	3.26	3.30
27	0.421	0.430	0.439	0.445	0.452	3.25	3.29	3.34	3.38	3.42
28	0.437	0.446	0.455	0.461	0.469	3.37	3.41	3.46	3.51	3.55
29	0.453	0.462	0.471	0.478	0.486	3.49	3.54	3.58	3.63	3.68
30	0.468	0.478	0.488	0.494	0.502	3.61	3.66	3.71	3.75	3.80
31	0.484	0.494	0.504	0.510	0.519	3.73	3.78	3.83	3.88	3.93
32	0.499	0.510	0.520	0.527	0.526	3.85	3.90	3.95	4.00	4.06
33	0.515	0.525	0.536	0.543	0.552	3.97	4.02	4.07	4.13	4.18
34	0.530	0.541	0.552	0.560	0.569	4.09	4.14	4.20	4.25	4.31

纬度高于45°的地方应加上校正值;低于45°的地方则应减去校正值。

④ 其他校正项

如水银蒸气压的校正,毛细管效应的校正等,因引起的误差较小,一般可不考虑。

2. DP-A 精密数字压力计

(1) 构造和特点

DP-A 精密数字压力计的构造如图 5.2-5 所示。

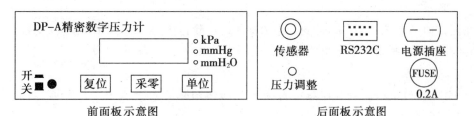

图 5.2-5　DP-A 精密数字压力计的构造示意图

① DP-A 精密数字压力计系列采用先进技术与进口元器件精心设计,精心制作,故长期稳定性良好。

② 采用 CPU 对压力传感器进行非线性补偿和零位自动校正,保证了仪表较高的准确度。

③ 操作简单,显示直观、清晰。

④ 彻底消除了 U 形水银压力计的汞污染。

(2) 使用方法

① 准备工作

a. 该机压力传感器和二次仪表为一体,用 $\phi 4.5 \sim 6$ mm 内径的真空橡胶管将仪表后盖板的压力传感器接口与被测系统连接。

注意:DP - AG 无需连接,直接测量大气压。

b. 将仪表后盖板的电源插座与 220 V 交流电源连接。

c. 打开电源开关,此时仪表处于初始状态,预热 2 min。

② 操作步骤

a. 预压及气密性检查

缓慢加压至满量程,观察数字压力表显示值变化情况,若 1 min 内显示值稳定,说明传感器及检测系统无泄漏。确认无泄漏后,泄压至零,并在全量程反复预压 2~3 次,方可正式测试。

b. 采零

泄压至零,使压力传感器通大气,按一下"采零"键,以消除仪表系统的零点漂移,此时 LED 显示"0000"。

注意:尽管仪表作了精细的零点补偿,但因传感器本身固有的漂移(如时漂)是无法处理的,因此,每次测试前都必须进行采零操作,以保证所测压强值的准确度。

c. 测试

仪表采零后接通被测系统,此时仪表显示被测系统的压强值。

d. 关机

先将被测系统泄压后,再关掉电源开关。

(3) 按键说明

① "单位"键

接通电源,初始状态 kPa 指示灯亮,LED 显示以 kPa 为计量单位的压强值;按一下"单位"键 mmH_2O 或 mmHg 指示灯亮,LED 显示以 mmH_2O 或 mmHg 为计量单位的压强值。

② "采零"键

在测试前必须按一下"采零"键,使仪表自动扣除传感器零压强值(零点漂移),LED 显示为"0000",保证测试时显示值为被测介质的实际压强值。

③ "复位"键

按下此键,可重新启动 CPU,仪表即可返回初始状态。一般用于死机时,在正常测试中,不应按此键。

参考文献

1. 北京大学化学系物理化学教研室. 物理化学实验(第三版). 北京：北京大学出版社,1995
2. 南开大学化学系物理化学教研室. 物理化学实验. 天津：南开大学出版社,1991

§5.3   真空技术

真空是指压强小于 101 325 Pa(1 标准大气压)的气态空间。真空状态下气体的稀薄程度习惯上称作真空度。不同的真空状态意味着该空间具有不同的分子密度,比如标准状态下,每立方厘米气态物质有 2.687×10^{19} 个分子;若真空度为 10^{-13} Pa 时,则每立方厘米约有

30 个分子。不同的真空状态,提供了不同的应用环境。

根据真空的应用、真空的物理特点、常用的真空泵以及真空泵的使用范围等,可以将真空区域划分为:

$$1.013\,25\times10^{5}\sim1.33\times10^{3}\ \mathrm{Pa} \qquad 粗真空$$

$$1.33\times10^{3}\sim1.33\times10^{-1}\ \mathrm{Pa} \qquad 低真空$$

$$1.33\times10^{-1}\sim1.33\times10^{-6}\ \mathrm{Pa} \qquad 高真空$$

$$1.33\times10^{-6}\sim1.33\times10^{-10}\ \mathrm{Pa} \qquad 超高真空$$

$$<1.33\times10^{-14}\ \mathrm{Pa} \qquad 极高真空$$

真空技术,一般包括真空的获得、测量、检漏,以及系统的设计与计算等。它早已发展成为一门独立的科学技术,广泛应用于科学研究、工业生产的各个领域中,以达到各种特定的目的。

一、真空的获得

为了获得真空,就必须设法将气体分子从容器中抽出。凡是能从容器中抽出气体、使气体压力降低的装置,均可称为真空泵。如水流泵、机械泵、油泵、扩散泵、吸附泵、钛泵、冷凝泵等。它们应用的范围一般为:水流泵($2\ \mathrm{k}\sim101\ \mathrm{kPa}$),机械泵($10\sim101\ \mathrm{kPa}$),油扩散泵($10^{-5}\sim10\ \mathrm{Pa}$),分子筛吸附泵($1\sim101\ \mathrm{Pa}$),钛泵($10^{-8}\sim1\ \mathrm{Pa}$)。一般实验室用得最多的是水流泵、旋片机械真空泵和扩散泵。

1. 水流泵

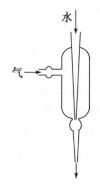

水流泵应用的是伯努利原理,水经过收缩的喷口以高速喷出,其周围区域的压力较低,由系统中进入的气体分子便被高速喷出的水流带走,水流泵的构造如图 5.3-1 所示。水流泵所能达到的极限真空度受水本身的蒸气压限制。水流泵在 15℃时的极限真空度为 1.71 kPa,20℃时为 2.34 kPa,25℃时为 3.17 kPa。尽管其效率较低,但由于简便,实验室中在抽滤或其他粗真空度要求时经常使用。

图 5.3-1　水流泵

2. 旋片机械真空泵

(1) 工作原理

图 5.3-2 示出单级旋片式真空泵工作原理。这种泵有一个青铜或钢制的圆筒形定子,定子里面有一个偏心的钢制实心圆柱作为转子。转子以自己的中心轴旋转。两个小刮板 A 及 B 横嵌在转子圆柱体的直径上,被夹在它们中间的一根弹簧所压紧。因此 A 及 B 将转子和定子之间的空间分隔成三部分。在图 5.3-2(a) 的位置时,当刮板 A 通过进气口时,真空系统和被定子、顶部密封接触线、转子及刮板 A 所限定的空间相连通,此空间的体积随着刮板 A 作圆周扫动而增大,系统压力降低。这样的过程继续到刮板 B 通过进气口(图 5.3-2(b)),被抽入的气体被隔在两个刮板之间,转子继续转动,被隔气体绕定子转动,直到刮板 A 转至顶部密封接触线位置时(图 5.3-2(c)),气体封在刮板 B 与顶部密封线之间,转子继续转动,气体被压缩,直到压力大到可以打开气阀,气体便被排出泵外(图 5.3-2(d))。

整个机件放置于盛油的箱中,箱中所盛的油是精制的真空泵油,这种油具有很低的蒸气压。机件浸没于油中,以油为润滑剂,同时有密封和冷却机件的作用。

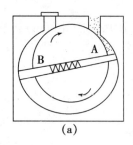 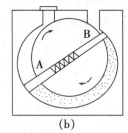 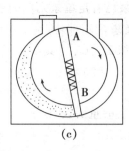 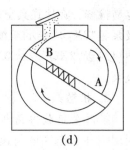

(a)　　　　　　　　(b)　　　　　　　　(c)　　　　　　　　(d)

图 5.3-2　单级旋片泵工作原理图

　　这种普通转动泵,对于抽去永久性气体是很好的。但如果要抽走水汽或其他可凝性蒸气,则将产生很大的困难。原因是在泵转动时,泵内将产生很大的压缩比,为了要得到较高的抽速和较好的极限真空,这种压缩比将达到数百比一。在这种情况下蒸气将大部分被压缩为液体,然后抽入油内。这种液体无法从泵内逸出,结果变成很多微小的颗粒随着机油在泵内循环,蒸发到真空系统内去,大大降低了泵在纯油时能达到的抽空性能,使极限真空变坏,而且还破坏了油在泵内固有的密封性能和润滑效果。这种蒸气还会使泵的内壁生锈。

　　为了解决上述问题,一般是采取气镇式真空泵。气镇式真空泵是在普通转动泵的定子上适当的地方开一个小孔(如图 5.3-3),目的是使大气在转子转动至某个位置时抽入部分空气,使空气-蒸气的压缩比变成 10∶1 以下。这样就使大部分蒸气并不凝结而被驱出,解决普通机械真空泵存在的问题。

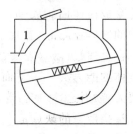

图 5.3-3　气镇泵工作原理图
1. 连有气镇阀

　　(2)根据油泵的构造和特征,在使用时必须注意:

　　① 油泵不能用来直接抽出可凝性的蒸气,如水蒸气、挥发性液体(例如乙醚和苯)等。如果在应用到这些场合时,必须在油泵的进气口前接吸收塔或冷阱。例如:用氯化钙或五氧化二磷吸收水汽,用石蜡油或吸收油吸收烃蒸气,用活性炭或硅胶吸收其他蒸气。常用的玻璃冷阱的构造如图 5.3-4所示。冷阱用的致冷剂通常为固体二氧化碳(干冰,-78℃)及液体氮气(-196℃)。

　　② 油泵不能用来抽含有腐蚀性物质的气体。例如:氯化氢、氯或氧化氮等。因为这些气体将迅速侵蚀油泵中精密机件的表面,使真空泵不能正常工作。若真空泵使用于这类场合时,这些气体应当首先经过固体苛性钠吸收塔。

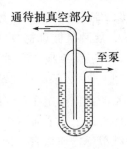

图 5.3-4　冷阱

　　③ 油泵由电动机带动,使用时应先注意马达的电压。运转时电动机的温度不能超过规定温度(一般为 65℃)。在正常运转时,不应当有摩擦、金属撞击等异声。对三相电机还要注意启动时的运转方向。

　　④ 停止油泵运转前,应使泵与大气相通,以免泵油冲入系统。为此,在连接系统装置时,应当在油泵的进口处连接一个通大气的玻璃活塞。

　　(3)油泵种类

　　目前,国产油泵分定片式、旋片式和滑阀式三种。定片式真空泵抽速较小,但结构简单容易检修。旋片式真空泵已有定型系列产品(2X 型,2XQ 型)可以单独使用,也可以作为前级泵。"2X,2"表示双级泵,"X"表示旋片式,在 2X 后的数字表示泵的抽气速率(L·s^{-1},升/秒)。"2XQ"表示双级旋片式气镇真空泵系列。滑阀式真空泵(2H 系列),多数用作前级泵。

3. 扩散泵

扩散泵是获得高真空的重要设备。其工作原理是利用一种工作气体高速从喷口处喷出时,在喷口处形成低压,对周围气体产生抽吸作用而将气体带走。这种工作气体在常温时应是液体,通过水冷却就能把它冷凝下来,并具有极低的蒸气压;沸点不能太高,用小功率电炉加热即能沸腾汽化。过去常用汞作为工作气体,但因汞有毒,现在通常采用高分子量的硅油。图5.3-5 是油扩散泵的工作示意图,硅油被电炉加热沸腾、汽化后通过中心导管从顶部的二级喷口处喷出,在喷口处形成低压,将周围气体带走。同时硅油蒸气即被冷凝成液体回到底部,循环使用。被夹带在硅油蒸气中的气体在底部富集起来,随即被机械泵抽走。

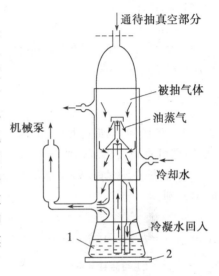

图 5.3-5　扩散泵工作原理图
1. 硅油;2.电炉

在上述过程中,硅油蒸气起着一种抽运作用,其抽运气体的能力决定于下面三个因素:硅油本身的分子量要大,喷射速度要高,喷口级数要多。

油扩散泵的缺点是不能独立工作,必须用机械泵作为前级,将其抽出的气体抽走。其所用的硅油易被气体氧化,所以必须用前级泵先将整个系统抽至低真空后,才能加热硅油。硅油不能承受高温,否则会裂解,其蒸气压虽然极低,但仍会蒸发一定数量的油分子进入真空系统,玷污被研究对象。

二、真空的测量

习惯用的真空测量单位是毛(Torr),在 0℃、标准重力加速度(980.665 cm·s^{-2})下:
$$1 \text{毛} = 1/760 \text{ 标准大气压},$$
即 1 毛等于 1 mm 汞柱作用于 1 cm^2 面积上的力。压力的 SI 单位是帕斯卡(Pa):
$$1 \text{帕} = 1 \text{牛顿/平方米} = 7.500\ 6 \times 10^{-3} \text{毛},$$
$$1 \text{标准大气压} = 101\ 325 \text{帕}。$$

测量低压下气体压强的仪器通常称为真空规。下面简要介绍一下麦氏规、热偶规和电离规。

1. 真空规的种类

(1) 麦氏真空规

麦氏真空规在真空实验室中应用颇广,根据波义耳定律,它能直接测量系统内压强值。其他类型的真空规都需要用它来进行校准。它的构造如图 5.3-6(a)所示,麦氏规通过活塞 A 和真空系统相连。玻璃球 G 上端接有内径均匀的封口毛细管 C(称为测量毛细管),自 F 处以上,球 G 的容积(包括毛细管 C),经准确测定为 V,D 称为比较毛细管且和 C 管平行,内径也相等,用以消除毛细作用影响,减少汞面读数误差。B 是三通活塞,可控制汞面之升降。测量系统的真空度时,利用活塞 B 使汞面降至 F 点以下,使 G 球与系统相通,压力达平衡后,再通过 B 缓慢地使汞面上升。当汞面升到 F 位置时,水银将球 G 和系统刚好隔开,G 球内气体体积为 V,压力为 p(即为系统的真空度)。使汞面继续上升,汞将进入测量毛细管和比较毛细管。G 球内气体被压缩到 C 管中,其体积为:

$$V' = \pi d^2 \, h/4,$$

式中 d 为 C 管内径,已准确测知。C,D 两管中气体压力不同,因而产生汞面高度差为($h-h'$),见图 5.3-6(b),(c)。根据波义耳定律,有

$$pV = (h-h')V',$$
$$p = (h-h') \, V'/V.$$

由于 V',V 已知,h,h' 可测出,根据上式可算出体系真空度 p。如果将压强值标在麦氏真空规上,则可直接读出压强值。一般有两种刻度方法:

① 如果在测量时,每次都使测量毛细管中的水银面停留在固定位置 h 处(见图 5.3-6(b)),则

$$p = \pi d^2 \, h \, (h-h') \, / \, 4V = c \, (h-h'), \tag{5.3-1}$$

按 p 与($h-h'$)成直线关系来刻度的,称为直线刻度法。

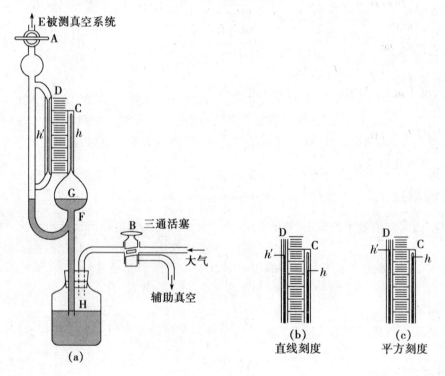

图 5.3-6 麦氏真空规

② 如果测量时,每次都使比较毛细管中水银面上升到与测量管顶端一样高,见图 5.3-6(c),即 $h'=0$,则

$$p = \pi d^2 \, h \cdot h/ \, 4V = c'h^2, \tag{5.3-2}$$

按压强 p 与 h^2 成正比来刻度的,称为平方刻度法。一般来说,平方刻度法较好。

由上述方程可以看出,理论上只要改变 G 球的体积和毛细管的直径,就可以制造出测量不同压强范围的麦氏真空规。但实际上,当 $d < 10$ Pa 时,水银柱升降会出现中断;而汞密度大,G 球又不能作得过大,否则玻璃球易破裂。所以其测量范围受到限制。还应注意,麦氏规不能测量经压缩发生凝结的气体。

(2)热偶真空规

热偶规管由加热丝和热偶丝组成,见图 5.3 - 7。热电偶丝的热电势由加热丝的温度决定。热偶规管和真空系统相连。如果维持加热丝电流恒定,则热偶丝的热电势将由其周围的气体压强决定。因为,当压强降低时,气体的导热率减小,而当压强低于某一定值时,气体导热系数与压强成正比。从而,可以找出热电势和压强的关系,直接读出真空度值。

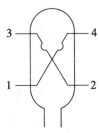

图 5.3 - 7 热偶规管
1,2. 加热丝;3,4. 热电偶丝

(3)电离真空规

电离规管是一支三极管,其收集极相对于阴极为负 30 伏,而栅极上具有正电位 200 V(见图 5.3 - 8)。如果设法使阴极发射的电流以及栅压稳定,阴极发射的电子在栅极作用下,高速运动与气体分子碰撞,使气体分子电离成离子。正离子将被带负电位的收集极吸收而形成离子流,所形成的离子流与电离规管中气体分子的浓度成正比,即

$$I_+ = KpI_C, \qquad (5.3 - 3)$$

式中:I_+ 为离子流强度(安);I_C 为规管工作时的发射电流;p 为规管内空气压强(Pa);K 为规管灵敏度,它与规管几何尺寸及各电极的工作电位有关,在一定压强范围内,可视为常数。因此,从离子电流大小,即可知相应的气体压强。

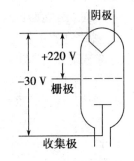

图 5.3 - 8 电离规管

上述两种规管一般都配合使用,将它们封接在系统中,使管子垂直向上(管座向下)。10～0.1 Pa 时用热偶规,系统压强小于 0.1 Pa 时才能使用电离规,否则电离规管将烧毁。

2. 复合真空计

(1)构成

FZH - 2 型复合真空计采取晶体管、电子管线路,由热偶规和电离规复合而成,仪器的刻度是按干燥空气为标准定的,如测量其他气体,读数需修正。

(2)使用方法

首先检查连接热偶规管、电离规管和仪器的电缆插头是否插对,插错将烧毁规管。

① 热偶规使用方法

接通电源预热 10 min,将 K_6 放在加热位置(见图 5.3 - 9),旋电流调节钮使加热电流为启封电流值[①],将 K_6 拨在测量位置,读取压强值。如果有两个热偶规管,将开关 K_6 放在加

---

① 热偶规管开封前其真空度为 $10^{-2} \sim 10^{-3}$ Pa。在将其开封接到真空系统之前,将未开封的热偶规管与复合真空计仪器相连接,使规管垂直向上(管座向下)。接通电源开关,K_6 放在测量位置,旋电流调节钮使电表满刻度,持续 3 min。将 K_6 放在加热位置,从电表第三行刻度读取加热电流值。反复测定 3 次,此电流值即为以后该热偶规管工作时的电流,常称做启封电流。

热(1)或(2),分别对管 1 或管 2 测量。

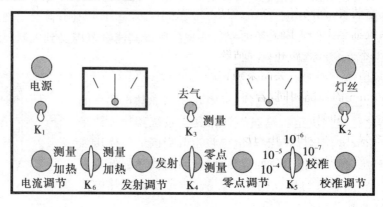

图 5.3-9　FZH-2 型复合真空计面板图

② 电离规的使用方法

a. 将 K_6 放在断的位置。

b. 接通电源预热 10 min,把 K_4 放在发射位置,K_3 放在测量位置,接通规管灯丝(K_2),旋发射调节旋钮,使发射电流值为 5 mA(表上刻有红线)。

c. 把 K_4 放在零点位置,旋零点调节旋钮,使电表指零。

d. 把 K_5 放在校准位置上,K_4 放在测量,旋校准调节旋钮,使电表指针在满刻度 10 处。

e. 把 K_5 拨到 10^{-4} 或 10^{-5},即可测量系统的真空度。

f. K_3 一般放在测置位置。在电离规管需要去气时,可以按步骤 b 把发射电流调节为 5 mA,然后将 K_3 放在"去气"位置,此时 K_4 放在零点位置即可。在真空度低于 0.01 Pa 时,不可以进行去气。一般去气时间不宜过长,10~15 min 即可。在去气时,电离规管栅极较为红热。

g. 当真空度低于 0.1 Pa 时,不能接通电离规管。电离规管暂时不用时,只需断开 K_2 即可。

在压力测量中还应注意所谓的热流逸现象,即当被测量容器与真空计温度不同(特别是相连的管很细)时会发生较大的测量误差。

三、真空系统的检漏

在真空系统中,要达到低的极限压强应尽量提高泵的有效抽速并降低漏气量。当抽速一定时,关键是降低漏气量以达到泵的最低压强。因而新安装的真空装置在使用前,应检查系统是否漏气。检漏的仪器和方法很多,如火花法、热偶规法、电离规法、荧光法、质谱仪法、磁谱仪法等,分别适用于不同漏气情况。

可以用泵将系统抽一段时间后关闭泵通向系统的活塞,然后观测系统内压强随时间的变化情况。在图 5.3-10 中:线 1 表示系统不漏气;线 2 表示系统内有蒸

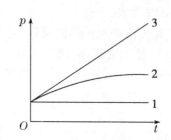

图 5.3-10　系统压力随时间的变化
（与泵隔绝）

气源;线 3 表示有大气漏入。

对玻璃真空装置,探测有无漏洞,使用高频火花真空测定仪较为方便。启动机械泵,数分钟即可将系统抽至 $10 \sim 1\ \mathrm{Pa}$。然后,将火花调整正常,使放电簧对准真空系统玻璃壁(千万不要指向人,不要指向金属和玻璃活塞),可以看到红色的辉光放电。注意火花不要在一处停留过久,以防烧穿玻璃。关闭泵通向系统的活塞,等 10 min 后,再用高频火花仪检查,看其是否和 30 min 前情况相同,若不同则漏气,这时可采取关闭某些活塞,用高频火花仪对系统逐段仔细检查,如果某处有明亮的光点存在,该处就有沙孔。一般易发生在玻璃接合处、弯管处。如果孔洞小,可以用阿皮松真空泥涂封。若孔洞过大,则需要重新焊接。

当系统维持在低真空后,开启扩散泵。待泵工作正常后,用高频火花检查系统。若玻璃管壁呈淡蓝色荧光,而系统内没有辉光放电,表示真空度已优于 $0.1\ \mathrm{Pa}$,否则系统还有微小孔洞,应查出堵上。

若漏气,但又找不到漏洞,则多发生在活塞处。活塞需重新涂真空脂或换接活塞。

四、安全操作

由于真空系统内部压强比外部低,真空度越高,器壁承受的压力越大(详见表 5.3 - 1)。超过 1 升的大玻璃球,以及任何平底的玻璃容器都存在着爆裂危险。

表 5.3 - 1　常用容器表面所受总压力表

容　　器	表面所受总压力/牛顿
500 mL 锥形瓶	3.9×10^3
1 000 mL 锥形瓶	5.4×10^3
1 000 mL 蒸馏瓶	7.8×10^3
1 000 mL 玻璃球	4.8×10^3

球体比平底容器受力要均匀,但过大也难以承受压力。尽可能不用平底容器,对较大的真空玻璃容器外面最好套有网罩,免得爆炸时碎玻璃伤人。

其次,若有大量气体被液化或在低温时被吸附,则当体系温度升高后会产生大量气体。若没有足够大的孔使它们排出,又没有安全阀,也可能引起爆炸。如果用玻璃油泵,若液态空气进入热的油中也会引起爆炸。因此,系统压强减到 113 Pa 前不要用液氮冷阱,否则,液氮将使空气液化。这又可能和凝结在阱中的有机物发生反应,引起不良后果。

使用汞扩散泵、麦氏规、汞压力计等,要注意汞的安全防护,以防中毒。

在开启或关闭高真空玻璃系统活塞时,应当两手操作:一手握活塞套,一手缓缓地旋转内塞,防止玻璃系统各部分产生力矩(甚至折裂)。还应注意,不要使大气猛烈冲入系统,也不要使系统中压力不平衡的部分突然接通。否则,有可能造成局部压力突变,导致系统破裂或汞压力计冲汞。在真空操作不熟练的情况下,往往会出现这种事故。但只要操作细致、耐心,事故是可以避免的。

参考文献

1. D・P・Shoemaker,C・W・Garland,J・I・Sreinfeld,J・W・ Nibler 合著. 物理化学实验(第四版).俞鼎琼,廖代伟译. 北京:化学工业出版社,1990
2. 北京大学化学系物理化学教研室.物理化学实验(第三版). 北京:北京大学出版社,1995

3. 南开大学化学系物理化学教研室.物理化学实验.天津:南开大学出版社,1991

§5.4 标准电池

惠斯登标准电池的构造如图 5.4-1 所示。

一、特点

标准电池的电动势具有很好的重现性和稳定性。重现性是指不管在哪一地区,只要严格地按照规定的配方和工艺进行操作,则都能获得近乎一致的电动势,一般能重现到 0.1 毫伏,因此易于

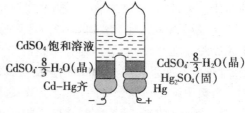

图 5.4-1 惠斯登饱和式标准电池

作为伏特标准进行传递。稳定性是指两种情况:一方面是当电位差计电路内有微量不平衡电流通过该电池时,由于电池的可逆性好,电极电位不发生变化,电池电动势仍能保持恒定;另一方面是能在恒温条件下在较长时间内保持电动势不变。但时间过长,则会因电池内部的老化而导致电动势下降,因此须定期检测。

二、构造和主要参数

电池由一个 H 形管所构成,底部接一铂丝与电极相连,正极为纯汞上铺盖糊状 Hg_2SO_4 和少量硫酸镉晶体,负极为含 Cd12.5% 的镉汞齐,上部铺以硫酸镉晶体,充满饱和 $CdSO_4$ 液,管的顶端加以密封,留一定空间以供热膨胀时之用。做电池时所用各种物质均应极纯:

正极:$Hg_2SO_4(s)+2e^- \rightleftharpoons 2Hg(l)+SO_4^{2-}$,

负极:$Cd\ (Cd-Hg\ 齐) \rightleftharpoons Cd^{2+}+2e^-$,

电池反应:$Hg_2SO_4(s)+Cd\ (Cd-Hg\ 齐) \rightleftharpoons 2Hg(l)+CdSO_4$。

这一电池的电动势很稳定(E(20℃) = 1.018 62 V),温度系数很小,温度和电动势关系为:

$$E_t/V=E_{20}/V-4.06\times10^{-5}(t/℃-20)-9.5\times10^{-7}(t/℃-20)^2。$$

表 5.4-1 为国产标准电池的等级区分和主要参数。

三、使用注意事项

1. 最好在 4~40℃ 范围内使用,精密标准电池应在恒温下使用。因温度骤变,电动势需长时间才能达到平衡,温度波动应尽可能小。

2. 机械振动会损坏标准电池,要平稳携取,水平放置,绝不能倒置、摇动;受摇动后电动势会改变,应静止保持 5 小时以上再用。

3. 正、负极不能接错。

4. 标准电池仅是测量电动势的标准装置,不作电源。通过电池的电流不能大于 0.000 1 A,绝对避免短路和长期与外电路接通。所以绝不可以用伏特计来测量标准电池的端电压,或用万用表测试其是否通路。

5. 电池若未加套盖,直接暴露于日光,会使去极剂变质,电动势下降。

表 5.4-1 国产标准电池的等级区分及主要参数

类别	稳定度级别	温度为+20℃时电动势的实际值(V)	1 min内允许通过的最大电流(μA)	一年中电动势的允许变化(μV)	温度(℃)		内阻值(Ω)不大于		相对湿度(%)	用途
					保证准确度	可使用于	新的	使用中的		
饱和	0.000 2	1.018 590 0～1.018 680 0	0.1	2	19～21	15～22				标准量具
	0.000 5	1.018 590 0～1.018 680 0	0.1	5	18～22	10～30				
	0.001	1.018 590～1.018 680	0.1	10	15～25	5～35	700	1 500	≤80	工作量具
	0.005	1.018 55～1.018 68	1	50	10～30	0～40		2 000		
	0.01	1.018 55～1.018 68	1	100	5～40	0～40		3 000		
不饱和	0.005	1.018 80～1.019 30	1	50	15～25	10～30	500	3 000		
	0.01	1.018 80～1.019 30	1	100	10～30	0～40				
	0.02	1.018 6～1.019 6	10	200	5～40	0～50				

参考文献

1. 北京大学化学系物理化学教研室. 物理化学实验(第三版). 北京:北京大学出版社,1995
2. 南开大学化学系物理化学教研室. 物理化学实验. 天津:南开大学出版社,1991

§5.5 盐 桥

一、盐桥的作用原理

当原电池含有两种电解质溶液界面时,便产生接界电势,它干扰电池电动势的测定。盐桥的作用是用某种电解质浓溶液连接两种组成不同的电解质溶液,而不产生明显的液接电势。盐桥中的电解质应选择正、负离子的迁移速率较接近的材料,通常采用 KCl,NH_4NO_3 或 KNO_3。此外,盐桥溶液应不与所连接的两种溶液中的组分发生化学反应。

二、盐桥的制备

常用的盐桥制备方法列举如下:

3%琼脂-饱和 KCl 盐桥的制作方法:在 250 ml 烧杯中,加入 100 mL 蒸馏水和 3 g 琼脂(凝固时呈洁白色),盖上表面皿,加热使琼脂完全溶解。然后加入 30 g KCl,充分搅拌使 KCl 完全溶解后,趁热灌入洁净的 U 形玻璃管中,静置。注意:U 形管内的各部位不能留有气泡。盐桥的溶胶冷凝后,管口往往出现凹面,此时用玻棒蘸一滴热溶胶加在管口即可。制备好的盐桥插在饱和 KCl 溶液中备用。

琼脂-KCl 盐桥在下列情况中不宜使用:

(1) 含有高浓度的酸、氨等物质的溶液,因高浓度的酸、氨都会与琼脂作用,破坏盐桥,玷污溶液。

(2) 含有与 Cl^- 作用的离子(如 Ag^+,Hg_2^{2+} 等)或含有与 K^+ 作用的离子(如 ClO_4^- 等)的溶液。在这种情况下,应替换成其他电解质所配制的盐桥。例如,对于 $AgNO_3$ 溶液,可用 NH_4NO_3 盐桥。对于能与 Cl^- 作用的溶液,可用 $Hg-Hg_2SO_4$-饱和 K_2SO_4 电极与 3%

琼脂-1 mol·L^{-1} K$_2$SO$_4$ 盐桥。对于含有浓度大于 1 mol·L^{-1} 的 ClO$_4^-$ 溶液,则可用汞-甘汞-饱和 NaCl(或 LiCl)电极与 3%琼脂-1 mol·L^{-1} NaCl(或 LiCl)盐桥。

NH$_4$NO$_3$ 或 KNO$_3$ 盐桥制备方法与 KCl 盐桥类似。但它们与通常使用的各种电极无共同离子。因而在配合使用时会改变参考电极的浓度和引入外来离子,从而可能改变参考电极的电势。

参考文献

1. 傅献彩等.物理化学(下册).北京:高等教育出版社,1990
2. 东北师范大学等.物理化学实验(第二版).北京:高等教育出版社,1989
3. 北京大学化学系物理化学教研室.物理化学实验(第三版).北京:北京大学出版社,1995

§5.6　甘汞电极

一、甘汞电极的结构

甘汞电极是最常用的参考电极之一,其结构(见图 5.6-1)如下:
Hg｜Hg$_2$Cl$_2$(固体)｜KCl 溶液(Hg$_2$Cl$_2$ 所饱和),
KCl 溶液的浓度通常为 0.1 mol·L^{-1},1 mol·L^{-1} 和饱和溶液(4.1 mol·L^{-1})三种,分别称为 0.1 mol·L^{-1},1 mol·L^{-1} 及饱和甘汞电极。它的电极反应为

$$Hg + Cl^- \longrightarrow \frac{1}{2}Hg_2Cl_2 + e。$$

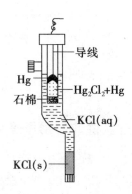

图 5.6-1　甘汞电极

这种电极具有稳定的电势,随温度的变化率小。甘汞是难溶的化合物,在溶液内汞离子浓度的变化和氯离子浓度的变化有关,所以甘汞电极的电势随氯离子浓度不同而改变,即

$$E = E^{\ominus} - \frac{RT}{nF}\ln a(Cl^-),$$

式中:$E^{\ominus}$ 为甘汞电极的标准电极电势,25℃时,$E^{\ominus} = 0.268\ 0$ V;$a(Cl^-)$ 为溶液中 Cl$^-$ 的活度。

二、电极电势和温度系数

由于所用 KCl 溶液浓度的不同,甘汞电极的电极电势也不同,常用的有 0.1 mol·L^{-1},1.0 mol·L^{-1},饱和甘汞电极三种。25℃时,这三种甘汞电极的电极电势和温度系数列于表 5.6-1 中。各文献上列出的甘汞电极的电极电势数据,常不相符合,这是因为接界电势的变化对甘汞电极电势有影响,由于所用盐桥内的介质不同,而影响甘汞电极电势的数据。

表 5.6-1　不同种类甘汞电极的电极电势

甘汞电极种类	E_t/V
0.1 mol·L^{-1}	$0.333\ 7 - 8.75 \times 10^{-5}(t/℃ - 25) - 3 \times 10^{-6}(t/℃ - 25)^2$
1.0 mol·L^{-1}	$0.280\ 1 - 2.75 \times 10^{-4}(t/℃ - 25) - 2.50 \times 10^{-6}(t/℃ - 25)^2 - 4 \times 10^{-9}(t/℃ - 25)^3$
饱和甘汞电极	$0.241\ 2 - 6.61 \times 10^{-4}(t/℃ - 25) - 1.75 \times 10^{-6}(t/℃ - 25)^2$

由于饱和甘汞电极氯离子浓度在一定温度下是个定值,其电极电势只与温度有关,同时浓 KCl 溶液作为盐桥溶液能较好地减小液接电势,常用饱和甘汞电极作为参比电极。

三、制备方法

1. 饱和甘汞电极制法

饱和甘汞电极的制备方法一般有研磨法和电解法两种。这里采用研磨法。先取玻璃电极管,底部焊接一铂丝。取化学纯汞约 1 mL,加入洗净并烘干的电极管中,铂丝应全部浸没。另在小研钵中加入少许甘汞和纯净的汞,又加入少量 KCl 溶液,研磨此混合物使其变成均匀的灰色糊状物。用小玻璃匙在汞面上平铺一层此糊状物,然后注入饱和 KCl 溶液静置一昼夜以上即可使用。在制备时要特别注意勿使甘汞的糊状物与汞相混,以免甘汞玷污铂丝,否则电极电势就不稳定。也可采用电解法。

2. 1 mol·L⁻¹甘汞电极制法

这里采用电解法。将纯汞放在洁净的电极管内,然后插入洁净的铂丝,使铂丝全部浸入汞内。再从虹吸管吸入 1 mol·L^{-1} 的 KCl 溶液,以汞极为阳极,以另一铂丝为阴极,进行电解,电解液也用 1 mol·L^{-1} 的 KCl,调节可变电阻使阳极刚好有气泡析出。电解 15 min,电解后汞的表面产生一薄层 Hg_2Cl_2,为了避免可能产生 Hg^{2+},所以电解后 KCl 溶液需要换 3~4 次,最后一次不放走,即可使用。在使用时要注意,虹吸管内不可有气泡存在。并尽量避免摇动或振荡。

其他浓度的甘汞电极亦可按同法制备,但 KCl 溶液的浓度需相应变化。此外,市场上有各种规格的甘汞电极商品出售,可根据实际需要选用。

参考文献

1. 南开大学化学系物理化学教研室. 物理化学实验. 天津:南开大学出版社,1991
2. 何玉萼,龚茂初,陈耀强. 物理化学实验. 成都:四川大学出版社,1993
3. 东北师范大学等. 物理化学实验(第二版). 北京:高等教育出版社,1989

§5.7 电 源

物理化学实验室常用的直流电源有铅蓄电池、晶体管稳压电源等。近年来,随着我国电子技术的迅猛发展,出现了许多具有不同功能的集成稳压器,因其使用方便、体积小、性能优良,应用日趋广泛。

一、铅蓄电池的使用和维护

铅蓄电池是重要的直流电源,它是由阴、阳两种极板浸在硫酸溶液中组成。阴极板上的作用物质是二氧化铅,阳极板上作用物质是海绵状金属铅,通常称硫酸溶液为电液。电池放电时,阳极上海绵状铅和硫酸根离子作用,生成硫酸铅,同时放出 2 个电子(通常标以"－"号),即

$$Pb + SO_4^{2-} \longrightarrow PbSO_4 \downarrow + 2e,$$

与此同时,阴极得到 2 个电子(通常标以"＋"号),极板上的 PbO_2 和硫酸作用也生成硫酸铅,即

$$PbO_2 + H_2SO_4 + 2H^+ + 2e \longrightarrow PbSO_4 + 2H_2O,$$

因此放电进行时,两极作用物质表面都将逐渐为硫酸铅所覆盖,而硫酸逐渐被消耗掉,生成水,电液愈来愈稀。充电过程的反应刚好与放电过程相反。

实验室中常用的是汽车蓄电池,由三个单位所组成,每个单位的端电压为 2 V 左右,串联后端电压为 6 V 左右。容量为几十至一百安时(A•h),视电池大小而定。若放电后每单位电池的端电压降至 1.8 V,就不能继续使用,必须进行充电。电池中的电液是化学纯的稀硫酸,充电后,电液相对密度为 1.26～1.28(15℃),电液液面高出极板顶端约 1.5 cm。

铅蓄电池使用和维护是否正确,对电池的寿命和容量关系极大,若使用得当,一个铅蓄电池可以充放电达 300 次。若使用不当,电池的寿命和容量会很快下降,其主要原因是:

1. 当电池放电后,在极板上沉淀的硫酸铅受到外界温度改变等的影响,结晶颗粒慢慢变大,一般的充电不能使它变成 Pb 或 PbO_2,这种现象通常称硫酸化;

2. 电池中有杂质存在,或电液浓度不均,在电池内部构成局部电池,消耗极板上的作用物质;

3. 电池外部不清洁,使得在两极间构成通路,自行放电。因此,铅蓄电池即使闲置不用,也要定期(1 个月)充电,注意维护,防止极板硫酸化和自行放电。

使用铅蓄电池时要注意:

1. 保持表面和两极干燥清洁,电池上不许堆放其他仪器和物件;

2. 避免日光照射或靠近热源,以及时冷、时热,因为这样最容易使硫酸铅晶粒变大;

3. 使用由三个单位串联而成的 6 V 蓄电池时,应考虑放电的均衡,以免有的充电不足,而有的过充,影响寿命;

4. 用蓄电池时,两极的电池要夹紧,以免产生接触电阻,影响电压的稳定,不用时接线要及时去掉,以防意外短路;

5. 放电的电流不能过大,一般不能超过 5 A;

6. 每个单位电池在放电电压降至 1.8 V 时,应立即进行充电;

7. 大量蓄电池充电时,放出氢气很多,室内要有排风设备,要严禁烟火,以防发生爆炸事故;

8. 刚充电的蓄电池电压经常不稳定,若用以测电动势,宜稍放电后再用;

9. 搬运蓄电池时,要防止电液流出,腐蚀衣物和烧伤皮肤。

二、晶体管稳压电源

稳压电源有许多型号,比如 WYJ-6B,WYJ-7B,WYJ-9B,JWY-30B 等均为较高稳定度的 1～30 V 连续可调的直流稳压电源。JWY-30B 可有最大电流 1 A 和 0.5 A 二组输出,互不影响。

它们由整流滤波、调整、保护线路等构成,当输出电压由于输入电压或负载变化而偏离原来电压值时,此变化的电压经过比较、放大后,控制调整器,使调整器电压产生相应的变化,因而使输出电压趋于原来值,起到稳压作用。

负载电流在额定数值以内时,保护线路对整个电源不起作用;但当过载或短路时,它能控制调制器使其截止(即输出电压为零),从而使负载和电源均得到保护。

1. 使用 JWY－30B 注意事项

（1）"粗调"和"细调"要适当配合。例如,所需电压为 10 V 时,应把粗调放在 15 V 挡,然后用"细调"调至 10 V,切勿放在 9 V 或 20 V 挡。

（2）使用过程中,因过载或外界强干扰处于保护状态（输出为零）时,在除去负载后,可将细调旋钮反时针旋转至终端,然后再顺时针旋至所需的电压。如接入负载后电压又降至零,则说明过载或短路,应立即切断电源排除故障后再使用。在使用过程中,没有除去负载的情况下,不得将细调旋钮旋至左端终点,因为此时保护电路不起作用,易烧毁电源。

（3）此电源不能串联、并联使用。

2. 使用 WYJ 系列电源注意事项

（1）如精度要求较高时,需预热 30 min 性能方可稳定;一般使用时,开机即可。

（2）本系列电源可串联使用,但最高输出电压不得超过 750 V。容量相同的电源串接后,其输出电流不得超过单机容量的电流数值;容量不同的串接后,输出的最大电流不得超过最小容量的单机之电流。注意在串联使用时,各单机上的接地（机壳）连接片,不能与输出正端或输出负端连接,以免机器叠加后,造成短路。

（3）本系列电源采用磁饱和电抗器,因而外露磁场较大,如果怕受磁干扰影响,应把电源放置远些。

上述直流稳压电源,在额定负载之内,当交流电压变化 ±10％ 时,其输出电压变化小于 ±0.1％。当要求稳压精度更高时,可改用其他型号或在晶体管稳压电源前,再加一级交流稳压。常用电子交流稳压器,如 614－C 型。使用 614－C 型时,应注意开启电源开关约 1 min 以后,再开高压开关,调"电压调节"旋钮至所需电压（220 V）,5 min 后方可接上负荷。关闭时,步骤与上相反,如开机后调电压调节旋钮仍不能达到所需电压,应立即关机检查。

三、集成稳压器

集成稳压器的原理与分立的晶体管稳压器基本相同,也是由调整元件、误差放大器、基准电压、比较取样等几个主要部分组成。但是集成稳压器充分利用了集成技术的优点,在线路结构和制造工艺上都采用了许多基本的模拟集成电路的方法。图 5.7－1 为集成稳压电源电原理图。

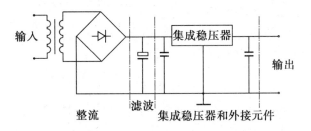

图 5.7－1 集成稳压电源的电原理图

1. 三端固定输出电压集成稳压器

分正电压输出和负电压输出。国产 CW7800／CW78M00／CW78L00 系列中,后两位数表示该稳压器的输出电压值。如要求输出电压为 9 V,就应选 CW7809/CW78M09/CW78L09。这类稳压器的输出电压有 5 V,6 V,9 V,12 V,15 V,18 V,24 V 等。若考虑输出

电流要求,在 1.5 A 以内的,选 CW7800 系列;在
0.5 A 以内的,选用 CW78M00 系列;小于 100 mA
的,选用 CW78L00 系列。

图 5.7-2 为固定输出正电压的基本电路。
图中的 V_i 是经整流滤波以后的未经稳压的输入
电压;V_o 是输出电压。CW7800 的输入电容 C_i
一般情况下可不接,但当集成稳压器远离整流滤
波电路时,应接入一个 $0.33~\mu F$ 的电容,以改善
纹波和抑制输入的过电压。C_o 一般为 $0.1~\mu F$。

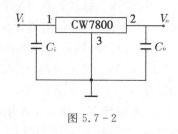

图 5.7-2

2. 三端可调集成稳压器

这是一种具有高稳定度的可调输出的集成
稳压器,比较适合作实验室稳压电源。例如,
CW117/CW217/CW317 系列的输出电压为
1.25~37 V,输出电流可达 1.5 A。同固定输出
集成稳压器一样,它也具有三个引线脚,见图
5.7-3。二极管 D_2 用来防止基准和误差放大
管的发射结在输入端或输出端短路时而被击
穿;当输入端误接反向电压时,二极管 D_1 起保
护调整管的作用;电容 C_2 是旁路电阻 R_2 上的
纹波电压,从而提高输出电压精度;电容 C_1 是

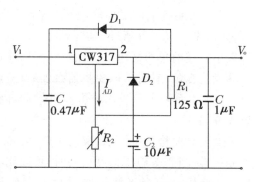

图 5.7-3　三端正可调集成稳压器

为了消除容性负载时,其输出端引起的自激振荡。由于三端正可调输出集成稳压器是靠外
接电阻来改变输出电压的,故要选用精度高、温度特性好的金属膜电阻。

3. 集成稳流源

它与集成稳压源在取样方式上不同。以
CW317 三端可调输出集成稳压器所构成的集
成稳流电源,如图 5.7-4 所示,电位器 W 与负
载串联,为一取样电阻。因 CW317 具有较低
的基准电压,其调整端电流既小又稳定,有着极
强的维持输出电压稳定的能力,其输出电流在
0.01~1.5 A 范围内改变,电流恒定。

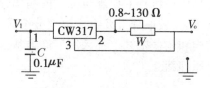

图 5.7-4　集成稳流电源

参考文献

1. 顾登平,童汝亭. 化学电源. 北京:高等教育出版社,1993
2. 南开大学化学系物理化学教研室. 物理化学实验. 天津:南开大学出版社,1991
3. 何玉萼,龚茂初,陈耀强. 物理化学实验. 成都:四川大学出版社,1993

§5.8 汞的安全使用

纯金属状态或可溶性化合物状态的汞都是有毒的。汞蒸气侵入人体内即聚集在肝脏、肾脏等器官和骨髓中,从而进入血液,逐渐损害分泌系统的功能。因而必须掌握其特性,做到安全使用。

空气中允许的汞蒸气浓度为 $0.01\ \text{mg}\cdot\text{m}^{-3}$,而汞蒸气压在 20℃ 为 $0.173\ \text{Pa}$。所以使用汞的房间一定要通风良好。使用汞和贮存汞最好有专用的实验室,以与其他实验室分开。

安全使用汞的操作规定:

1. 不要让汞直接暴露在空气中,汞要存放在厚壁器皿中,上面盖一层水或其他液体。

2. 玻璃瓶装汞只能至半满。拿盛有汞的器皿时必须用手托住瓶底,以免由于汞本身的重量压破瓶底。

3. 倒汞时必须在搪瓷盘上操作,以免将汞撒落在桌上或地面。

4. 倾倒汞时一定要缓慢,不要用超过 250 mL 的大烧杯盛汞,以免倾倒时溅出。

5. 撒在地上的汞将形成很多微粒留在缝隙中,挥发出的汞蒸气会更多。因此,若不慎将汞撒落在地上必须及时清扫,并对地面作化学处理。可用三氯化铁或盐酸酸化过的 0.1% 高锰酸钾溶液(每升溶液加 5 mL 盐酸)洗地。这种溶液中含有活性氯,能在汞表面上生成甘汞层,防止汞蒸气发。亦可在地面上撒些硫磺粉,使其形成硫化汞。

6. 擦过汞齐或汞的滤纸或布块必须放在有水的瓷缸内。

7. 装有汞的仪器应避免受热,保存汞处应远离热源。严禁将有汞的器具放入烘箱。

8. 如手上有伤口,切勿触及汞,应戴手套操作。

参考文献

1. 北京大学化学系物理化学教研室实验课教学组.物理化学实验(第一版).北京:北京大学出版社,1981

2. 段天煜.物理通报,1957(6):380~381

3. 黄非白.物理通报,1957(11):700

附录　　t 分布表

df \ α	0.9	0.8	0.7	0.6	0.5	0.4	0.3	0.2	0.1	0.05	0.02	0.01	0.001
1	0.158	0.325	0.610	0.727	1.000	1.376	1.963	3.078	6.314	12.700	31.821	63.657	636.619
2	0.142	0.289	0.445	0.617	0.816	1.061	1.386	1.886	2.920	4.308	6.955	8.952	31.598
3	0.137	0.277	0.424	0.584	0.765	0.987	1.250	1.638	2.353	3.182	4.541	5.841	12.984
4	0.134	0.271	0.414	0.569	0.741	0.941	1.190	1.533	2.132	2.776	3.747	4.604	8.610
5	0.132	0.267	0.408	0.559	0.727	0.920	1.156	1.476	2.051	2.571	3.365	4.032	6.859
6	0.131	0.265	0.404	0.553	0.718	0.905	1.134	1.440	1.943	2.447	3.143	3.707	5.959
7	0.130	0.263	0.402	0.549	0.711	0.896	1.119	1.415	1.895	2.365	2.998	3.499	5.405
8	0.130	0.262	0.399	0.546	0.706	0.889	1.108	1.397	1.860	2.306	2.896	3.355	5.041
9	0.129	0.261	0.398	0.543	0.703	0.883	1.100	1.383	1.833	2.262	2.821	3.250	4.781
10	0.129	0.260	0.397	0.542	0.700	0.879	1.093	1.371	1.812	2.228	2.764	3.169	4.587
11	0.129	0.260	0.396	0.540	0.697	0.876	1.088	1.363	1.796	2.201	2.718	3.106	4.437
12	0.128	0.259	0.395	0.539	0.695	0.873	1.083	1.356	1.782	2.179	2.681	3.055	4.318
13	0.128	0.259	0.394	0.538	0.694	0.870	1.079	1.350	1.771	2.160	2.650	3.002	4.221
14	0.128	0.258	0.393	0.537	0.692	0.868	1.076	1.345	1.761	2.145	2.624	2.977	4.140
15	0.128	0.258	0.393	0.536	0.691	0.866	1.074	1.341	1.753	2.131	2.602	2.947	4.073
16	0.128	0.258	0.392	0.535	0.690	0.865	1.071	1.337	1.746	2.120	2.583	2.921	4.015
17	0.128	0.257	0.392	0.534	0.689	0.863	1.069	1.333	1.740	2.110	2.567	2.898	3.965
18	0.127	0.257	0.392	0.534	0.688	0.862	1.067	1.330	1.734	2.101	2.552	2.878	3.922
19	0.127	0.257	0.391	0.533	0.688	0.861	1.066	1.328	1.729	2.093	2.539	2.861	3.883
20	0.127	0.257	0.391	0.533	0.687	0.860	1.064	1.325	1.725	2.086	2.528	2.845	3.850
21	0.127	0.257	0.391	0.532	0.686	0.859	1.063	1.323	1.721	2.080	2.518	2.831	3.819
22	0.127	0.256	0.390	0.532	0.686	0.858	1.061	1.321	1.717	2.074	2.508	2.819	3.792
23	0.127	0.256	0.390	0.532	0.685	0.858	1.060	1.319	1.714	2.069	2.500	2.807	3.767
24	0.127	0.256	0.390	0.531	0.685	0.857	1.059	1.318	1.711	2.064	2.492	2.797	3.745
25	0.127	0.256	0.390	0.531	0.684	0.856	1.058	1.316	1.708	2.060	2.485	2.787	3.725
26	0.127	0.256	0.390	0.531	0.684	0.856	1.058	1.315	1.706	2.056	2.479	2.778	3.707
27	0.127	0.256	0.389	0.531	0.684	0.855	1.057	1.314	1.703	2.052	2.473	2.771	3.690
28	0.127	0.256	0.389	0.530	0.683	0.855	1.056	1.313	1.701	2.048	2.467	2.763	3.674
29	0.127	0.256	0.389	0.530	0.683	0.854	1.055	1.311	1.699	2.045	2.462	2.756	3.659
30	0.127	0.256	0.389	0.530	0.683	0.854	1.055	1.310	1.697	2.042	2.457	2.750	3.646
40	0.126	0.255	0.388	0.529	0.681	0.851	1.050	1.303	1.684	2.021	2.423	2.704	3.551
60	0.126	0.254	0.387	0.527	0.679	0.848	1.046	1.296	1.671	2.000	2.390	2.660	3.460
120	0.126	0.254	0.386	0.526	0.677	0.845	1.041	1.289	1.658	1.980	2.358	2.617	3.373
∞	0.126	0.253	0.385	0.524	0.674	0.842	1.036	1.282	1.645	1.960	2.326	2.576	3.291